STARTE JETZT

Mach dich auf die Reise in eine bessere Welt und folge dabei den sechs Schritten von Laotse.

GESCHAFFT!

Du bist die Veränderung geworden, die du dir wünschst für diese Welt. Dadurch inspirierst du andere, auch etwas zu tun.

Laotse (alter Meister) war ein chinesischer Philosoph, der im 6. Jahrhundert vor Christus gelebt haben soll. Manchmal schreibt sich sein Name auch Laozi, Lao-Tse, Laudse oder Lao-tzu. Er gilt als der Begründer des Daoismus (Taoismus), doch ist über ihn fast nichts bekannt.

UND JETZT RETTEN WIR DIE WELT!

WIE DU DIE VERÄNDERUNG WIRST, DIE DU DIR WÜNSCHST

DAS **HANDBUCH FÜR IDEALISTEN UND QUERDENKER**

VON ILONA KOGLIN UND MAREK ROHDE

KOSMOS

INHALT

VERÄNDERE DEINE STADT

VERÄNDERE DEIN LAND

VERÄNDERE DIE WELT

PROLOG

ZU BEGINN EIN PAAR WORTE ÜBER DAS ANFANGEN

Das mit dem Anfangen ist so eine Sache. Hinterher kann man oft gar nicht mehr so genau sagen, wie alles begonnen hat. Wann haben wir beide zum Beispiel beschlossen, uns auf den Weg zu machen, um herauszufinden, wie wir die Welt verändern können? Ob wir als Einzelne überhaupt etwas bewegen können und wie andere Menschen darauf reagieren? Verwandte, Freunde, Arbeitskollegen. Irgendwie führte immer ein Schritt zum nächsten. Sicher, wir wussten, dass wir unser Leben verändern mussten, um die Umwelt zu schützen und uns für globale Gerechtigkeit einzusetzen. Doch was das in der Konsequenz bedeutet, wie weit das gehen würde und was uns das alles auch an Freude und Zufriedenheit schenken würde, das wussten wir zu Beginn noch nicht. Vor allem sitzen alte Gewohnheiten erst einmal tief und es ist ganz schön schwierig, sie loszulassen. Es gehört Mut dazu. Gerade dann, wenn das Ergebnis ungewiss ist. Doch die Zeichen aus der Wissenschaft, aus Wirtschaft und Politik stehen auf Alarm: Artensterben, Klimakrise, verschmutzte Luft, der Verlust fruchtbarer Böden und Wälder, die Corona-Pandemie, aber auch menschliche Konflikte, Armut, Hunger, Krieg und politische Verfolgung.

Eine Schreckensmeldung jagt die nächste. Uns überkam das Gefühl: Die Zeit wird verdammt knapp. Wir dürfen nicht zaudern, sondern müssen beherzt zur Tat schreiten. Aber wie? Wie rettet man die ganze Welt? Um darauf eine Antwort zu finden, versuchten wir, uns noch einmal über die Ursachen klar zu werden. Dass alles überhaupt so weit kommen konnte und wir Menschen trotzdem so zögerlich auf die Krisen reagieren, hängt nach unserer Beobachtung mit drei Brüchen zusammen: der scheinbaren Trennung von der Umwelt, der Kluft zwischen uns Menschen und einem tiefen Zerwürfnis in uns selbst. Drei Abspaltungen, die sich durch dieses Buch ziehen und die wir zu ergründen versuchen.

ÖKOLOGISCHER WANDEL

Je schlimmer die Auswirkungen unseres Lebensstils auf die weltweiten Ökosysteme sind, desto weniger wollen wir es wahrhaben. Es ist zu schmerzhaft. Ein Gefühl der Ohnmacht überkommt uns angesichts der gigantischen Dimensionen, mit denen wir täglich konfrontiert werden. Da schieben wir lieber alles beiseite und belasten uns nicht damit. Ohne uns bewusst zu machen, dass es unmöglich ist, nur die negativen Aspekte und Emotionen auszuschließen. Wenn wir wegsehen, dann geht uns auch die positive Verbundenheit mit der Natur, den Tieren und der Welt insgesamt verloren.

Das sehen wir überall in unserem Alltag: Wir wissen nicht mehr, woher unser Essen kommt, was unsere Produktionsweise in der Natur bewirkt oder wieso sich auf einmal Viren verbreiten, die unser Leben auf den Kopf stellen. Dabei kann alles – wie wir konsumieren und leben oder woran wir arbeiten und wofür wir uns einsetzen – auch einen positiven Beitrag in unserer Welt leisten. Je nachdem, wofür wir uns entscheiden. Das zu wissen und danach zu handeln, macht das Leben reich und schön. Wir haben das selbst erfahren. Deshalb ist unser erstes Ziel herauszufinden, wie wir alle die Verbindung zur Umwelt wiederherstellen und damit einen ökologischen Wandel einleiten können.

SOZIALER WANDEL

Die zweite Kluft existiert zwischen uns Menschen. Zwischen Jung und Alt, Arm und Reich, Norden und Süden. Dafür gibt es zwei wesentliche Ursachen, die miteinander in Verbindung stehen: Zum einen nimmt für viele die Ungerechtigkeit zu. Zum anderen setzen unsere sozialen, politischen und wirtschaftlichen Systeme nur allzu oft auf Konkurrenz statt auf Kooperation. Beide befeuern sich unglücklicherweise gegenseitig. Und so sehen wir im anderen oft nur Gegnerin oder Gegner. Wir meinen, keine Wahl zu haben und uns im Wettbewerb durchsetzen zu müssen, als Nationen, als Unternehmen, als Organisationen, als Individuen. Auf diese Weise schnüren wir jedoch auch hier unsere positiven menschlichen Aspekte ab, unsere Empathie, unser Verständnis, unsere Kooperationsfähigkeit und Hilfsbereitschaft. Damit nehmen wir uns selbst das Wichtigste in unserem Leben. Die Glücksforschung hat nämlich erwiesen, dass es vor allem anderen die gelungenen sozialen Beziehungen sind, die uns zufrieden machen und unser Leben mit Sinn erfüllen. Starke, tragende Netzwerke sind darüber hinaus auch wichtig, um den öko-sozialen Wandel überhaupt zu schaffen. Nur gemeinsam können wir den Mut, die Kraft und die Zuversicht gewinnen, um die Welt tatsächlich positiv zu verändern – für alle. Deshalb verfolgen wir als zweites Ziel die Möglichkeit eines sozialen Wandels, der durch Kooperation, Solidarität, Vertrauen und Mitgefühl die Kraft und Kreativität in jedem Einzelnen stärkt.

PERSÖNLICHER WANDEL

Die dritte Krise folgt nahezu unweigerlich aus den ersten beiden: Es ist das Zerwürfnis mit uns selbst. Denn wo wir uns von einem Teil unserer Emotionen und Bedürfnisse abschotten, da verlieren wir auch die Verbindung zu uns. Oder anders gesagt: Wir erkennen viel leichter, was im Leben wirklich wichtig ist, wenn wir den Bezug zur Umwelt und zu anderen Menschen neu beleben. Vor allem unser Konsumverhalten – und darauf kommen wir in etlichen Kapiteln dieses Buches immer wieder zu sprechen – ist ein sichtbares Symptom und zugleich Ursache für viele negative Entwicklungen in unserer Welt. So kaufen wir oft etwas nur deshalb, um uns unseren Platz in der sozialen Hackordnung zu sichern, aber nicht, weil wir es wirklich brauchen. Oder wir kaufen uns etwas in der Hoffnung, ein tiefes emotionales Bedürfnis damit erfüllen zu können, wie etwa Selbstliebe oder ein Zugehörigkeitsgefühl, was so jedoch gar nicht möglich ist.

Um die Welt zu verändern, müssen wir also zunächst uns selbst verändern, unseren Blick auf uns, auf die anderen und die Welt als Ganzes. Das hat schon der chinesische Philosoph Laotse erkannt, der uns bereits im 6. Jahrhundert vor Christus den Spruch überliefert haben soll (siehe Klappe vorne), den wir beide als Basis für unsere Recherchereise genutzt haben und dem die Abschnitte dieses Buches folgen. Doch dieser erste Schritt, unsere Haltung zu ändern, fällt schwer. Denn er bedeutet, dass wir uns unsere Mitschuld an allen drei Krisen eingestehen müssen, unsere eigenen Fehler und Ungereimtheiten.

DAS PARADOX

Mit diesem Gedankengang sind wir bei einem wichtigen Paradox angelangt, dem alle begegnen. Vielleicht auch du, wenn du dich für eine bessere Welt einsetzt: Auf der einen Seite geht es darum, dass wir unser Leben ändern müssen und dass die Sache echt eilig ist. Dabei erlauben wir uns jedoch nur selten Freude und Heiterkeit, was schnell frustrieren kann. Auf der anderen Seite kann der Wandel unserer Ansicht nach nur dann funktionieren, wenn er auf Basis von echter Akzeptanz, ja Liebe und bedachter Achtsamkeit geschieht. Warum? Weil die Veränderung erst dann wahrhaftig wird. Wir beide haben zum Beispiel einige Zeit gebraucht, um kon-

sequent vegan zu leben. Zwar ernährten wir uns schon viele Jahrzehnte vegetarisch und wussten auch, dass wir Milch etwa nur bekommen, wenn die kleinen Kälbchen schon nach ein oder zwei Tagen von ihren Müttern getrennt oder Milliarden von männlichen Küken getötet werden, wenn wir die Eier von Legehennen essen wollen. Dennoch fiel es uns schwer, auf manche Produkte zu verzichten. Doch wir beschäftigten uns nicht nur mit den negativen, sondern – und das ist genauso wichtig – auch mit den positiven Seiten. Wir erfuhren, wie faszinierend diese Tiere sind. Sie bekamen für uns Gesichter, wurden von einer anonymen Masse zu Individuen, zu denen wir eine emotionale Verbindung aufbauen können.

Und auf einmal fiel es uns leicht, vegan zu leben. Als wir an diesem Punkt angekommen waren, ging es nicht mehr um Verzicht, sondern um unsere Verbindung zur Welt und darum, unsere Haltung auch im Alltag zu leben. Dann ist es auch ganz leicht, Ernsthaftigkeit und Freude zu verbinden, ein wunderbares Gefühl. Doch diese Veränderung braucht Zeit, die du nicht nur dir, sondern auch anderen zugestehen musst. Voller Groll an alle diejenigen zu denken, die sich aus deiner Sicht nicht richtig verhalten, führt nur zum Gegenteil: Es schreckt ab und ändert nichts.

Und so stecken wir in dem Dilemma, dass wir mit dem aktuellen Zustand zutiefst unzufrieden sind und ihn unbedingt ändern wollen – ihn aber dennoch zugleich auch so annehmen müssen, wie er nun mal ist, und dabei nicht zu verbittern. Wir als Autoren waren uns beim Schreiben dessen stets bewusst. Und wir hoffen, dass du beim Lesen auch daran denkst, wenn du an der einen oder anderen Stelle das Gefühl hast, dass unser Fingerzeig auf die Missstände in dieser Welt zu einem erhobenen Zeigefinger mutiert. Oder auch, wenn wir dir viel zu nachsichtig erscheinen.

GEMEINSAM VIEL BEWEGEN

Das bringt uns zu einem weiteren Punkt, der uns wichtig ist: Dieses Buch schlägt einen weiten Themenbogen, weil wir viele Bereiche unseres Alltags unter die Lupe nehmen wollten. Dabei haben wir nicht nur viele Lösungen für die unterschiedlichsten Details gesucht und gefunden, wir sind auch immer wieder einen Schritt zurückgetreten und haben versucht, das große Ganze in den Blick zu nehmen. Dieser Wechsel von der Vogel- in die Froschperspektive und zurück ist bei der Breite der Themen kein ganz leichtes Unterfangen, und uns ist dabei natürlich bewusst, dass wir viele Aspekte diskutieren, in denen wir selbst keine ausgewiesenen Fachexperten sind. Deshalb ist es unumgänglich, dass wir hin und wieder ein Puzzleteil in der Hand halten, das wir nicht in der Tiefe und mit dem Umfang würdigen konnten wie manche der Leserinnen und Leser, vielleicht auch du.

Wenn du also zu der Ansicht gelangst, dass wir irgendwo etwas falsch oder zumindest nicht ganz richtig verstanden haben, dass wir eine wichtige Quelle ausgelassen oder ein bedeutsames Argument vernachlässigt haben, dann bitten wir um Nachsicht. Vielleicht willst du uns in diesem Fall ja schreiben? Schau dazu auch auf die Website der Initiative **jetztrettenwirdiewelt.de** und klinke dich dort in den Dialog ein. Wir freuen uns darüber, denn über eins sind wir uns absolut im Klaren: Wir beide alleine können die Welt nicht retten. Weder gedanklich noch praktisch. Dazu brauchen wir dich und möglichst viele weitere Menschen, Ideen, Einsichten, Visionen und Taten. Daher haben wir für dieses Buch auch viele Interviews mit ganz unterschiedlichen Menschen geführt und ihre verschiedenen Meinungen auszugsweise im Buch veröffentlicht.

Was wir in diesen Gesprächen und durch unsere Recherchen entdeckten, hat uns beglückt, begeistert und bewegt. Wir haben gesehen: Der Anfang ist längst getan, überall auf der Welt. Er ist da, ob du ihn nun siehst, herbeisehnst oder vielleicht auch ein bisschen fürchtest. Die Einsicht, dass jeder Anfang nur die Folge eines vorherigen Anfangs ist, zeigt uns, dass eine Veränderung nicht ein einzelner, großer Sprung ist, sondern ein Prozess mit vielen kleinen Aktivitäten – und in dem steckst auch du schon mittendrin, sonst hättest du dieses Buch nicht aufgeschlagen. Lass dir also Zeit, denke nach, informiere dich, setz dich nicht unter Druck, sondern lass dich inspirieren, begeistern, mitreißen – und dann mach mit. Denn mit vielen kleinen Schritten können wir ganz viel bewegen. Wir können die Welt retten, gemeinsam.

Ilona Koglin und Marek Rohde
Hamburg, Juni 2020

SO NUTZT DU DIESES BUCH

Das Buch verbindet drei Anliegen miteinander: Es ist zunächst ein **Nachschlagewerk**, das dir schnell und übersichtlich Fakten, Ideen und Links zu spannenden Organisationen und Projekten liefert. Als Zweites ist es ein **Lesebuch** mit Reportagen, Erfahrungsberichten und utopischen Gedankenspaziergängen, die dich zum Nachdenken anregen sollen. Und drittens ist das Buch ein **Ratgeber** mit praktischen Tipps und Anleitungen, die dir zeigen, wie du deinen Alltag öko-sozialer gestalten kannst.

Die Aktionen am Ende eines jeden Kapitels kannst du dabei als Experiment verstehen – also als eine zeitlich begrenzte Testphase. Du kannst etwa eine Zeit lang einmal ausprobieren, wie es ist, vegan oder ohne Geld zu leben. Dann kannst du sehen, wie sich das auf dich und deine Sichtweisen auswirkt, oder auch, wie dein Umfeld reagiert, und wie gut sich dies in deinen Alltag einfügen lässt. Nach der Probezeit übernimmst du vielleicht manches, was dir gefällt. Anderes ist vielleicht als Erfahrung interessant, aber jetzt gerade nichts für dich. Diese spielerische Herangehensweise soll die Hemmschwelle senken, Neues in deinem Leben einfach einmal auszuprobieren.

Da der Austausch mit anderen besonders beim Nachdenken und Mitmachen hilft, gibt es neben dem Buch auch die Website **jetzttrettenwirdiewelt.de**. Dort findest du alle Aktionen aus diesem Buch in interaktiver Form. Auf den Aktionsseiten im Buch gibt es jeweils einen Link zu den entsprechenden Unterseiten. Außerdem kannst du dich über die Webseite mit uns und anderen Menschen vernetzen und austauschen.

EXTRA: DEIN PLAN

Nutze das 15-Schritte-Programm ab Seite 180, um deinen individuellen Veränderungsplan für eine bessere Welt zu erstellen.

DEIN WANDEL

Aktionen mit diesem Zeichen zeigen dir neue Sichtweisen auf dich und die Welt. Sie sollen dir Mut und Zuversicht schenken.

SOZIALER WANDEL

Wenn du dieses Symbol siehst, geht es darum, die Gemeinschaft zu fördern sowie Kooperation, Vertrauen, Solidarität und Mitgefühl.

ÖKOLOGISCHER WANDEL

Wie kannst du mit der Welt kooperieren, sie lieben und schützen? Aktionen mit diesem Icon zeigen, wie dein Leben ökologischer wird.

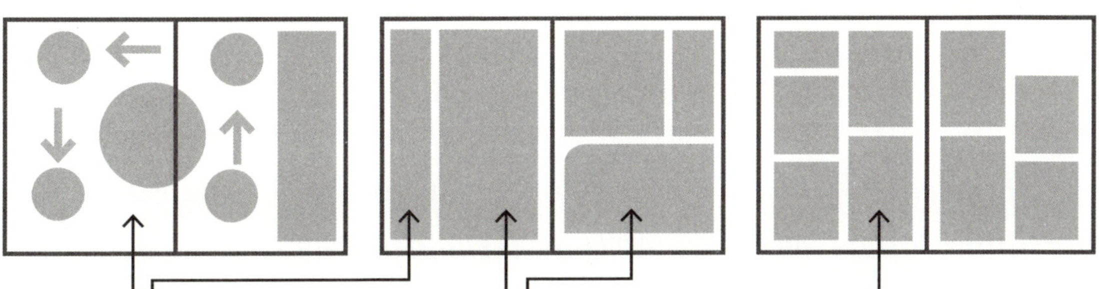

NACHSCHLAGEN

Die Grafiken zeigen Zusammenhänge auf einen Blick und in den Randspalten findest du Links zu weiterführenden Projekten, Organisationen, Aktionen, Plattformen.

NACHDENKEN

Im Fließtext berichten wir über unsere eigenen Rechercheergebnisse, Erfahrungen und Erlebnisse. In den Sprechblasen kommen spannende Menschen zu Wort.

MITMACHEN

Am Ende jedes Kapitels findest du Aktionen. Das sind konkrete Anleitungen, wie du in deinem Alltag mit einem öko-sozialen Lebensstil experimentieren kannst.

10 GRUNDHALTUNGEN

Diese Einstellungen und Eigenschaften helfen dir, ein zufriedenes, selbstbestimmtes und sinnerfülltes Leben zu führen.

1. VERANTWORTUNG

Wenn du Verantwortung übernimmst und Entscheidungen triffst, fühlst du dich autonomer und zufriedender.

6. AUTHENTIZITÄT

Traust du dich so zu sein, wie du wirklich bist? Authentizität und Lebenssinn sind wesentliche Merkmale eines glücklichen und langen Lebens.

7. HILFSBEREITSCHAFT

Menschen, die regelmäßig anderen helfen, sind glücklicher und erfolgreicher. Der Autor des Buches „Give and Take", Adam Grant, schlägt vor, sich wöchentlich einen Tag vorzunehmen, an dem man gezielt 5–7 mal 5 Minuten lang etwas Gutes für andere tut.

8. LEBE IM MOMENT

Vor allem, wenn du belastende Zeiten durchmachst, hilft es dir, dich auf den Moment zu konzentrieren. Vermeide endlose Grübeleien über die Vergangenheit oder Zukunft.

9. LEBENSERFAHRUNG

Je älter wir werden, desto gelassener und zufriedener sind wir. Wir sammeln Erfahrungen, Menschenkenntnis und Weisheit.

10. DANKBARKEIT

Dankbarkeit setzt das Glückshormon Dopamin frei. Das kannst du bewusst üben, etwa indem du auch aus negativen Ereignissen eine positive Lehre ziehst.

2. GROSSMUT

Großzügig zu anderen zu sein, macht uns zufrieden. Sei aber auch großzügig zu dir selbst und vermeide Perfektionismus.

3. ACHTSAMKEIT

Regelmäßige Meditation verändert tatsächlich dein Gehirn und hat zahlreiche körperlich und seelisch positive Folgen.

4. EIGENSTÄNDIGKEIT

Sich ständig mit anderen zu vergleichen, macht unsicher und unglücklich. Glücklicher und selbstbestimmter lebt, wer sich nicht von der Beurteilung anderer abhängig macht.

5. SOZIALE BINDUNGEN

„Gute Beziehungen machen uns glücklich und gesund. Punkt.", meint Robert Waldinger, Direktor einer 75 Jahre dauernden Harvard-Studie zu der Frage, was ein gutes und glückliches Leben ausmacht.

TU ES JETZT!

SINN, MUT UND ZUVERSICHT FÜR EINE BESSERE WELT

Die Chancen, die Welt zu retten, waren noch nie so gut wie heute. Zumindest für uns hier im globalen Norden: Unsere Grundbedürfnisse sind gedeckt. Wir besitzen einen riesigen Wissensschatz und unglaubliche Technologien. Wir blicken zurück auf eine lange Reihe von Fehlern in der Menschheitsgeschichte, aus denen wir viel lernen können. Wir haben das Internet, um uns mit Menschen weltweit zu vernetzen und zu verbünden. Wir haben eigentlich genug Zeit für die Rettungsaktivitäten. Und wir sind frei, eine Welt zu schaffen, in der es von allem genug gibt: genug Platz, genug Essen, genug Fürsorge, genug Freiheit. Doch was tun wir? Noch nicht einmal ansatzweise genug, um die gnadenlose Ausbeutung anderer Menschen, Tiere, Pflanzen und Ressourcen zu stoppen. Warum eigentlich?

Diese Frage stellen wir beide uns nun schon seit vielen, vielen Jahren. Je nach Stimmung mal mehr und mal weniger verzweifelt. Und wir stellten sie uns natürlich auch, als wir mit den Recherchen für dieses Buch begannen. Denn da führte kein Weg vorbei: Wir mussten uns all dem Unheil stellen, der Verzweiflung und der Not, die wir durch unsere Gewohnheiten verursachen. Deshalb stand für uns fest, dass ein Buch zur Rettung unserer Welt damit beginnen muss, wie sich der Einzelne verändert und damit sein Leben. Frei nach Laotse war uns klar: Wer die Welt verändern will, muss bei sich selbst beginnen. Muss den Mut finden, sich seiner Verantwortung zu stellen. Muss die Zuversicht gewinnen, trotz all der Missstände aktiv zu werden. Muss das

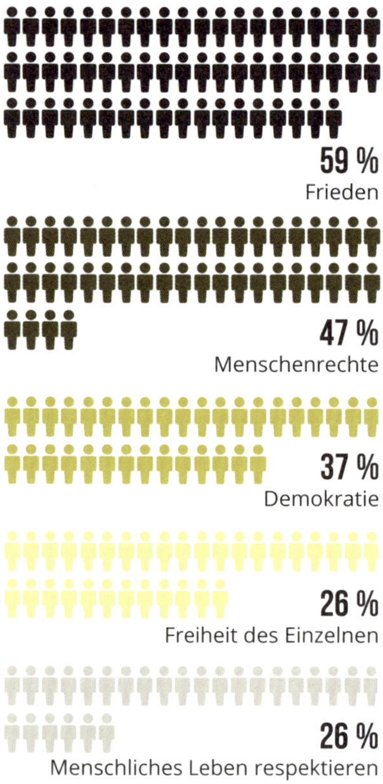

UNSERE WERTE

Welche politischen und sozialen Werte sind uns am wichtigsten?

LESETIPPS

SELBST DENKEN

Eine Anleitung zum Widerstand

Überlegungen über zukunftsfähige Denkweisen von Harald Welzer, Professor für Transformationsdesign.

futurzwei.org

ÖKOLOGISCHE LEBENSKUNST

Was jeder Einzelne für das Leben auf diesem Planeten tun kann

Handlungsanleitungen des Philosophen Wilhelm Schmid.

wilhelm-schmid.de

WIE MAN DIE WELT VERÄNDERT

Kleine Philosophie der Lebenskunst

Hier findest du gedankliches Rüstzeug, um die Welt zu erschaffen, in der du leben willst.

theschooloflife.com

Grundvertrauen entwickeln, dass es sich lohnt, sich auf den Weg zu machen in eine bessere Welt. Nicht irgendwann, sondern jetzt sofort! Nicht irgendwo anders, sondern genau dort, wo man sich gerade befindet. Und du wirst sehen, es lohnt sich, vom ersten Schritt an ...

DEN SINN IN DER WELT ERKENNEN

Hat dein Leben einen Sinn? Und wenn ja, welchen? Diese Frage ist nicht unerheblich, weder für dein Lebensglück noch für die Rolle, die du in dieser Welt spielst. Denn Sinn ergibt sich für uns Menschen dann, wenn wir merken, dass das, was wir tun, eine Richtung hat und eine Wirkung zeigt. Doch unsere arbeitsteilige Konsumwelt zeigt uns oft ein anderes Bild: Wir sehen nicht, woher die Dinge kommen, die wir kaufen, besitzen oder verbrauchen – und welche Auswirkungen unser Tun für unsere Mitmenschen, die Tiere oder die Natur hat. Eine gigantische Werbemaschinerie und eine globalisierte Arbeitsteilung machen es uns nur allzu leicht, derlei Dinge auszublenden. Und wir tun es gern, denn wir wollen uns nicht damit belasten.

Doch wer glaubt, wir müssten unseren Planeten nicht retten, sollte sich mal fragen, was damit gemeint ist. Wir versuchen, die Welt da draußen zu beherrschen, zu kontrollieren und auszubeuten – doch wir sind ein Teil von ihr und alles, was wir dort anrichten, fällt letztlich auf uns selbst zurück. Denn auch wenn es sich anders anfühlt: Wir sind auf vielfältigste Weise mit allem verbunden. Die Zusammenhänge sehen lernen, heißt auch zu erkennen, was du (bisher) an Zerstörung durch unbedachtes Handeln erzeugt hast. Das ist natürlich ein sehr aufwühlender Prozess. Denn es bedeutet, in allem die eigene Verantwortung zu suchen. Es ist aber auch eine Chance. Denn es zeigt dir die unendlich vielen Möglichkeiten, die du hast, um die Welt zu retten: Jede eigennützige Verhaltensweise, die du aufgibst. Jede Unachtsamkeit, die du erkennst und änderst. Jede Tat, die dich mit anderen Menschen, Tieren und Pflanzen verbindet und Gemeinsamkeiten schafft. Was uns davon abhält, ist meist mangelndes Selbstvertrauen und die fehlende Zuversicht, dass wir es anders machen können. Also auch der Mut, uns selbst infrage zu stellen.

Belohnt wird diese Anstrengung jedoch durch den Sinn, den alles – auch das Banale und Alltägliche – dadurch auf einmal bekommt, dass du beginnst, aufmerksamer zu werden. Das macht dein Leben wahrhaft reicher. Nicht an Geld, Konsum- und Luxusgütern, sondern an echtem Wert. Du siehst die Dinge mit neuen Augen: dein Essen, deinen Körper, deine Kleidung, deine Arbeit, dein Geld und all die vielen anderen Dinge, die dein Leben ausmachen. Und ein Leben, dem du diesen Sinn gibst, macht dich zufrieden und glücklich. Die Welt zu retten ist deswegen keineswegs nur eine gute Tat. Es ist nicht nur eine längst überfällige Reaktion auf die von Menschen gemachten Katastrophen wie Klimawandel, Artensterben, weltweiten Hunger und was es sonst noch alles an schlimmen Dingen in dieser Welt gibt. Es ist eine Möglichkeit, um ein Leben zu führen, an dessen Ende du gerne zurückblickst und voller Zufriedenheit sagst: Ja, das hab' ich gut gemacht. Ein sinnvolles Leben. Für dich, aber auch für kommende Generationen.

SINNFRAGEN

WIR BRAUCHEN ZEIT, UM NACHZUDENKEN, WENN WIR DIE WELT RETTEN WOLLEN.

Wir haben immer weniger Zeit für echte Reflexionen. Unser Leben wird immer schneller und intensiver. Ein gutes Beispiel ist die Verdichtung der Arbeit. Sinnfragen sind da oft nicht erwünscht, denn sie wären ein Anlass für Grundsatzdiskussionen – und dafür ist keine Zeit. Doch wenn uns nicht klar ist, warum wir etwas tun, gibt es auch keine Motivation dazu. Dann wird eine Tätigkeit vielleicht ein rein mechanisches Agieren, wenn wir damit unseren Lebensunterhalt verdienen. Oder wir lassen es gleich sein.

Wir brauchen deshalb Zeit und Raum für Reflexionen – und klare Prioritäten: Wollen wir entsprechend unserer Urängste handeln? Oder wollen wir uns daran orientieren, was uns als Menschen wichtig ist, nämlich uns gegenseitig zu unterstützen und zu teilen? Wer diese Priorität für sich geklärt hat, kann handeln. Unsere letzte deutsche repräsentative Stichprobe (2006) hat gezeigt, dass die meisten Menschen ihren Lebenssinn aus Moral, Fürsorge, Harmonie und Entwicklung beziehen – also durch persönliche Beziehungen und das Festhalten an klaren Werten. Das sind die gängigen Prioritäten.

Immer mehr Menschen fragen sich ernsthaft, warum sie so viele Zugeständnisse hinsichtlich Arbeitsbedingungen und Karriereerfordernissen machen, und sehen darin keinen Sinn. Denn Sinn kann niemand alleine schaffen. Ein Mensch kann auf Dauer kein sinnvolles Leben leben, wenn seine Umgebung so ausgerichtet ist, dass es seinen Überzeugungen widerspricht – es gibt also kein richtiges Leben im falschen, wie der Philosoph Adorno schon feststellte.

Deshalb brauchen wir wieder eine sinnorientierte Gesellschaft, in der wir die Dinge hinterfragen und auf ihren humanistischen, menschlichen Gehalt überprüfen. Wir sind nicht darauf beschränkt, instinktiv zu reagieren. Wir haben die Wahl, menschlich zu handeln. Das ist dann möglich, wenn wir die Sinnfrage zulassen und rausfinden, was für uns alle gemeinsam sinnvoll ist.

DIE 4 SINN-KRITERIEN

Damit Handeln Sinn erhält, müssen vier Kriterien erfüllt sein:

KOHÄRENZ
Wir brauchen das Gefühl, dass die Teile unseres Lebens zusammenpassen und keine konflikthaften Widersprüche auftreten.

WIRKUNG
Sinn entsteht nur, wenn unser Handeln Konsequenzen hat.

ORIENTIERUNG
Wir brauchen ein Ziel, um Sinn zu erleben.

ZUGEHÖRIGKEIT
Sinn entsteht, wenn du Teil von etwas Größerem bist – von der Familie, von Freunden, Gemeinschaften, der Gesellschaft oder von Berufsgruppen.

Prof. Dr. Tatjana Schnell ist assoziierte Professorin an der Universität Innsbruck. Ihr Schwerpunkt ist die Persönlichkeits- und differenzielle Psychologie sowie die empirische Sinnforschung. Sie hat unter anderem das Buch „Psychologie des Lebenssinns" geschrieben.
sinnforschung.org

Susanne Kersig ist Diplom-Psychologin und gilt als eine der deutschen Pionierinnen der Achtsamkeitspraxis nach Jon Kabat-Zinn.
achtsamkeit.info

GLÜCK, ZUFRIEDENHEIT UND ZUVERSICHT

Werte wie Frieden, Menschenrechte und die Freiheit des Einzelnen stehen bei uns allen hoch im Kurs, wie Umfragen immer wieder zeigen. Keine Frage, auf den ersten Blick haben wir das Herz am rechten Fleck. Doch im Alltag vergessen wir unsere hehren Ansprüche allzu schnell wieder. Und obwohl wir wissen, dass zwischen unseren Idealen und der Wirklichkeit oft eine beschämend breite Lücke klafft, nehmen wir uns selten die Zeit, darüber einmal nachzudenken. Anstatt uns selbst zu hinterfragen, geben wir lieber den anderen die Schuld: den Politikern, den Reichen, den Alten, den Jungen, den Männern, den Frauen, dem Filialleiter im Supermarkt – oder einfach unserem blöden Nachbarn. „Sollen die sich doch um die Rettung der Welt kümmern. Ich kann doch ohnehin nichts tun", lautet das typische Mantra.

Was dahintersteckt, ist keineswegs ein fieser und mieser Charakter. Es ist die einfache Tatsache, dass wir Gemeinschaftswesen sind und es uns daher wichtig ist, was andere von uns halten. Wir möchten eben gefallen, gemocht und geliebt werden – und nicht anecken oder aus der Reihe tanzen. Zumindest die Mehrheit. Doch weil die Welt zu retten fast automatisch bedeutet, es anders als die (meisten) anderen zu machen, ist es gar nicht so leicht, die Courage aufzubringen. Und das gilt nicht nur für die heroischen Ausnahmesituationen, sondern auch schon für ganz banale Alltagsangelegenheiten: Es braucht eben Mut, bei Oma den Sauerbraten auszuschlagen, weil man nun Veganer ist. Es braucht Stehvermögen, immer wieder die gleichen Klamotten zu tragen oder ein fünf Jahre

SO SEIN UND LOSLASSEN

AKZEPTANZ UND MITGEFÜHL STATT AVERSION UND ÄRGER

Veränderungen geschehen eigentlich immer dann, wenn wir alles so annehmen, wie es ist. Nicht indem wir jemanden verändern wollen, verändert er sich, sondern indem wir sagen: „Ich liebe dich so, wie du bist." Wenn wir zum Beispiel einen neuen Lebenspartner haben, der ganz aufmerksam ist und uns annimmt, wie wir sind, statt uns zu kritisieren, ändern wir uns (paradoxerweise) oft zum Positiven.

Es ist auch für den Planeten wichtig, dass wir ihn nicht aus Aversion oder Ärger verändern, sondern aus Akzeptanz und Mitgefühl. Wir akzeptieren die Situation. Sie ist vielleicht nicht gerade lustig und nicht perfekt, aber wir sagen trotzdem „Ja" dazu. Daraus entsteht ein heilsamerer nächster Schritt zur Verbesserung der Situation, als würden wir sagen: Das ist alles Mist und muss anders werden! Wir übersehen häufig, wie wichtig die Motivation ist, aus der heraus wir handeln oder uns für eine bessere Welt einsetzen. Wenn wir aus Mitgefühl handeln, geben wir dem Leiden einen Platz im Leben. Wir versuchen, es gleichzeitig zu lindern oder sogar ganz aufzuheben. Handeln wir aber aus Ärger oder Wut heraus, dann tragen wir womöglich zu mehr Konflikten in der Welt bei!

Sobald wir darauf achten, was uns wirklich guttut, was uns Hoffnung gibt und unser Leben mit Sinn erfüllt, sinkt unser Bedürfnis, uns von uns selbst abzulenken. Wir sind zufrieden, mit uns und in der Gemeinschaft mit anderen. Das führt auch dazu, dass wir gar nicht mehr so viel Materielles brauchen. Wir merken, dass all die Dinge, von denen es heißt, wir bräuchten sie, eigentlich unwichtig sind für unseren inneren Frieden – oder sie hindern uns sogar daran, zufrieden zu sein. Je weniger wir konsumieren, desto weniger produzieren wir und desto weniger beuten wir unseren Planeten aus.

altes Smartphone aus der Tasche zu ziehen, wenn die Kollegen immer auf dem neuesten Stand sind. Und es scheint vielleicht sogar ein Ding der Unmöglichkeit, dem Chef zu sagen, dass die Gewinnmaximierung nicht über allem steht. Es fehlt an Zuspruch – vielleicht stößt du sogar auf Widerstand, Häme, Zynismus, Spott oder zumindest Desinteresse. Das ist kein Wunder: Wer aus gutem Grund anders lebt, hält den anderen nun mal einen unbequemen Spiegel vor.

Oft beginnt die Schwierigkeit allerdings schon allein damit, dass wir durchs Leben hetzen und weder Zeit noch Kraft für vermeintliche Eskapaden wie das Weltverbessern bleibt. Uns beiden geht es auch so. Es gibt Tage, da sind wir total verzagt. Und es gibt Tage, da sind wir stinkwütend. Doch ist es legitim aufzugeben? Können wir still sitzen – wir, die wir relativ voll und satt im Wohlstand stecken, während sich Millionen von Menschen fragen, wie sie den nächsten Tag überstehen sollen? Wenn Milliarden von Tieren qualvoll leben und sterben? Ja, und wo wir doch genau wissen, wie schön diese Welt sein könnte, wenn wir es nur endlich konsequent angingen?

Wir können die Welt verändern. Doch das geht nicht an einem Tag, nicht allein und schon gar nicht überall auf einmal. Unsere Lebenszeit, unsere Möglichkeiten und auch unsere Kräfte sind begrenzt. Oft scheitern wir auch an unseren eigenen Ansprüchen: Wir wollen zu viel und das zu schnell. Wir versuchen unseren eigenen hohen Idealen zu genügen und tappen dabei in die Erwartungsfalle. Wir werden unerbittlich und sehen immer nur das, was noch nicht perfekt ist. Wir sind traurig und enttäuscht, weil wir nur auf das achten, was wir noch nicht geschafft haben, was es an Ungerechtigkeit immer noch gibt – obwohl wir uns schon so sehr anstrengen. Wir überschätzen uns und unterschätzen unseren Schmerz, brennen aus und ziehen uns im schlimmsten Fall resigniert zurück.

Um die Welt zu retten, müssen wir zunächst einmal anerkennen, dass wir alle grundsätzlich unvollkommen sind. Von Kindesbeinen an wird uns beigebracht, diese Gegebenheit als einen schamhaften Mangel unserer selbst zu empfinden und auszumerzen. Doch: „Es ist gesünder, diese Tatsache zu akzeptieren und (..) auch dann etwas beizutragen, wenn du dir nicht sicher bist, dass das, was (..) du tust, den großen Applaus bekommt, oder dass die Menschen dich wegen deiner wunderbaren Leistungen mehr lieben werden“, meint der Psychologe und Mutforscher Theo Schoenaker. Die eigene Unvollkommenheit zu akzeptieren ist jedoch nicht das Gleiche, wie den Kopf hängen zu lassen oder sich bequem zurückzulehnen. Es bedeutet, dass du nicht mehr mit dir selbst kämpfst, sondern dich liebst. Erst dann kannst du dir selbst gegenüber ehrlich sein, weil du in dem, was du siehst, das Entwicklungspotential und nicht die Schwächen und Fehler erkennst.

Um sich dem Leid in der Welt zu stellen und etwas dagegen zu unternehmen, musst du also zugleich Glück, Zufriedenheit und Zuversicht entwickeln. Der Schlüssel für dieses vermeintliche Paradoxon liegt in dem Maß, mit dem du misst: Siehst du, was du schon erreicht hast? Oder nur das, was noch vor dir liegt? Erkennst du, wie viel Gutes es in der Welt gibt, an das du anknüpfen kannst? Oder scheint alles aus lauter Schlechtigkeit zu bestehen und vollkommen ausweglos? Denn überlege dir nur mal kurz, wie die Welt heute aussähe, wenn

Meditation hat viele positive Auswirkungen auf deinen Geist sowie deinen Körper.

MEDITATIONS-APPS

BUDDHIFY

Die App von 21awake ist ein optisches Bonbon und liefert Anleitungen für Achtsamkeitsübungen. **buddhify.com**

HEADSPACE

Diese App leitet dich durch Achtsamkeitsübungen und Meditationen, um Platz in deinem Kopf zu schaffen. **headspace.com**

MINDFULLNESS DAILY

Die App bietet geführte Meditationen und Reflexionszeiten, deren Ergebnisse du speichern kannst. **mindfulnessdailyapp.com**

LEBENSFRAGEN

Auf der Suche nach dem Sinn des Lebens? Diese App unterstützt dich durch jede Menge Fragen. **lebensfragen-projekt.com**

GLÜCKSQUELLEN

HAPPY PLANET INDEX

Der Index erfasst Parameter wie Lebenszufriedenheit, Lebenserwartung und ökologischen Fußabdruck als Maß für Glück.
happyplanetindex.org

ACTION FOR HAPPINESS

Die internationale Bewegung möchte Glück und Anteilnahme in unserer Welt verbreiten.
actionforhappiness.org

TAG DES GLÜCKS

Die Vereinten Nationen haben den 20. März zum internationalen Tag des Glücks erklärt, zum Zeichen dafür, dass immerhin 193 Mitgliedsstaaten Glück als zentrales Ziel anerkennen.
dayofhappiness.net

HERZENSANGELEGENHEITEN

VERÄNDERE, WAS DIR WICHTIG IST, UND GEHE DABEI SCHRITT FÜR SCHRITT VORAN.

Nichts muss bleiben, wie es ist. Es muss dir nicht weiterhin schlecht gehen, die Welt kann sich ändern. Das tut sie ohnehin. Alles verändert sich ständig und wir sind keine Opfer der Umstände, sondern Schöpfer unseres Lebens und unserer Welt. Du kannst sie mitgestalten. Wenn du dir das klarmachst, wirst du handlungsfähig. Und sobald du verinnerlicht und gemerkt hast, dass sich durch dein Tun etwas verändert, dass du glücklicher wirst und etwas bewegen kannst, ist es ein so schönes und erfüllendes Gefühl, dass du überhaupt nicht mehr damit aufhören willst.

Der erste Schritt dorthin ist, dass du dir klarmachst, was dich eigentlich stört: Was liegt dir am Herzen? Was möchtest du ändern? Wofür willst du dich einsetzen? Such dir am besten nur ein Projekt auf einmal aus. Denn oft sind wir so begeistert von allem Möglichen, dass wir am liebsten 10.000 Baustellen auf einmal angehen möchten. Doch das funktioniert nicht. Gehe daher erst zum Nächsten, wenn du eine Sache beendet hast. Sonst kann es dir passieren, dass du dich von diesem riesigen Berg an Aufgaben und Anforderungen ganz erschlagen fühlst und überhaupt nicht mehr weißt, wo du anfangen sollst, und das wird dich nur lähmen und frustrieren.

Wahrhaft glücklich zu sein hat für mich weniger mit dem momentanen Zustand zu tun. Es geht eher um eine positive Grundbefindlichkeit, die das ganze Leben bestimmt. Sie stärkt dich, wenn du schwere Zeiten durchstehen musst. Viele setzen Glück mit einem sorgenfreien Leben gleich. So ist es aber nicht. Du kannst dir nicht sicher sein, dass du nicht irgendwelche Krisen durchstehen musst. Du kannst einen Unfall haben oder krank werden. Das sind alles Dinge, die glücklichen Menschen genauso passieren wie weniger glücklichen. Aber wenn du eine positive Grundhaltung hast, kannst du Schwierigkeiten gestärkt gegenübertreten. Und du erholst dich leichter von Krisen, hast mehr Zuversicht, kommst schneller wieder raus, kannst weitermachen und trotzdem positiv in die Zukunft sehen.

Katharina Tempel ist Diplom-Psychologin und Glücksforscherin. Sie bloggt als Glücksdetektivin unter **gluecksdetektiv.de**

es nicht zu allen Zeiten Menschen gegeben hätte, die an die positive Veränderung geglaubt hätten – vielleicht trotz aller Unkenrufe und Widerstände. Unser Planet wäre wahrscheinlich so karg und leer wie die Marsoberfläche. Schau dich deshalb mal um und richte deinen Blick auf all das, wofür es sich einzusetzen lohnt. Auf das, was du beschützen und erhalten willst. Was dir das Gefühl gibt, am richtigen Platz zu sein: Genau hier, zur richtigen Zeit, umgeben von Menschen, die deine Träume teilen. Und dann tue es jetzt!

MÖGLICHKEITSRÄUME ENTDECKEN

Es kommt aber noch eine weitere Herausforderung dazu: Um die Welt zu retten, brauchen wir Fantasie und Kreativität. Denn wir müssen notgedrungen Wege gehen, die unsere Vorfahren so noch nicht gegangen sind. Wer eine Welt will, in der es Gerechtigkeit, Frieden und Freiheit für alle gibt, der muss zwangsläufig etwas erfinden, was es noch nicht gibt. Doch unser Gehirn, unsere Wahrnehmung, unser Denken und auch unsere Lösungsstrategien basieren auf Mustern. Oder anders gesagt: Es fällt uns allesamt schwer, außerhalb unserer Erfahrungen zu denken. Doch ohne grundsätzlich neue Denkmuster finden wir keine Lösungen – das zeigt schon allein der sogenannte Rebound-Effekt, also die Tatsache, dass wir jedes Mal, wenn wir auf der einen Seite Energie und Ressourcen sparen, diese auf der anderen Seite umso mehr verpulvern. Eine neue Haltung erfordert deshalb, dass wir lernen, wirklich hinzuhören und zu sehen. Nicht das (noch schnellere) Weitermachen rettet unsere Welt, sondern innezuhalten, zu beobachten, nachzudenken und neu zu bewerten. Mit anderen Worten: Achtsamkeit.

Nur reicht es eben nicht, diese Achtsamkeit allein und zurückgezogen in irgendwelchen Retreats still für sich zu üben (so gut das natürlich auch ist). Denn wir sehen die Welt zwangsläufig subjektiv, bruchstückhaft und durch die Brille unserer Erfahrungen. Um aber die Kreativität und auch Energie zu entfalten, die wir an dieser Stelle der Menschheitsgeschichte benötigen, bedarf es der viel zitierten und diskutierten kollektiven Intelligenz – der Weisheit der Vielen. Die Welt zu retten bedeutet daher nicht nur dein persönliches Leben zu verändern. Es bedeutet auch, die Gemeinschaft um dich herum, wie du mit anderen zusammenlebst und -arbeitest, wie du sie siehst, behandelst und – ganz wichtig – mit ihnen kommunizierst, zu ändern. Dazu musst du den Mut haben, dich den anderen zu öffnen, Vertrauen vorzuschießen und Menschen mit anderer Sichtweise oder Lebensart nicht als Bedrohung, sondern als Ergänzung und Bereicherung zu verstehen. Du siehst, das Verändern der eigenen Haltung ist erst der Anfang deiner Reise. Dieses Buch wird dich noch in Gebiete führen, in denen du Freude und Schmerz empfinden und dich Herausforderungen stellen wirst. Doch bedenke, du bist zu keiner Zeit allein. Milliarden von Menschen gehen gerade denselben Weg. Als Nächstes wirst du den ersten Schritt nach draußen tun und dich daranmachen, die Beziehung zu deinem Körper zu hinterfragen. Denn ein positives Selbstbild und ein gutes Gefühl für dich hilft dir, die Welt zu verändern.

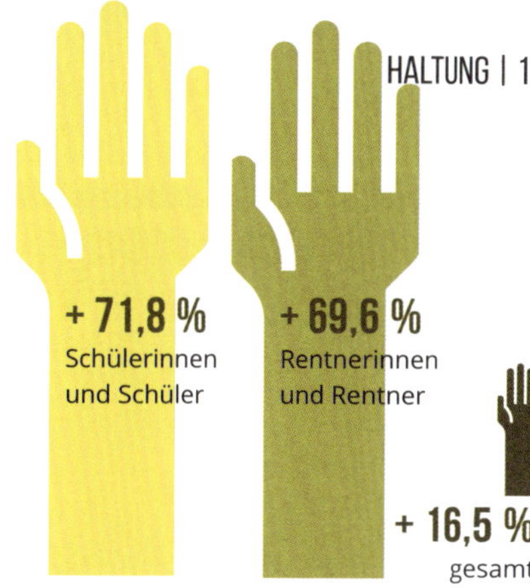

ENGAGEMENT IST IN

Immer mehr Menschen engagieren sich ehrenamtlich – vor allem bei Schülerinnen und Schülern sowie Rentnerinnen und Rentnern gab es zwischen 1990 und 2017 einen starken Anstieg.

AKTIV WERDEN

BÜRGERGESELLSCHAFT

Der Wegweiser Bürgergesellschaft liefert viele Informationen und Tipps für Bürgerbeteiligung, Bürgerengagement und Selbsthilfe.
buergergesellschaft.de

OPEN TRANSFER

Die Plattform ist ein Projekt der Stiftung Bürgermut und will bürgerschaftliches Engagement und ehrenamtliche Projekte unterstützen.
opentransfer.de

HUMAN CONNECTION

Soziales Netzwerk, das sich auf den lokalen und globalen positiven Wandel konzentriert. Hier kannst du Nachrichten, Ideen, Projekte, Know-how und Erfahrungen austauschen.
human-connection.org

AKTION ZIVILCOURAGE

Aufzustehen und für seine Überzeugungen einzutreten ist oft gar nicht so leicht. Der Verein liefert dir Infos und Termine für Zivilcourage-Trainings.
aktion-zivilcourage.de

AKTIONEN

FÜR MUT, ZUVERSICHT UND TATKRAFT

jetztrettenwirdiewelt.de/haltung

SINN ENTDECKEN

1 STUNDE · MITTEL

Was gibt deinem Leben Sinn? Das herauszufinden ist der erste wichtige Schritt, um die Welt zu retten. Nimm dir ein Blatt Papier, einen Stift und viel Zeit und beantworte folgende Fragen.

DEINE HELDEN

Welche Figuren aus Filmen, Büchern, Geschichten oder dem echten Leben sind deine Vorbilder? Was haben sie in ihrem Leben gemacht? Was bewunderst du an ihnen? Was willst du auch tun?

BRIEF AUS DER ZUKUNFT

Stell dir vor, du machst eine Zeitreise in die Zukunft und bist auf einmal 80 Jahre alt: Welchen Rat würdest du dir geben? Was solltest du tun?

BRIEF AUS DER VERGANGENHEIT

Nun mach eine Gedankenreise in deine Kindheit: Was hast du früher gerne gemacht? Wobei hast du die Zeit vergessen? Was wolltest du einmal werden?

DER ERSTE SCHRITT

1 WOCHE · SCHWER

Wer die Welt verändern will, weiß manchmal nicht, wo er anfangen soll. Geht es dir auch so? Dann mach die folgende Aktion.

WAS WILLST DU ÄNDERN?

Was möchtest du ändern? Das kann etwas in deinem Leben sein, in deinem Umfeld oder in der Gesellschaft insgesamt.

WAS IST DEIN ZIEL?

Nun nimm ein Blatt Papier und schreibe an den rechten Rand, was dein Ziel ist: Wenn du die Welt verändert hast, was hast du dann erreicht?

DIE SCHRITTE PLANEN

Schreibe links neben das Ziel, was du tun musst, um es zu erreichen. Danach schreibst du links daneben, was du tun musst, um diesen Schritt tun zu können. Mach so weiter, bis du am linken Rand angekommen bist: Was ist der erste Schritt, den du gehen kannst? Tue ihn jetzt!

TIPP: EIN CHANGE-TAGEBUCH

Ein Tagebuch hilft dir, dein Leben zu verändern. Feiere darin deine Erfolge und Erkenntnisse, werte deine Rückschläge weise aus und schreibe auf, wofür du dankbar bist.

FREUDE VERSCHENKEN

1 WOCHE MITTEL

Wenn du aufmerksam bist und anderen eine Freude machst, verändert sich deine Sicht auf die Welt, die anderen Menschen, dich. Das schenkt dir viel Energie, um die Welt zu verbessern – und anderen auch!

1. PLANE DIE WOCHE

Such dir eine Woche aus, wo du ein bisschen Zeit investieren kannst. Erstelle eine Liste mit mindestens sieben Taten, die anderen eine Freude machen sollen. Das können Menschen sein, die du kennst, oder vollkommen unbekannte.

2. VERTEILE FREUNDLICHKEITEN

Verwirkliche nun alle deine Ideen: Jeden Tag mindestens eine. Wenn du andere anstecken willst, dann berichte mündlich oder im Netz, teile Fotos oder mache Videos.

3. SELBSTCHECK

Nimm dir nach der Woche eine halbe Stunde Zeit und überlege, was die Aktion bei dir bewirkt hat: Was hast du gelernt? Wie fühlst du dich? Wie hat sich dein Alltag verändert? Was möchtest du beibehalten?

TIPP: RANDOM ACTS OF KINDNESS

Die Mitglieder der Bewegung verteilen zufällige Freundlichkeiten: Sie bezahlen den Coffee-to-go für den Nächsten in der Schlange, stecken kleine Grußkarten in die Bücher einer Buchhandlung oder lächeln andere einfach mal so lange an, bis sie zurücklächeln. Auf der Website gibt es viele Tipps, was du in deiner Aktionswoche tun kannst. **randomactsofkindness.org**

DEN RADIUS ERWEITERN

5 TAGE MITTEL

Erweitere deinen Aufmerksamkeitsradius. Du wirst dich wundern, wie viel du entdeckst.

TAG 1: 5 METER

Beginne damit, auf Dinge zu achten, die sich in einem 5-Meter-Radius befinden: Natur, Menschen, Gebäude, Kleinigkeiten.

TAG 2: 10 METER

Erweitere deinen Radius und versuche, noch mehr Details wahrzunehmen und zu erinnern.

TAG 3: 20 METER

Erweitere deinen Radius wieder und beginne, dich in andere Menschen, Tiere und Pflanzen hineinzuversetzen.

TAG 4: 50 METER

Übe nun einen Panoramablick und nimm alle Dinge um dich herum wahr. Achte darauf, wie sie zusammenspielen.

TAG 5: 360-GRAD-BLICK

Bemerke alle großen und kleinen Ereignisse um dich herum und nicht mehr nur das, was innerhalb eines bestimmten Radius passiert.

KÖRPERKONTAKT

Der Körperkontakt zu anderen Menschen aktiviert die Amygdala. Dieser Teil unseres Gehirns ist für unser emotionales Verhalten und unsere Motivation zuständig. Mehrere Umarmungen pro Tag sollen den Blutdruck senken, Stress abbauen und dein Immunsystem stärken.

SAG ES

Negative Gefühle sind wichtig und kein Grund, sich zu schämen. Wenn du sie dir bewusst machst und laut aussprichst, stärkt dich das. Sie zu unterdrücken, kann sie hingegen verstärken.

BEWEGE DICH

Körperbewegung ist gut für deine physische und psychische Gesundheit. In einer Studie gaben Menschen an, dass sie sich bei regelmäßigem Sport wohler in ihrer Haut fühlten, auch wenn sie keine Veränderung sahen. 7 Minuten pro Tag sollen bereits einen großen Unterschied ausmachen.

MEHR LÄCHELN

Wer lächelt, zeigt positive Gefühle. Umgekehrt geht's aber auch: Wer lächelt, erzeugt positive Gefühle. Das stärkt die Konzentrationsfähigkeit und die Gesundheit. Es muss aber ein echtes Lächeln sein, das die Augenpartie mitnimmt.

GEH RAUS

Zeit im Grünen senkt nachweislich den Blutdruck und hebt die Stimmung. Am besten sollen laut Forschung übrigens frische Temperaturen von knapp 14° Celsius sein.

SCHLAF GUT

Unregelmäßiger Schlaf und Schlafdefizite strapazieren deine Nerven und fördern unter anderem hohen Blutdruck, Herzerkrankungen oder Depressionen. Denn im Schlaf können sich Körper und Psyche erholen.

VIEL TRINKEN

Dein Körper besteht zu etwa 75 % aus Wasser und ist für dich von zentraler Bedeutung – vom Denken bis zum Ausscheiden von Giftstoffen. Trinke daher 2–3 Liter Wasser pro Tag.

KÖRPER

TEMPEL MIT AUSBLICK

KENNST DU DEINEN KÖRPER, KENNST DU DICH

Eric Hites hat sich etwas vorgenommen, was sich nicht jeder traut: Er fährt mit dem Fahrrad einmal quer durch Amerika, vom Atlantischen bis zum Pazifischen Ozean. Gute 5.000 Kilometer. Das ist für sich genommen schon eine ganz beachtliche Leistung. Doch bei Eric kommt im wahrsten Sinne des Wortes erschwerend hinzu, dass er über 260 Kilo wog, als er seine Reise antrat. Sein Ziel am Anfang: Er wollte seine Frau zurück, denn die hatte ihn verlassen. Und seinen Job war er auch los. Eric wollte zeigen, dass auch er etwas kann und etwas wert ist.

Also startete er die Website fatguyacross-america.com und dokumentiert seither in Text, Bild und Video, was er auf seiner Reise erlebt. Auch und gerade seine Grenzen. Die Zahl seiner Anhänger und Fans auf Facebook steigt. Doch die Aktion ruft auch Miesmacher auf den Plan. Eric erfährt ganz direkt, dass wir das, wofür wir einen Athleten lieben und bewundern, einem korpulenten Menschen nicht ohne Weiteres zutrauen: Mut und Durchhaltevermögen. So radelt Eric nicht mehr nur für sich, sondern auch dafür, dass die Gesellschaft seine Leistung honoriert. Ein Sinnbild.

Denn wenn wir nun den nächsten Schritt gehen, um unser Ich zu verändern, geraten auch wir an eine neue Grenze: unseren Körper. Wie seltsam ist es doch, dass dieses Ich in einem Gefäß steckt, das Teil einer Außenwelt ist, die wir die ganze Zeit nur von innen beob-

DEN KÖRPER SCHÄTZEN

Nimm deinen Körper als Gesamtheit wahr und behandle ihn gut. Studien zeigen, dass die Zufriedenheit mit dem eigenen Körper oft vom Feedback der Umgebung abhängt. Lass dich davon nicht zu sehr beeinflussen, sondern vertraue deinem Körper.

ATMEN

Der Atem ist eine wichtige Verbindung zwischen deinem Geist, deinem Körper und deinem Gemüt. An deinem Atem erkennst du, wie es um deine Gefühle steht. Du kannst aber auch bewusst atmen, um dich zu beruhigen oder zu aktivieren.

SCHARFE SINNE

Deine Sinne zu schärfen hilft dir in vielerlei Hinsicht: Zum Beispiel beruhigt es deinen Geist und bereichert dein Leben, weil du mehr von der Welt entdeckst.

Thomas Frankenbach ist Gesundheitswissenschaftler und beschäftigt sich mit der somatischen Intelligenz, der Weisheit des Körpers. Er betreut weltweit führende Spitzensportler psychologisch und bei der Gestaltung ihrer Ernährung und ihres Trainings. **thomas-frankenbach.de**

achten können. Wir leben in einem Vehikel und reisen damit durch die Welt. Doch während unser Geist unteilbar scheint (das Ich ist immer eins), trifft dies auf unseren Körper offensichtlich nicht zu.

DIE SACHE MIT RENÉ DESCARTES

Den Philosophen René Descartes (1596–1650) hat genau das veranlasst zu glauben, dass menschliche Körper Maschinen gleichen. Und nicht nur die. Auch die Natur, die Tiere, Pflanzen, ja, das gesamte Universum ist seiner Ansicht nach mechanisch aufgebaut. Mit diesem Mechanizismus trennte er den Geist vom Körper, was fatale und weitreichende Folgen hatte. Noch heute leben wir in einer Vorstellung des Getrenntseins von Körper und Außenwelt, misstrauen unseren sinnlichen Erfahrungen und allem Subjektiven. Dieses dualistische Menschenbild zeigt sich bis in die letzten Winkel unseres Lebens. Ein Körper hat alles Mögliche zu sein: ewig jugendfrisch, allzeit dynamisch und vor Kraft strotzend. Ist er das nicht, sind wir unzufrieden. Im besten Fall dulden wir dann unseren Körper, im schlimmsten hassen wir ihn.

Viele pflegen ihn nicht nur und halten ihn gesund. Sie trimmen und optimieren ihn bis an den Rand des Möglichen, damit sie sich im Wettbewerb der Äußerlichkeiten behaupten können. Dabei behandeln sie ihn wie etwas, das sie besitzen – ein Auto zum Beispiel. So, als sei er getrennt vom eigenen Ich. Ein echter Konflikt. Im deutschen Teil einer Studie der Weltgesundheitsorganisation (WHO) mit rund 6.000 Schülerinnen und Schülern im Alter von 11, 13 und 15 Jahren gaben

ENTDECKE DEIN ICH

EIN STARKES ICH STÄRKT AUCH DAS WIR

Unsere Gesellschaft ist sehr stark rational getrieben und über den Kopf gesteuert. Zum Beispiel fördert unser Schulsystem zumeist nur die Ratio. Dabei wissen wir schon lange: Wer glaubt, allein mit seinem Verstand auf Dauer gut durchs Leben zu kommen, der täuscht sich. Der wird früher oder später heftig auf den Hintern fallen.

Eine Auswirkung dieser einseitigen Priorität ist, dass wir immer öfter das Gespür für den eigenen Körper und die eigenen Gefühle außer Acht lassen. Dabei ist gerade dies eigentlich in uns allen angelegt. Was also ist dazwischengekommen, dass wir so geworden sind? Die Antwort: unsere Erziehung. Iss deinen Teller leer! Stell dich nicht so an! Nimm dich nicht so wichtig! Nimm dich mal ein bisschen zurück! So lange du deine Füße unter meinen Tisch streckst, tust du, was ich sage! All das sind Botschaften, die in einem Kind etwas anrichten. Sie vermitteln einem hoch lernfähigen Wesen: Ich bin erst dann in Ordnung, wenn ich so bin, wie es andere wollen. Dann bin ich ein guter Mensch. Wenn ich jedoch meinen eigenen Impulsen folge, bin ich kein guter Mensch.

So schieben wir mehr und mehr die eigenen Belange, Gefühle und Körpersignale zur Seite. Das führt spätestens ab der zweiten Lebenshälfte oft zu Depressionen, Burn-Out, Erschöpfung und Fehlernährung, weil wir nicht mehr deuten können, was unser Körper uns sagt – über Gefühle, Spüren und Empfindungen. Das alles zeigt: Es läuft eigentlich anders herum. Wenn das Ich stark ist (nicht im egoistischen, sondern im selbstbewussten und damit verantwortungsvollen Sinn), dann kann auch das Wir stark sein! Darin sehe ich eines der ganz großen Potenziale unserer Kultur, das heute wieder zurückkommt: Wir dürfen das Individuum wiederentdecken.

56 % der Mädchen und rund 45 % der Jungen an, dass sie mit ihrem Körper unzufrieden sind. Im internationalen Vergleich belegten die Kinder damit eine Spitzenposition in Sachen Körperunzufriedenheit. Dabei sollte es in diesem Alter doch um ganz andere Dinge gehen. Ein Mensch sollte seine Kindheit genießen und nicht einem künstlichen Schönheitsideal nachjagen, oder? Was richtet unsere Gesellschaft in diesen jungen Seelen an? Angeheizt durch Fotos von Models, wie es sie im echten Leben gar nicht gibt, erfahren sie eine tiefe Verunsicherung und fühlen sich in ihrem eigenen Körper nicht mehr wohl. Welches Kind kann sich dem schon entziehen: den dünnen Taillen, glänzenden Muskeln, schlanken Gliedern, großen Augen, strahlenden Lächeln. Körper in Bestform. Sie sehen schöne und erfolgreiche Heldinnen und Helden, denen alles gelingt, die alle bewundern und die alles bekommen. Ganz anders als im realen Leben. Und das setzt mächtig unter Druck. Womöglich ein Leben lang.

Das dritte Newtonsche Gesetz der Körper besagt, dass jede Aktion eine gleich große Reaktion hervorruft. So auch hier. Mit den Body-Positivity-Aktivisten formiert sich seit einiger Zeit Widerstand gegen den exzessiven Körperkult. „Warum bitte schön ist es so wichtig, den perfekten Körper zu haben", fragen sich die Anhänger? Sich dauernd darum zu kümmern, dass man einem optischen Wunschbild entspricht, das nur dazu da ist, Geschäftsmodelle am Leben zu halten? Pflegemittel. Kosmetikartikel. Fitness-Center. Schönheitskliniken ... Body Positivity, also die positive Einstellung zum Körper, bedeutet dagegen, den eigenen Körper wertzuschätzen, auch wenn er nicht so ist, wie ihn andere haben wollen. Und es bedeutet vor allem, sich dem Druck von außen zu entziehen. Sich von der Werbung nicht einreden zu lassen, man wäre weniger liebenswert und deshalb auf die Produkte der Schönheitsindustrie angewiesen. Genau darauf kommt es eben nicht an. Dieses negative Selbstbild kann auf Dauer nur unglücklich machen. Eric Hites hat das auch verstanden, seine Frau ist zu ihm zurückgekehrt – weil er mutig war. Heute gibt er diesen Mut an andere Übergewichtige weiter.

SCHÖN IST MAN, WENN MAN SICH SCHÖN FÜHLT!

Doch wie bekommen wir unser positives Körpergefühl zurück, wenn wir es verloren haben? Ein Gefühl, wie wir es als Säugling kannten, wenn wir uns satt und warm an den Körper unserer Mutter schmiegten? Wie schaffen wir es, uns selbst als Körper wahrzunehmen und die Trennung zu überwinden? Das haben wir beide uns gefragt, nachdem wir erkannt hatten, wie viel doch von der guten Beziehung, ja von der Liebe zu unseren Körpern abhängt. Davon, wie gut wir uns in unserer Haut fühlen. Wenn wir zufrieden mit uns sind, dann lassen wir das andere Menschen spüren – wie Eric Hites. Sport treiben, bewegen, meditieren. Klar. Doch noch wichtiger scheint uns der Frieden zu sein, den jeder mit sich selbst schließen kann. Sind deine Beine zu lang oder zu kurz? Ist dein Bauch zu dick oder sind deine Arme zu dünn? Na und – so bist du eben. Dafür kannst du mit vielen anderen Dingen punkten. Warum abhängig machen von dem, was sich ein paar Werbestrategen ausdenken? Wenn wir erkennen, dass wir ein-

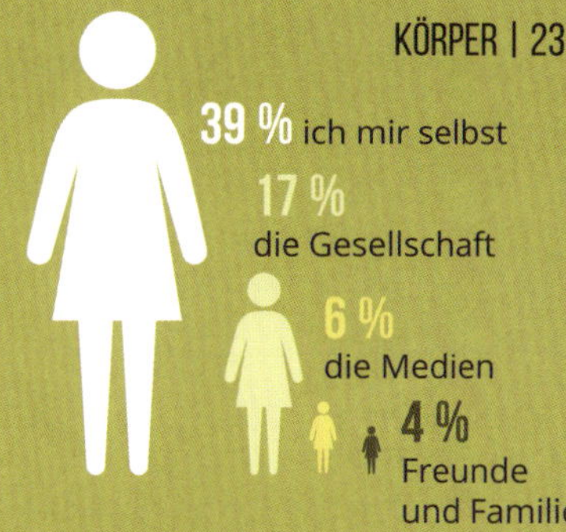

WER MACHT DRUCK?

Knapp zwei Drittel der Frauen empfinden einen Schönheitsdruck. Die meisten machen ihn sich selbst.

FREE HUGS CAMPAIGN

Als Juan Mann nach Jahren in seine Heimatstadt Sydney heimkam, wartete am Flughafen niemand. Traurig stellte er sich mit einem Schild „Free Hugs" in die Fußgängerzone. Er traf eine Frau, deren Hund morgens gestorben war. Sie umarmten sich lange. Als sie sich wieder trennten, waren beide glücklicher. Heute ist „Free Hugs" eine globale Bewegung und es ist wissenschaftlich erwiesen, dass regelmäßige Umarmungen physisch und psychisch guttun.
freehugscampaign.org

AUGENKONTAKT

Sich in die Augen zu sehen, kann eine wesentlich größere Wirkung entfalten, als du vielleicht denkst. Davon zeugt die Aktion der Performancekünstlerin Marina Abramovic und das weltweite Eye-Contact-Experiment 2020. Infos dazu findest du hier:
http://bit.ly/_eyecontact

BODY POSITIVE

Die Bewegung engagiert sich für einen positiven Bezug zum eigenen Körper und eine autonome Vorstellung von Schönheit.
thebodypositive.org

GIFTIGER COCKTAIL

Die hormonell wirksamen Stoffe aus verschiedenen Produkten ergeben einen Chemie-Cocktail.

BEWUSST PFLEGEN

OHNE HORMONE

Scanne die Produkte im Laden und prüfe sie auf hormonell wirksame Inhaltsstoffe.
bund.net/toxfox

OHNE TIERVERSUCHE

Die Website der Tierschutzorganisation Peta zeigt dir tierleidfreie Produkte, auch offline.
kosmetik.peta.de

SMARTICULAR

Kosmetik selbst machen spart Geld und Plastikmüll. Bei Smarticular findest du viele Anleitungen.
smarticular.net

NO POO METHOD

Die weltweite Bewegung meint, dass wir gar kein Shampoo brauchen und unsere Haare ohne Shampoo und häufiges Waschen voller und glänzender werden.
nopoomethod.com

zigartig sind, und uns allein dafür schätzen, ist auch der innere Frieden möglich. Denn es gibt nichts, weswegen wir mit uns selbst zürnen müssten. Zumindest nichts Körperliches.

Was noch? Wir sollten einander zeigen, dass wir uns akzeptieren und mögen. Zum Beispiel durch Körperkontakte. Ein anerkennendes Schulterklopfen, eine herzliche Umarmung. Nicht gespielt, sondern ehrliche und wahrhaftige Zuneigung. Ohne Hintergedanken. Das haben wir fast verlernt. Es gibt kaum etwas Heilsameres als eine wohlwollende Berührung. Außerdem sollten wir uns gestatten, unsere Gefühle zu zeigen. Nicht die, die uns etwas nützen, sondern die echten. Und wenn wir nicht wissen, wie das geht, dann sollten wir damit beginnen, auf unseren Körper zu hören.

RUHE, DEIN KÖRPER HAT DIR WAS ZU SAGEN!

Glaubst du, dass deine Intelligenz ausschließlich im Gehirn beheimatet ist? Obwohl die Wissenschaft schon weiter ist, halten viele Menschen an dieser Vorstellung fest. Der rationale Verstand genießt ein hohes Ansehen, obwohl wir doch wissen, dass die meisten unserer Handlungen mit Logik herzlich wenig zu tun haben. Deshalb: Wenn du es nicht schon tust, dann höre auf deinen Körper. Er spricht zu dir, zeigt dir, wenn dir etwas fehlt, wenn du hungrig bist, durstig, müde. Wenn du Zuwendung brauchst. Wärme, Mitgefühl oder einfach nur Nähe zu anderen Menschen. Er versorgt dich mit vielen Informationen. Je mehr du darauf achtest, desto mehr erfährst du.

Wir alle verstehen uns selbst besser und damit auch andere Menschen, wenn wir die Signale unseres Körpers ernster nehmen. Du wirst gesünder, glücklicher und sensibler im Umgang mit deiner Außenwelt. Warum warten, bis die Schmerzen zu groß sind, der Leidensdruck unerträglich wird oder das Gefühl der Einsamkeit dich zu zerreißen droht? Konsultiere dein inneres Wissen um Genesung und Heilung, Glück und Zufriedenheit. Du hast Kopfschmerzen, Bauchweh oder eine schlechte Verdauung? Dein Rücken plagt dich, du bist erkältet und die Nase läuft? Es gibt bestimmt einen guten Arzt, der dir hilft und dich dabei ganzheitlich behandelt. Es gibt Medikamente und medizinische Apparate, die die Heilung fördern. Doch letztlich hilft es dir am meisten, wenn du die Signale deines Körpers tiefer hinterfragst. Der Körper ist mehr als eine Maschine, die entweder läuft oder beschädigt ist. Mehr als nur ein Tempel mit Ausblick. Er ist fleischgewordener Ausdruck deines Selbst. Also bringe dein Ich und deinen Körper wieder zusammen. Ob du regelmäßig meditierst oder nur hin und wieder zur Ruhe kommst und in dich hineinhorchst. Wenn du deinen Körper kennenlernst, lernst du dich kennen.

Der Psychologe Dr. Ken Dychtwald empfiehlt, eine topografische Karte deines Körpers zu zeichnen und ihn auf Vitalität und Gesundheit, aber auch Unwohlsein und Krankheit abzumustern. In diese Karte zeichnest du alle Erfahrungen, Vorkommnisse und Traumata ein, welche deinen Körper beeinflusst haben. Schmerzen, Stress, Unfälle und Krankheiten des eigenen Lebens in unterschiedlichen Farben. Aber auch Orte der Freude und des Vergnügens. Dann überlegst du, von welchen Regionen wohl eine positive Ausstrahlung auf andere

Menschen ausgeht. Eine sehr interessante Übung, in deren Verlauf du immer tiefer in dich hineinspürst und überlegst, welche Beziehung du zu deinem Körper hast. Diese zu fördern und zu vertiefen hilft, dich selbst besser kennenzulernen, und lässt dich in dir selbst ruhen. Auch wenn dies eines erforderlich macht, was uns in unserer hektischen Welt abhanden gekommen ist: Zeit und Ruhe.

Myriam Veit ist Kräuterfrau und leitet Seminare in der Aroma- und Heilpflanzenschule der Naowa Naturkosmetik- und Duftmanufaktur.
naowa.de

WER SCHÖN SEIN WILL, SOLLTE NIEMALS LEIDEN

Eine gigantische Industrie lebt davon, dir zu vermitteln, dass du nicht schön genug bist. Sie bietet dir als Wunderwaffe unzählige Pflege- und Schminkartikel an, um diese Makel zu beheben. Doch lass dich nicht beirren. Dein Ich ist makellos, sobald du erkennst, dass es keinen Unterschied gibt zwischen dem Innen und dem Außen. Wenn du herausfindest, dass du Teil eines größeren Ganzen bist. Eines Ökosystems, in dem dein Körper nicht die höchste Aufgabe hat, Abbild der Werbung zu sein, sondern deine Gelegenheit ist, die Welt positiv zu verändern. Es braucht keine Kontrolle. Kein Leid und keine Angst. Wenn du es schaffst, deine Haltung zu verändern und dazu noch deinen Körper zu mögen und auf ihn zu hören, dann bist du bereits einen riesigen Schritt weiter. Doch der nächste wartet schon auf dich. Er basiert auf einem Spruch des französischen Schriftstellers Jean Anthelme Brillat-Savarin, den du vielleicht kennst: „Sag mir, was du isst, und ich sage dir, wer du bist." Ja, es geht um unser täglich Brot, unsere Ernährung. Und da gibt es wahrlich was zu verdauen.

DER NATUR VERBUNDEN

REGIONALE KOSMETIK SELBST MACHEN

Unser Körper ist sensibel. Unsere Haut etwa ist nicht nur der Spiegel unserer Seele und symbolisiert die Verbindung unserer Innen- mit der Außenwelt. Unsere „ehrliche Haut" zeigt unsere Emotionen und Reaktionen manchmal viel deutlicher, als uns lieb ist. Die Haut ist somit Grenze und Tor zugleich. Sie ist unser größtes Organ und hält unseren Organismus rein, scheidet Gifte aus oder lässt sie erst gar nicht hinein.

Doch was wir im Laufe eines Tages so alles an unseren Körper lassen, vermittelt oft nur den Eindruck von Natürlichkeit. Selbst Bio-Produkte enthalten oft billige, künstlich hergestellte oder standardisierte Inhaltsstoffe – manchmal sogar richtige Giftstoffe, die gefährlich für uns und unsere Umwelt sind, wie Nanopartikel oder hormonell wirksame Substanzen in Sonnencreme oder Deo. Ob Heil- und Naturkosmetik ethisch und ökologisch vertretbar ist, zeigt sich nicht zuletzt auch an der umweltfreundlichen Verpackung, der Vermarktung und dem ganzen Firmenkonzept, das zum Beispiel keine kosmetischen Wunder versprechen sollte. Außerdem gilt das Nachhaltigkeitsprinzip der Regionalität auch bei der Naturkosmetik: Wir brauchen keine exotischen Pflanzen, für die unter Umständen kostbarer Regenwald abgeholzt wird, wenn die heimische Brennnessel oder Ringelblume ebenso wirksam ist. Viele große Firmen können oder wollen sich den Aufwand, der mit hochwertigen Frischpflanzen aus der Region verbunden ist, aber nicht leisten. Vertragsanbau und Billiglohnländer sind die Regel.

Mit ein bisschen Interesse, etwas Zeit und Muße kannst du Cremes, Zahnpasta, Shampoos, Badezusätze, Deos und vieles mehr auch ohne großen Aufwand selber herstellen. Wenn du dabei mit dem Jahreslauf lebst und den Kräften der Natur in deinem Leben einen festen Platz gibst, dann erfährst du dadurch auch einen intuitiven Zugang zur Natur und zu deinem Körper.

AKTIONEN

LERNE DEINEN KÖRPER BESSER KENNEN

jetztrettenwirdiewelt.de/koerper

SEI KÖRPER-POSITIVIST

1 WOCHE LEICHT

BITTE LÄCHELN

Laut der Facial-Feedback-Theorie hat jedes Lächeln eine positive Wirkung auf dich. Lächle daher mal eine Woche jeden Morgen für 30 Sekunden dein Spiegelbild an. Nutze Augen- und Wangenmuskulatur.

WOW, DAS BIN ICH

Meist achten wir ja eher auf die Dinge an unserem Körper, die uns nicht gefallen. Mach dir nun eine Liste mit zehn Dingen, die dir an deinem Körper gut gefallen.

TIPP: SIMPLE GLAUBENSSÄTZE ÄNDERN

Achte mal darauf, ob du häufiger negative Pauschalisierungen aussprichst, und kehre sie ins Gegenteil um. Aus einem „Das schaffe ich nie!“ wird ein „Ich schaffe das!“.

KOSMETIK HERSTELLEN

2–3 STUNDEN EINFACH

Viele Pflegeprodukte kannst du ganz einfach selbst machen. Dann weißt du genau, was drin steckt. Beginne mit vier einfachen Rezepten.

ZAHNPASTA

Zahnpasta kannst du ganz einfach selbst erzeugen. Dabei kommt nur rein, was du auch essen kannst: Mische 4–5 EL Kokosöl mit 2–3 EL feinem Natronpulver. Falls das Kokosöl zu fest ist, schmelze es im Wasserbad. Fülle die Zahnpasta in ein ausgekochtes Marmeladenglas.

GESICHTSMASKE

Mische 2 EL Heilerde mit 2 - 3 EL warmem Wasser oder Kräutertee. Trage die Paste auf, lasse sie 5–10 Minuten einwirken und spüle sie dann mit viel lauwarmem Wasser ab.

SHAMPOO + SPÜLUNG

Mische vor dem Waschen 1–4 TL Kaiser-Natron mit 200–400 ml warmem Wasser und wasche damit deine Haare. Spüle sie anschließend mit einer Mischung aus 0,5 Liter Wasser und 1–2 TL Apfelessig.

DEO-SPRAY

Mixe 90 ml Wasser mit 1 TL Kaiser-Natron und ein paar Tropfen ätherischem Öl wie Lavendel, Minze oder Rose. Fülle es in eine Sprayflasche aus Glas.

IN BEWEGUNG SETZEN

5 TAGE · MITTEL

Gönne deinem Körper Bewegung. Vor allem dann, wenn du viel am Schreibtisch arbeitest. Dabei kannst du ganz einfach beginnen.

1. IM BETT

Springst du nach dem Aufwachen sofort aus dem Bett? Besser für dein Gehirn, deine Muskeln und Lunge ist es, dich erst mal ausgiebig zu recken und zu strecken.

2. IM BAD

Ob beim Duschen oder Zähneputzen: Kleine Übungen, wie auf der Stelle gehen oder in die Hocke sowie ein Handtuch-Twist, trainieren einzelne Körperpartien.

3. ANZIEHEN

Warum nicht mal anziehen auf einem Bein oder auf Zehenspitzen? Gib deinem Körper ein paar homöopathische Trainingseinheiten.

4. KLEINE BEWEGUNGEN

Lieber Treppen steigen, statt Fahrstuhl oder Rolltreppe. Mal das Auto stehen lassen und kleine Weg zu Fuß machen. Übrigens: Ein Hund ist die perfekte Gelegenheit für tägliche Spaziergänge.

5. SPORT

Willst du mehr? Dann fange mit Sport an. Das hebt deine Stimmung, verbessert dein Körperbewusstsein und hält dich gesund. 10.000 Schritte am Tag sind ein guter Start.

WASSER MARSCH

5 TAGE · MITTEL

Alle physiologischen Vorgänge erfordern Wasser. Doch viele trinken viel zu wenig. Kaffee, Schwarztee oder Süßgetränke zählen nicht. Verbessere deine Trinkgewohnheiten in einer Woche.

HÖRE AUF DEINEN KÖRPER

Trinke, wenn du durstig bist – auch zwischendurch. Vertraue den Signalen deines Körpers.

WASSERDEPOTS BILDEN

Stelle dort, wo du dich häufig aufhältst, eine Flasche Wasser hin und mach von ihr Gebrauch.

DER ERSTE SCHLUCK

Trinke nach dem Aufstehen gleich zwei Gläser. Das gleicht den Flüssigkeitsverlust der Nacht aus.

VOR DEM ESSEN TRINKEN

Jeweils eine halbe Stunde vor dem Essen 0,5 Liter Wasser trinken verringert die Magensäure.

WAS IST DIE RICHTIGE MENGE WASSER?

Täglich mindestens 30–40 Milliliter Wasser pro Kilo Körpergewicht. Den Wassergehalt von frischem Obst, wie Melonen, Weintrauben, Kirschen oder Orangen, kannst du mitrechnen.

ARTENVIELFALT

Die konventionelle Landwirtschaft trägt zum Verlust der Artenvielfalt bei. Zum Beispiel gelangen Mineraldünger, Gülle und Pestizide in Wasser, Boden sowie Luft und schädigen dort Tiere und Pflanzen.

ACKERBODEN

45 % aller Böden in Europa haben deutlich an organischer Substanz (Humus und Bodenlebewesen) verloren. 17 % sind deutlich verschlechtert bis zerstört. Die ökologische Landwirtschaft verbessert Böden durch organischen Dünger und bestimmte Fruchtfolgen.

WASSER

Nur 6,7 % der Flüsse, 26,4 % der Seen und 0 % der Übergangs- und Küstengewässer sind in Deutschland laut Umweltbundesamt in gutem oder sehr gutem Zustand. Hauptgrund sind zu hohe, meist aus der Landwirtschaft stammende Belastungen durch Nährstoffe, Feinsedimenteinträge und Pflanzenschutzmittel sowie Bebauung.

WALD

Über 90 % des Soja-Anbaus sind für die Massentierhaltung bestimmt und eine der Hauptursachen für die Abholzung des Regenwaldes in Südamerika. Pro Person und Jahr landen im Schnitt rund 60 Kilo Fleisch auf dem Teller.

HUNGER

Rund 33 % der weltweiten Ackerflächen dienen dem Anbau von Viehfutter. In der EU sind es sogar 60 %. Das erzeugt Hunger: Aus 100 Kalorien einer Nutzpflanze, die statt Menschen Tiere ernährt, entstehen nur 17 bis 30 Kalorien Fleisch.

GERECHTIGKEIT

Bei 1,4 Milliarden Hektar globaler Ackerfläche müsste jeder Mensch mit 2.000 Quadratmetern auskommen. Tatsächlich ernähren sich Menschen im globalen Norden aber von rund 4.050 Quadratmetern und Menschen des globalen Südens von nur 1.390.

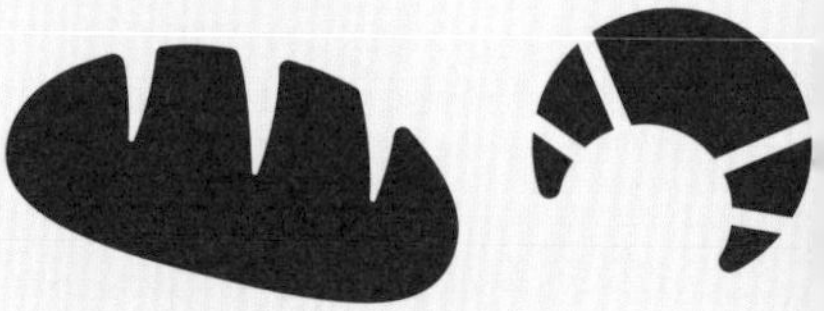

FISCH

33 % der kommerziell genutzten Fischbestände unserer Welt gelten als überfischt, 60 % als maximal genutzt. Im Mittelmeer und im Schwarzen Meer sind sogar 62,2 % der Bestände überfischt.

HANDEL

Vier Supermarktkonzerne bestimmen den deutschen Lebensmittelmarkt. Ihre Tiefpreise machen die Verbesserung von Tierschutz-, Umwelt- und Sozialstandards zumindest schwierig, wenn nicht gar unmöglich.

VERSCHWENDUNG

Die Hälfte aller Lebensmittel landet bei uns im Müll. Eine durchschnittliche Bäckerei schmeißt zum Beispiel 10–20 % ihrer Tagesration in den Müll, also jedes fünfte Brot. Das sind rund 500.000 Tonnen Brot pro Jahr.

TRANSPORT

Würden wir nur Obst und Gemüse importieren, das bei uns nicht wächst, könnten wir 22 % aller CO_2-Emissionen einsparen. Ginge die Hälfte der Lebensmittel, die bei uns über die Straße kommen, über Schienen, verringerten sich unsere CO_2-Emissionen um 16 %.

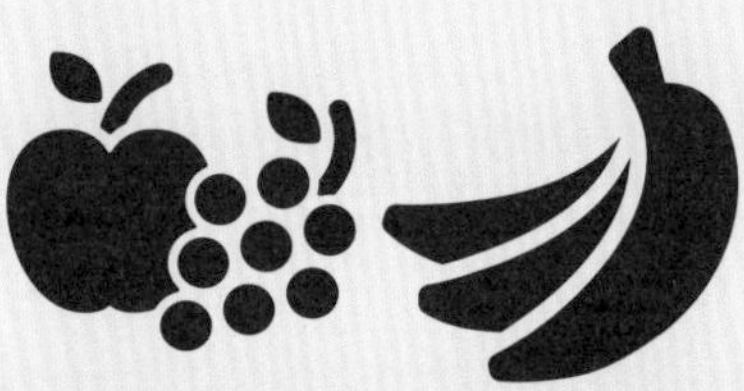

KLIMA

Insgesamt setzt unsere Ernährung jährlich rund 1,75 Tonnen Treibhausgase pro Person frei. Das ist fast so viel, wie die 2 Tonnen, die wir eigentlich pro Person und Jahr verbrauchen sollten. Wer sich regional, saisonal, vegan und bio ernährt, kann das erheblich reduzieren.

MÜLL

80 Kilo Lebensmittel schmeißen Endverbraucher in etwa pro Jahr weg. Das sind ungefähr 400 Euro. Rund 30 % aller verpackten Lebensmittel werden ungeöffnet weggeschmissen.

WAS ISST BESSER?

MIT DEM KOCHLÖFFEL DIE WELT RETTEN: DAS GEHT. UND ES IST SOOO LECKER …

Wir schieben unseren Einkaufswagen vor das Kühlregal mit Fertiggerichten und schauen uns um: Sollen wir uns heute Gemüse-Tortellini machen? Warum nicht. Es ist eine typische Situation, an einem typischen Einkaufstag in einem typischen Supermarkt. Eine Situation, die nicht gerade danach aussieht, als könnte sie unser Leben, geschweige denn die ganze Welt revolutionieren. Doch weit gefehlt! Es klingt jetzt vielleicht etwas pathetisch, aber es stimmt: Es gibt kaum eine wichtigere, grundlegendere und kreativere Möglichkeit, etwas zu verändern, als den Gang durch den Supermarkt einmal gründlich zu hinterfragen.

Denn unsere Ernährung stößt fast so viel klimaschädliche Gase aus wie unsere Mobilität. Künstliche Düngemittel, Gülle und Pestizide, die die konventionelle Land- und Viehwirtschaft einsetzt, belasten massiv den Boden, unser Grundwasser, die Flüsse und Meere. Etwa ein Viertel des gesamten Süßwasserverbrauchs auf unserem Planeten geht allein durch Lebensmittelabfall verloren. Der Ackerbau ist in Südamerika und Asien eine der größten Ursachen für die Vernichtung von Urwäldern. Das fördert nicht nur den Klimawandel, sondern unterstützt – zusätzlich zu den Pestiziden und Monokulturen – das Artensterben. Und unsere Ernährungsweise ist kein unwesentlicher Grund für globale Ungerechtigkeit: Weltweit kaufen immer mehr Agrarkonzerne Ackerflächen auf, um darauf Futter- und Energiepflanzen anzubauen. Ortsansässige Kleinbauern werden einfach vertrieben. Vielleicht denkst du jetzt: Natürlich wäre es besser, sich so zu ernähren, dass das alles nicht passiert. Aber wie? Schließlich bekommt kein armes, hungerndes Kind deine halb aufgegessene Brötchenhälfte, wenn du sie nicht wegschmeißt. Und du bist es ja auch nicht, der die Anweisung gibt, den Regenwald abzuholzen. Stimmt. Dennoch hast du mehr Macht, diese Dinge zu ändern, als du vielleicht denkst. Wir beide waren jedenfalls überrascht herauszufinden, dass es vor allem an unser aller Unwissenheit und Bequemlichkeit liegt, dass so viel Leid auf der Welt entsteht. Und genau hier kannst du eben doch was ändern. Du musst nur ein bisschen Zeit investieren und dir ein paar Auswirkungen deiner Essgewohnheiten klarmachen.

BIO UND FAIR

Zurück zum Kühlregal. Hinterfragen wir mal unsere Kaufentscheidung: Wir haben uns für vegetarische Bio-Tortellini entschieden und dabei eigentlich ein ganz gutes Gefühl gehabt. Indem wir auf das Bio-Logo achten, haben wir tatsächlich schon eine ganze Menge getan: Der Öko-Landwirt verwendet weder künstlichen Dünger noch Pestizide oder Gentechnik und schützt damit Wasser, Boden, Luft und Artenvielfalt. Er hält seine Tiere besser als herkömmliche Bauern und achtet auf einen Nährstoffkreislauf. Außerdem hat er seinen Energieverbrauch reduziert und bietet mehr Arbeitsplätze als konventionelle Landwirte an.

Deshalb ist Bio immer die bessere Wahl, wenn du den Erzeuger deiner Lebensmittel nicht kennst. Doch seit Bio so angesagt ist, ist Bio eben nicht gleich Bio. Wer zum Beispiel Bio als Massenware im Supermarkt oder beim Discounter kauft, der unterstützt damit ein System, das dem ökologischen Gedanken widerspricht: Große Betriebe stellen möglichst effizient gleichförmige Lebensmittel her – vom Samen bis hin zur Verpackung. Das hat nichts mit unserer idyllischen Vorstellung von kleinbäuerlichen Betrieben zu tun, sondern läuft auf Monokulturen, Industrialisierung und Raubbau hinaus.

Wenn du zum Beispiel die günstige Bio-Tomate (im Winter) im Supermarkt kaufst, ist die Wahrscheinlichkeit groß, dass sie aus der spanischen Steinwüste Almeria stammt – jener Gegend, die wohl exemplarisch für den ganz normalen Wahnsinn unseres Lebensmittelsystems steht: Auf rund 350 Quadratkilometern werden hier jährlich unter einem Meer aus Plastikplanen rund drei Millionen Tonnen Obst und Gemüse gezogen. Und da das nahegelegene Grundwasser nicht mehr ausreicht, zapft man einfach mal das Wasser aus dem Norden an. Den Bewohnerinnen und Bewohnern der Region hat das Wohlstand gebracht – den illegalen Erntehelferinnen und -helfern aus Nordafrika nicht. Sie leben meist rechtlos in provisorischen Plastikverschlägen und arbeiten sieben Tage die Woche für einen Hungerlohn von rund 20 Euro pro Tag. Und das bei Temperaturen von bis zu 50 Grad. Das ist nicht unbedingt so, weil die spanischen Gemüsebauern fies sind und sich das so ausgesucht haben. Nein, die Rah-

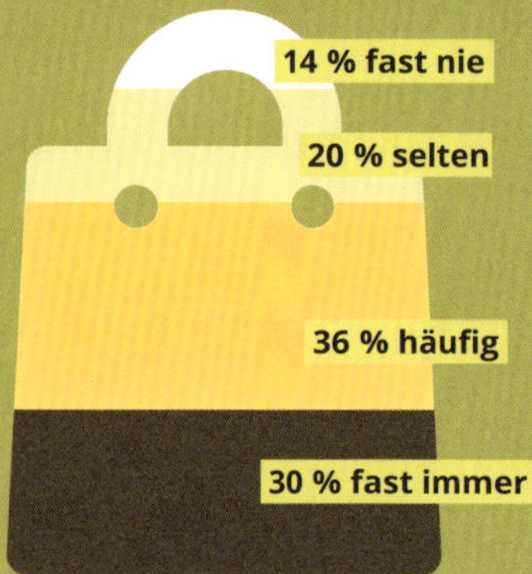

Wie viele Menschen achten beim Einkauf auf Nachhaltigkeit? Zwei von drei Menschen sagen „Ja".

BIO-SIEGEL

Der Bund für Umwelt und Naturschutz (BUND) hält Demeter, Bioland, Naturland, Ecoland und Biokreis für besonders empfehlenswert. Das deutsche und europäische Bio-Siegel nach EU-Öko-Verordnung seien auch empfehlenswert. Infos zu Siegeln findest du bei Label Online (auch als App): **label-online.de**

FOODWATCH

Kämpft für das Recht auf gesunde Lebensmittel und gibt Infos über unser Essen. **foodwatch.org**

MEINE LANDWIRTSCHAFT

Infos, Aktionen und Veranstaltungen rund um gutes Essen. **meine-landwirtschaft.de**

WE FEED THE WORLD

Dokumentarfilm-Klassiker des Regisseurs Erwin Wagenhofer über die Lebensmittel(industrie).

menbedingungen und die Marktmacht der großen Supermarktketten diktieren die Preise – und damit auch die Produktionsbedingungen. Das gilt für Bauern in Spanien genauso wie für Imker in Peru oder Kaffeebauern in Costa Rica.

Zum Glück ist es recht einfach, dafür zu sorgen, dass du nicht Teil dieses problematischen Systems bist: Achte neben dem Bio-Siegel einfach auch auf das Fair-Trade-Label. Denn würden wir alle ab sofort für alle Produkte einen fairen Preis bezahlen, wäre der Hunger in dieser Welt zu einem ordentlichen Teil beseitigt. Von jetzt auf gleich. Ist es da nicht ein Armutszeugnis, dass ein „fairer Handel" extra ausgewiesen werden muss und keine Selbstverständlichkeit ist?

Doch fairer Handel spielt sich nicht nur in Übersee ab. Auch vor unserer Haustür geht es ungerecht zu. Laut bayerischem Bauernverband kommt beim Bauern pro Kartoffel nur rund 1 Cent an, für das Getreide eines Brötchens kriegt er etwa 0,6 Cent. Deshalb ist es wichtig, auch bei uns in der Region für einen besseren und faireren Lebensmittelvertrieb zu sorgen. Dazu musst du ein bisschen recherchieren. Denn es geht dabei darum, möglichst nicht über die großen Supermarktketten einzukaufen, die die Preise so sehr drücken, dass die Einhaltung von Umwelt- und Sozialstandards schlicht nicht mehr möglich ist, sondern möglichst direkt beim Erzeuger. Dann weißt du genau, woher dein Essen kommt und dass deine Lebensmittel so hergestellt und verarbeitet werden, wie du dir das wünschst. Und du kannst gezielt die Menschen unterstützen, die unsere Natur und unsere Gemeinschaft schützen – auch wenn die vielleicht kein Bio-Siegel haben, macht das dann nichts.

Wam Kat ist ein niederländischer Koch und Aktivist. Bekannt ist er vor allem als mobiler Koch mit seiner vegan-vegetarischen Volxküche. Viele seiner abenteuerlichen Geschichten findest du in seinem Buch „24 Rezepte zur kulinarischen Weltverbesserung". **wamkat.de**

WAM KAT ISST POLITISCH

WARUM KOCHEN DIE WELT VERBESSERT

Was hat ein Kochlöffel mit Politik zu tun?
Ganz einfach: Stell dir die Frage, wo dein Essen herkommt. Die Antwort auf diese Frage reicht meistens, um dich für die richtigen Lebensmittel zu entscheiden. Und dadurch kannst du Weltgeschichte schreiben!

Müssen Weltverbesserer vegan leben?
Ein dickes „Nein". „Vegan" ist kein Zauberwort und nicht immer auch gleich umweltfreundlich und fair. Es gibt komplett nutzlose vegane Produkte. Etwa ein nachgebauter veganer Truthahn mit biologisch abbaubarem Gerippe, das wahrscheinlich umweltschädlicher ist als ein echter Truthahn. Oder vegane Mayonnaise, die aus den USA importiert ist. Die Industrie wittert hier einen neuen Markt. Doch wir Verbraucher sollten genauer nachdenken.

Was ist deine Lieblings-Koch-Aktion?
Am schönsten finde ich gemeinsame Kochaktionen wie die Schnippeldiskos, „Feed the 5000" von der britischen Organisation „Feedback" oder die „Back To The Roots"-Parties. Hier kommen Tausende Menschen zusammen, um unter dem Motto „Zu gut für die Tonne" oder „Teller statt Tonne" kiloweise Lebensmittel zu kochen, die sonst weggeschmissen worden wären. Das zeigt, wie verschwenderisch wir doch sind.

Wer öko-sozialer essen will, muss meist seine Gewohnheiten ändern: Hast du da Tipps?
Selbst kochen hilft eigentlich fast immer. Der Appetit auf Fleisch hat zum Beispiel weniger mit dem Geschmack von Fleisch selbst zu tun – das schmeckt dank Massenproduktion eigentlich kaum noch nach was. Es sind vielmehr die Gewürze. Versuch daher doch mal, Rote Bete zu braten und mit dem zu würzen, was normalerweise im Döner oder Gyros ist. Sprich auch mal mit deiner Großmutter und versuch deren Rezepte vegan herzustellen.

ESSBARE STADT

In immer mehr Städten gibt es Initiativen, die Gemüse und Obstbäume statt Stiefmütterchen und Kastanien wollen. **essbare-stadt.de**

MARKTSCHWÄRMER

Erzeuger-Verbraucher-Gemeinschaft für regionalen Konsum und Kultur. **marktschwaermer.de**

ERNTE TEILEN

Plattform mit Karte zu diversen Verbraucher-Erzeuger-Gemeinschaften. **ernte-teilen.org**

MENGENVERGLEICH

Wie viel Kilo Co_2 entsteht bei der Produktion von 1 Kilo Tomaten?
Tomaten, Treibhaus: 9,3 kg
Bio-Tomaten, Treibhaus: 9,2 kg
Freiland-Tomaten, Spanien: 0,6 kg
Freiland-Tomaten, regional: 0,085 kg
Bio-Tomaten, regional: 0,035 kg

WO DU KAUFST ENTSCHEIDET

Anfangs ist es gar nicht so einfach, sich neue Lebensmittelquellen zu erschließen. Wir haben uns überlegt, was wir aus unserer direkten Nachbarschaft beziehen können. Da wir in einer großen Stadt leben und kein Auto haben, konnten wir nicht einfach zum Bauern um die Ecke fahren. Dafür gibt es zwei Kilometer entfernt einen sehr guten Wochenmarkt, den wir mit Fahrrad und Anhänger ansteuern. Hier finden wir von der Normalware vom Großmarkt bis zu Demeter-Produkten vom kleinen Öko-Hof alles, was das Herz begehrt. Wir versuchen, möglichst das zu kaufen, was die Saison hergibt. Denn was nützt es, wenn der Öko-Bauer die Hälfte seiner CO_2-Emissionen einspart – wir dann aber Erdbeeren oder Kartoffeln von weit her oder aus Gewächshäusern herankarren lassen?

Neben dem Wochenmarkt gibt es mittlerweile immer mehr Alternativen, um gute Lebensmittel einzukaufen: Du kannst eine wöchentliche Bio-Kiste im Abo bei einem Öko-Bauern buchen, dich den Marktschwärmern (siehe links) anschließen oder Teil einer Gemeinschaft der Solidarischen Landwirtschaft (Solawi) werden: Dabei finanziert eine feste Gruppe einen Öko-Bauernhof im Voraus. Alle Mitglieder erhalten dafür einen bestimmten Anteil der Ernte. Ähnlich, aber flexibler ist das Food Funding: quasi Crowdfunding für Lebensmittel. In mehreren Städten gibt es neue Finanzierungsformen wie Bürgeraktiengesellschaften oder Genussgemeinschaften. Interessant ist auch die Genossenschaft der Ökonauten, über die du angehende Kleinbauern in Deutschland unterstützen kannst, die sich heute oft kaum noch die Preise für Ackerboden leisten können. Denn die sind aufgrund von Bodenspekulation und Landgrabbing auch hierzulande zum Teil in schwindelerregende Höhen gestiegen.

Zugegeben: Das alles kostet anfangs ein bisschen Zeit und Mühe. Doch wenn deine neue Lieferantenliste erst mal steht, ist es nicht aufwendiger bei ihnen einzukaufen, als in den Supermarkt zu gehen – nur viel schöner. Wir beide haben auf jeden Fall durch unsere Recherchen jede Menge darüber gelernt, wie man Lebensmittel herstellt und was dafür so alles notwendig ist. Wir schätzen und genießen unser Essen viel mehr, seit wir wissen, wie viel Mühe hineingeflossen ist. Wir haben neue Rezepte und Lebensmittel ausprobiert, um uns das ganze Jahr über abwechslungsreich und lecker zu ernähren. Wir haben tolle neue Leute kennengelernt. Und wir haben nicht zuletzt die gute Gewissheit, dass das, was wir essen, nicht nur gut für andere, sondern auch für unsere Gesundheit ist.

ERNÄHRUNGSRÄTE

GUTES, LOKALES ESSEN DARF KEIN LUXUS SEIN!

Seit einigen Jahren breiten sich im deutschsprachigen Raum die Ernährungsräte aus. Die Idee stammt aus den angelsächsischen Ländern, allen voran den USA, wo es die sogenannten „Food Policy Councils" schon seit den 1980ern gibt. In den Ernährungsräten kommen lokale Lebensmittelerzeuger, kleine Händler, Verarbeiter wie Lebensmittelhandwerker oder Gastronomen aber auch verwandte Bereiche – wie Umweltbewegungen und Bildungsakteure – zusammen. Ihr Ziel ist es, gemeinsam die Probleme in unserem derzeitigen Ernährungssystem aufzudecken und Verbesserungen vorzuschlagen. Das bedeutet, dass wir uns mit den Ernährungsräten die Kontrolle über unsere lokalen Ernährungssysteme wieder zurückholen können.

Jeder Ernährungsrat ist anders, weil die Situation vor Ort eine andere ist. Dennoch gibt es viele gemeinsame Anliegen. Dazu gehört zum Beispiel, dass sie die Erzeugung und Vermarktung von gutem Essen in der Region fördern und die Stadt-Umland-Beziehungen stärken wollen. Viele Ernährungsräte setzen sich für urbane Landwirtschaft und gute Gemeinschaftsverpflegung ein. Zu diesem Zweck unterstützen sie zum Beispiel Erzeugergemeinschaften, Solidarische Landwirtschaften oder andere Direktvermarktungsstrukturen. Daneben betreiben sie Lobby-Arbeit, um urbane Ernährungsstrategien zu entwickeln und politische Veränderungen voranzubringen. Einige Ernährungsräte setzen sich auch mit der Frage nach sozialer Gerechtigkeit auseinander – also dass zum Beispiel jede und jeder Zugang zu gutem Essen haben sollte. Das ist nicht allein auf regionaler Ebene lösbar: Dafür müssten zum Beispiel auch Harzt-IV-Empfängerinnen und -Empfänger mehr Geld für Essen bekommen. Letztlich braucht es effektive Maßnahmen zur Armutsbekämpfung und damit auch zur Umverteilung von Reichtum. Denn wir finden: Ein Ernährungssystem ist nur dann zukunftsfähig, wenn es für alle zugänglich ist. Deshalb darf die Versorgung mit regionalen, nachhaltig erzeugten Lebensmitteln kein Luxus sein. Um das zu erreichen, müssen Ernährungsräte und soziale Bewegungen an einem Strang ziehen!

Christine Pohl hat 2016 den Ernährungsrat in Berlin mitgegründet, ist eine der gewählten Sprecherinnen und arbeitet als dessen Koordinatorin. **ernaehrungsrat-berlin.de**

FOODCOOPS

Einkaufsgemeinschaften kaufen Bio-Produkte direkt beim Erzeuger günstiger. **www.foodcoops.de**

SOLAWI

Bei der Solidarischen Landwirtschaft finanziert eine Gemeinschaft einen Bauern und teilt sich die Ernte.
solidarische-landwirtschaft.org

FOOD FUNDING

Wer einen Apfel-, Orangen- oder Zitronenbaum finanziert, bekommt dafür die Ernte.
erzeugerwelt.de

REGIONALWERT AG

Eine Bürgeraktiengesellschaft finanziert die regionale Lebensmittelerzeugung.
regionalwert-ag.de

ÖKONAUTEN

Die Genossenschaft kauft Land und verpachtet es an Bauern, die sich das Land aufgrund der Spekulationen nicht mehr leisten können. **oekonauten-eg.de**

BIO-KISTEN

Liefern dir regionales Obst, Gemüse, Brot, Milchprodukte regelmäßig in einer Kiste vor die Haustür.

Dr. Ursula Hudson ist im Vorstand von Slow Food Deutschland. Die Organisation setzt sich weltweit dafür ein, dass Lebensmittel- und Artenvielfalt erhalten bleiben und ist in Deutschland mit rund 80 Regionalgruppen vertreten. **slowfood.de**

Foto: Patrick Mascart

EENE, MEENE – KEENE KUH!

Dass wir damals im Supermarkt bei den Gemüse-Tortellini gelandet sind, hat seinen Grund: Wir beide sind seit Jahrzehnten Vegetarier und leben nun schon seit einigen Jahren auch vegan. Wenn wir uns damit outen, fühlen sich viele Allesesser verpflichtet, sich zu rechtfertigen. Beiträge zu dem Thema in unserem Blog lassen regelmäßig die Emotionen in den Kommentaren hochkochen: Fleischesser fühlen sich von Vegetariern oder Veganern manchmal moralisch abgewertet. Manche hartgesottene Veganer können wiederum nicht verstehen, wie man sich von „Aas" ernähren kann ...

Dennoch hat dieses kontroverse, emotionale und ethische Thema – kurz gesagt: dieses heiße Eisen – ökologisch und sozial so weitreichende Folgen, dass wir es hier auf keinen Fall ausklammern können. Das beginnt beim Thema Welthunger: Vor etlichen Jahren haben wir mal an einer Aktion teilgenommen, bei der man eine Woche lang nur eine Schale Reis am Tag essen durfte. Das sollte zeigen, wie es den rund 821 Millionen hungernden Menschen in unserer Welt geht. Es ist wirklich hart, so wenig zu essen – besonders, wenn man das Experiment neben der normalen Arbeit macht. Dennoch war uns schnell klar, dass wir niemals würden nachvollziehen können, wie es diesen Menschen tatsächlich geht: Wir konnten ja jederzeit aussteigen und wieder so viel essen, wie wir wollten. Doch jeder neunte Mensch auf dieser Welt hungert und kann sich daher umgekehrt wohl kaum vorstellen, wie es ist, immer satt zu sein. Die Grausamkeit und Brutalität dieser Situation ist umso beschämender,

GENUSS IST WICHTIG

WARUM POLITIK LECKER SEIN MUSS

Der Genuss am Essen ist unheimlich wichtig, denn ohne Freude kann man nichts auf Dauer ändern. Man muss sich aber auch klarmachen, dass man mit jeder Essensentscheidung bestimmt, ob man ein System unterstützt, das erwiesenermaßen nicht zukunftsfähig ist. Wer sich damit beschäftigt, versteht viel von dem, wie unsere Welt, unsere Wirtschaft, unser System funktioniert.

Wie viel und welches Fleisch kann ich essen?

Wer Fleisch essen will, sollte das sehr selten tun und dafür Fleisch aus sehr guter Tierhaltung. Es gibt zwar viele Tierwohl-Siegel, doch bei genauerer Betrachtung machen die für das Tier nur einen minimalen Unterschied: Es geht da um ein paar Zentimeter mehr oder weniger in furchtbar engen Ställen. Bei Bio-Fleisch stimmt in der Regel die Fütterung und der Antibiotika-Einsatz. Die artgerechte Tierhaltung geht bei Demeter und Neuland noch ein wenig weiter als bei anderen Bioverbänden. Am besten ist es, den Bauern selbst zu kennen. Dabei gilt: Alte Rasse, extensive Haltung, gute Schlachtung, guter Metzger, das ist okay. Außer Haus sollte man auf jeden Fall vegetarisch essen.

Wie ist das mit Fisch? Der Großteil der Fischbestände ist erschöpft bis völlig ausgebeutet.

Ja, Fisch ist noch komplizierter als Fleisch. Hier gilt einmal mehr, dass wir Fisch nur noch in ganz kleinen Mengen zu uns nehmen. Wir sollten umdenken und den wenigen kleinen, wirklich guten Fischern abnehmen, was sie uns anbieten – anstatt zu erwarten, dass sie uns immer alles in beliebiger Menge liefern. Wir sollten aufhören zu glauben, dass wir entscheiden, was auf unsere Teller kommt, sondern dankbar dafür sein, dass diese Menschen wissen, was ihr Bestand hergibt und was wir essen können.

wenn man bedenkt, dass es genug Essen für alle gibt: Wir produzieren so viele Lebensmittel, dass etwa 11 bis 12 Milliarden Menschen davon satt werden könnten, doch wir verteilen sie nicht gerecht. Gerecht verteilt hätte jeder Mensch auf diesem Planeten 2.000 Quadratmeter, von deren Ertrag er sich ernähren könnte. Tatsächlich aber hatten wir in den Industrieländern 2008 zirka 4.620 Quadratmeter pro Person – und die Menschen im Rest der Welt nur rund 1.860. Doch was hat das mit deinem Schnitzel oder deinem Joghurt zu tun? Nehmen wir an, ein Bauer in Südamerika erntet 50 Kilo Getreide. Er kann nun entweder 10 Landsleuten je 10 Kilo Getreide verkaufen oder 50 Kilo an einen Viehzüchter, der sein Fleisch in einem reichen Industrieland vermarktet. Verkauft er das Getreide als Viehfutter, verdient er mehr. Das zeigt beispielhaft, warum Lebensmittel ungerecht verteilt sind: Deutschland importiert jährlich etwa 35 Millionen Hektar Boden in Form von Futter- und Lebensmitteln.

Nun handelt es sich aber meist eben nicht um Kleinbauern, sondern um internationale Konzerne, die Land und Boden aufkaufen und die ansässigen Kleinbauern vertreiben. Über 90 % des oft genmanipulierten Soja-Anbaus in Südamerika sind zum Beispiel für Tierfutter in unserer Massentierhaltung bestimmt. Dabei sind diese gigantischen Monokulturen, in die Unmengen an Kunstdünger und Pestiziden gepumpt werden, eine der Hauptursachen für die Abholzung des Regenwaldes. Während uns also unser übermäßiger (Fleisch-)Konsum in mehrfacher Hinsicht krank macht, enden Millionen von Menschen in Not, die Erdatmosphäre erhitzt sich und Biodiversität geht verloren. Uns beide empört das sehr. Auch, dass sich darüber die wenigsten Gedanken zu machen scheinen. Selbst Bio ist da nur die weniger schlimme Alternative. Und zugleich die wesentlich teurere. Deshalb meinen manche, sie könnten es sich nicht leisten, allen einen fairen Lohn zu zahlen und eine umweltfreundliche Landwirtschaft zu finanzieren. Doch diese Haltung schafft noch viel mehr Probleme und kommt uns so letztlich wesentlich teurer zu stehen.

WAS KOSTET DIE BESSERE WELT?

Wir haben uns an unrealistisch niedrige Lebensmittelpreise gewöhnt: Musste ein Durchschnittsverdiener 1950 für ein Kilo Schweinekotelett noch 234 Minuten arbeiten, waren es 2009 nur noch 32 Minuten. Das ist nur möglich, weil viele Kosten – etwa für die Umweltverschmutzung – ausgelagert sind. Wären sie das nicht, würde ein normaler Burger im Fastfood-Restaurant rund 200 Dollar kosten, wie der Amerikaner Raj Patel herausgefunden haben will. Unsere vermeintliche Realität ist also ein Zerrbild: Wir meinen, es sei unser gutes Recht, uns eine billige Ernährung zu leisten, was auch immer es andere kostet. Doch können wir uns diese Gleichgültigkeit leisten angesichts der Ungerechtigkeit, des Leids und der Zerstörung, die damit einhergeht? Und wollen wir das? Was macht es mit unserem Körper, wenn wir Produkte von Tieren essen, die nach einem qualvollen Leben einen qualvollen Tod gestorben sind? Essen ist wohl die intensivste Art, wie wir uns mit unserer Umwelt verbinden: Unser Essen wird Teil unseres Körpers und beeinflusst so unsere Gefühle und unser Gemüt. „Der

VEGAN
Bio: 281 km
Konventionell: 629 km

VEGETARISCH
Bio: 1.978 km
Konventionell: 2.427 km

ALLES-ESSER
Bio: 4.377 km
Konventionell: 4.759 km

So groß ist der CO_2-Verbrauch pro Kopf und Jahr, gezeigt in gefahrenen Auto-Kilometern.

FISCH
Vom WWF und Greenpeace gibt es Fisch-Ratgeber – im Web und auch als App:
bit.ly/greenpeace-fischratgeber
fischratgeber.wwf.de

FLEISCH
Umfangreiche Fakten zum Thema Fleischkonsum und -industrie:
boell.de/de/fleischatlas
blitzrechner.de/fleisch

MILCHPRODUKTE
Kampagne zum Schutz der Milchkühe: **kuhplusdu.de**

EIER
Infos und Aktionen zum Schutz von Legehennen und Küken:
peta.de/eier

VEGGIE-TAG
Initiative für einen fleischfreien oder gar veganen Tag pro Woche:
veggiday.de

VEGAN LEBEN
Tipps fürs vegane Leben liefern mittlerweile viele Websites:
proveg.com/de
vegane.org
albert-schweitzer-stiftung.de
peta.de/veggiestarter

FOODSHARING
Netzwerk, das Lebensmittel rettet. Bei lokalen Fairteilern kannst du Lebensmittel abholen.
foodsharing.de

MUNDRAUB
Die Plattform zeigt dir, wo du Obst, Beeren und Wildkräuter frei ernten kannst. **mundraub.org**

ZU GUT FÜR DIE TONNE
Informationsseite des Ministeriums für Ernährung und Landwirtschaft.
zugutfuerdietonne.de

SLOW FOOD YOUTH
Jugendorganisation mit vielen Tipps und Aktionen wie Schnippel-Discos, Eat-Ins oder MesseResteEssen.
slowfoodyouth.de

FOODSHARIMENTS

ÜBER DAS ENDE VON LEBENSMITTELN

Als Künstlerin erforsche ich kochend den Lebensmittelüberschuss in unserer Gesellschaft. Ich will mit anderen Menschen herausfinden, wie und warum aus wertvoller Nahrung wertloser Überschuss wird. Im privaten Vorratsschrank sammeln sich oft Zutaten an, die man für ein ganz spezielles Rezept eingekauft hat, oder Kuriositäten, die man von einer Reise mitgebracht oder geschenkt bekommen hat. In meinen Foodshariment-Workshops sammele ich mit den Teilnehmerinnen und Teilnehmern diese und andere Überschüsse und untersuche die Ernährungs- und Kochgewohnheiten, die dahinterstehen. Dann überlegen wir uns, wie wir daraus etwas Neues, etwas ganz Besonderes kreieren können.

So bin ich auch zu der Initiative Foodsharing gekommen. Wir Foodsaver setzen uns gegen die Lebensmittelverschwendung ein und retten Lebensmittel, die sonst weggeworfen würden. Die Plattform foodsharing.de basiert zu 100 Prozent auf ehrenamtlichem Engagement, das Retten und Teilen von Lebensmitteln findet geldfrei statt. Über die Plattform kann man Lebensmittelüberschüsse als Essenskorb einstellen oder zu einem der öffentlichen Übergabeorte, einen sogenannten Fairteiler, bringen. Wir schließen aber auch Kooperationen mit meist kleinen Lebensmittelhändlern und retten deren Lebensmittelüberschüsse vor der Tonne. Bei uns kann jeder mitmachen, egal ob jemand bedürftig ist oder nicht.

Für mich ist es wichtig, dass man Lebensmitteln wieder einen Wert an sich gibt. Also dass man sich nicht nur über die 3,50 Euro ärgert, die da in der Mülltonne landen. Sondern dass wir erkennen, dass unsere Nahrung selbst einen Wert hat. In unserer Gesellschaft ist es viel zu einfach, Lebensmittel wegzuschmeißen. Wir haben die Wertschätzung für unsere Nahrung ziemlich verloren. Dazu gehört auch zu erkennen, was wirklich gut für uns ist. Wir sind da ja ziemlich beeinflusst von der Werbung und den ganzen Produkten, die so auf dem Markt sind. Bei vielem weiß man ja gar nicht mehr, was da so alles drin ist. Durch Foodsharing und Foodshariments kann man hingegen lernen, wieder seinen eigenen Sinnen zu vertrauen.

Anja Bischoff ist Botschafterin des Netzwerks Foodsharing und Gründerin der Foodshariments.
facebook.com/foodshariment

Mensch ist, was er isst", schrieb der Philosoph Ludwig Feuerbach. Besser lässt es sich wohl kaum auf den Punkt bringen. Und dennoch scheint uns der Preis für gutes Essen oft zu hoch. Dabei kann man sich das auch mit schmalem Geldbeutel leisten, wie das Öko-Institut errechnet hat: Wer seinen Fleischkonsum auf die von Ernährungsexperten empfohlene Menge von 300 bis 600 Gramm Fleisch pro Woche reduziert, zahlt jährlich nur rund 80 Euro mehr für Bio-Lebensmittel. Wer dann noch Fertigprodukte meidet, weniger Süßigkeiten isst und Leitungswasser trinkt, statt Flaschenwasser zu kaufen, wird womöglich auf das Gleiche rauskommen.

RESTLOS GLÜCKLICH

Eine Menge Geld könnten wir übrigens sparen, wenn wir nicht so viele Lebensmittel wegschmeißen würden. Etwa die Hälfte aller Lebensmittel in Deutschland landet im Müll. Das wird natürlich in die Lebensmittel eingepreist. Dabei beginnt die Verschwendung bereits auf dem Acker: Viele Früchte entsorgen die Bäuerinnen und Bauern, weil sie nicht den Vorgaben des Handels entsprechen. Weil sie zu groß, zu klein, zu krumm oder zu gerade sind. Besonders drastisch ist auch das Beispiel Fisch: Wissenschaftler schätzen, dass rund 40 % des jährlichen Meerfangs Beifang ist, also sinnlos stirbt. Das sind 38,5 Millionen Tonnen Tiere – Schildkröten, Wale, Flossenfüßler und Seevögel nicht mitgerechnet. Und das, obwohl ein Großteil unserer weltweiten Fischbestände völlig ausgebeutet, also quasi ausgestorben, oder zumindest erschöpft ist.

Das alles klingt nach ziemlich üblen Nachrichten. Aber es zeigt zugleich, wie unglaublich viele Möglichkeiten du hast, die Welt zu verbessern: Wenn du allein deinen privaten Lebensmittelmüll reduzierst und dich vegetarisch mit saisonalen Bio-Lebensmitteln aus deiner Umgebung ernährst, kannst du deinen CO_2-Ausstoß um bis zu 20 % reduzieren. Und wenn du über Communitys wie Foodsharing oder Mundraub Lebensmittel rettest, kannst du auch noch Geld sparen. Geld, das du in hochwertige Bio-Lebensmittel investieren kannst. Denn indem du Kleinbauern und Lebensmittelhersteller über den persönlichen, regionalen Vertrieb oder fairen Handel unterstützt, kannst du die Welt ein großes Stück zum Guten verändern. Der Weltagrarbericht bestätigt, was schon viele vorher dachten: Dass die kleinbäuerlichen Strukturen der wichtigste Garant für eine soziale, wirtschaftliche und ökologische Ernährung aller Menschen auf dieser Erde sind.

Doch nicht immer bedeutet Landwirtschaft auch, dass es dabei um Lebensmittel geht. Der Anbau von Baumwolle verbraucht weltweit zum Beispiel große Mengen an Wasser und Pestiziden. Dabei geht es einmal mehr um dich – genauer gesagt um das, was du am Leib trägst, was dich repräsentiert und zeigt, wer du bist. Wenn du also deine eigene kulinarische Revolution gestartet hast, dann blättere einfach weiter zum nächsten Kapitel und erfahre, wie du mit Stilfreiheit und Modebewusstsein gezielter und öko-sozialer deine Kleidung aussuchst und auch damit die Welt noch ein Stückchen besser machen kannst.

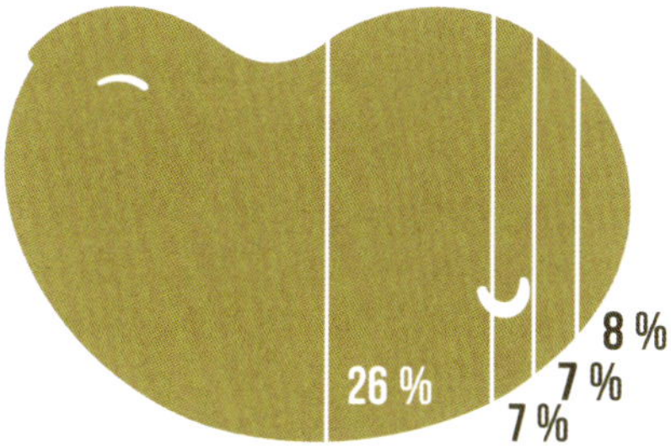

Fast die Hälfte aller Kartoffeln landet im Müll. Davon 26 % bei Großverbrauchern wie Restaurants und Kantinen sowie in Privathaushalten, jeweils 7 % beim Transport und bei der Verarbeitung. Und rund 8 % während und nach der Ernte.

GUT UND GÜNSTIG

ARM ABER BIO

Die Kochbuch-Autorin Rosa Wolff hat im Selbsttest bewiesen: Auch mit Hartz-IV-Satz kann man sich gesund und günstig ernähren.
arm-aber-bio.de

VEGAN ABER GÜNSTIG

Der Blogger und Veganer Patrick Bolck erklärt in dem Buch „Vegan, aber günstig", wie man auch mit wenig Geld pflanzlich gut isst.

ESSEN RETTEN

DIE ESSENSVERNICHTER

Buch zum Film „Taste The Waste" von Stefan Kreutzberger und Valentin Thurn. **essensvernichter.de**

TASTE THE WASTE

Sehenswerter Dokumentarfilm über die Lebensmittelverschwendung.
tastethewaste.com

DAS GROSSE WEGSCHMEISSEN

Die kostenlose WWF-Studie liefert viele Infos zum Thema Lebensmittelverschwendung.
bit.ly/grosse-wegschmeissen

AKTIONEN

ISS BESSER: STARTE DIE KULINARISCHE REVOLTE

jetztrettenwirdiewelt.de/essen

EINKAUF MIT KÖPFCHEN

2 WOCHEN LEICHT

Kaufe eine Woche lang ganz normal ein. Mach dir eine Liste, wo du was einkaufst, und frage dich, welche Auswirkungen das hat. Die zweite Woche kaufst du bewusst bio, fair, saisonal und lokal ein. Vergleiche danach: Wodurch unterscheidet sich die Auswahl an Lebensmitteln? Wie war dein Gefühl beim Einkaufen? Was hast du bewirkt?

TIPP: GUT GEPLANT

Was isst du zum Frühstück, Mittagessen, Abendbrot und als Zwischenmahlzeiten? Kaufe besser einmal pro Woche mit Liste ein als zwischendurch und spontan. Das spart Zeit und Geld und hilft dir, bewusst einzukaufen.

BEWUSST GENIESSEN

4 WOCHEN SCHWER

Wenn du den wahren Wert des Essens kennst, kannst du es richtig genießen. Und Genuss ist die perfekte Basis fürs Weltverbessern. Mach die Aktion mit anderen und führe ein Tagebuch.

1. WOCHE: SELBST KOCHEN

Stelle alles selbst her, was du isst. Das ist zeitaufwendig, zeigt dir aber auch, wie viel Wert das hat, was du sonst so kaufst. Etwas tricksen ist auch erlaubt.

2. WOCHE: GEWOHNHEITEN

Wann isst du? Wie regelmäßig? Und natürlich: Was isst du? Und warum? Dokumentiere die Antworten jeden Abend. Beobachte auch deine Umgebung.

3. WOCHE: DIE ROSINEN-ÜBUNG

Nimm eine Rosine oder eine Nuss und frage dich: Wie sieht sie aus? Wie fühlt sie sich an? Wie riecht sie? Wie schmeckt sie? Wie ist es, sie zu kauen und zu schlucken? Nimm dir pro Frage einige Minuten Zeit.

4. WOCHE: EINE SCHALE REIS

Fasten ist eine wichtige Bewusstseinsübung. Iss etwa eine Woche lang täglich nur eine Schale Reis. Konsultiere am besten vorher einen Arzt.

EXTRATIPP: GÄRTNERN

Obst, Gemüse und Kräuter selbst anzubauen und zu ernten macht nicht nur Spaß, sondern bringt dich auch in Verbindung mit den Gaben von Mutter Natur. Mehr dazu findest du im Kapitel „Grünes" ab Seite 84.

LEBENSMITTEL RETTEN

4 WOCHEN · MITTEL

Es gibt viele gute Gründe, warum Essen zu gut für die Tonne ist: Probier's einfach aus und erkunde jede Woche einen neuen Bereich, um zum Essensretter zu werden!

1. WOCHE: RICHTIG LAGERN

Viele Lebensmittel verderben, weil sie nicht richtig lagern. Räume von nun an daher wöchentlich deinen Kühlschrank auf; Tiefkühlfach, Vorratsschränke und Speisekammer etwa alle sechs Monate. Stelle dabei nach vorn, was nicht mehr lange hält. Wisch deinen Brotkasten alle zwei Wochen mit Essig aus.

2. WOCHE: GUTE GESCHÄFTE

Gibt es in deiner Nähe einen Supermarkt mit einem Regal an Lebensmitteln, deren Mindesthaltbarkeitsdatum bald abläuft? Gibt es Bäcker, die Brot vom Vortag verkaufen? Packt dir dein Restaurant Reste ein?

3. WOCHE: FEIER RESTE-FESTE

Salate, Gemüsesuppen oder -pfannen, Wraps und auch Aufläufe sind tolle Gerichte, um mit Resteessen zu experimentieren.

4. WOCHE: GESCHENKTE LEBENSMITTEL

Entdecke über Foodsharing, Mundraub oder Wildkräuterführungen kostenlose Lebensmittel um dich herum, die nur darauf warten, gerettet zu werden!

VEGGY ODER VEGAN?

4 WOCHEN · SCHWER

Viele können sich einfach nicht vorstellen, ohne Fleisch, Milchprodukte oder Eier zu leben. Wie steht's mit dir? Teste einen Monat lang den veganen Lebensstil und zieh selbst deine Schlüsse!

1. BEREITE DICH VOR

Setz dich nicht unter Druck! Du musst nicht perfekt sein. Überlege dir, warum du anders essen möchtest, schreibe dir alles auf und platziere es dort, wo du es täglich siehst.

2. SPRICH DARÜBER

Lass dich von deinen Mitmenschen unterstützen. Überlege, wie du Versuchungen vermeidest, wenn du mit Fleischessern zusammenlebst.

3. EXPERIMENTIERE

Im Netz findest du jede Menge vegane Rezepte und Tipps für Ersatzprodukte. Experimentiere: Veganisiere dein Lieblingsgericht und probiere neue Rezepte aus. Finde vegane Einkaufsmöglichkeiten.

4. VOLLER GENUSS

Belohne dich selbst: Geh zum Beispiel in ein tolles veganes Restaurant. Mach einen Veggie-Dinnerabend mit geliebten Menschen, die du schon lange nicht mehr gesehen hast. Oder gönn dir etwas ganz besonders Leckeres.

WILLST DU SHOPPEN?

Dann stell dir vorab folgende Fragen:

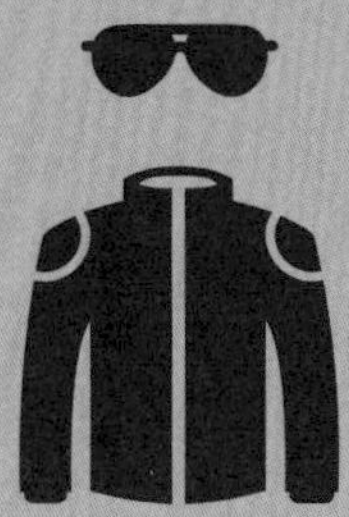

BRAUCHST DU ES WIRKLICH?

Fast jedes fünfte Kleidungsstück wird zwar gekauft, aber so gut wie nie getragen. Das sind fast eine Milliarde Kleider – allein in Deutschland. Also: Überlege dir, was du wirklich brauchst, und lass dich nicht von Billigpreisen verführen.

NEIN

JA

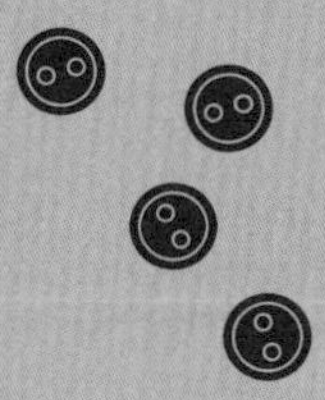

LÄSST SICH ETWAS REPARIEREN?

Umfragen zeigen, dass wir kaum noch zum Schuster oder Schneider gehen. Doch stell dir mal vor, wie viel CO_2, wie viele Tiere, Regenwaldbäume, sauberes Wasser und gute Luft du retten könntest, wenn du etwas, was du schon hast, reparieren oder ändern lässt.

JA

NEIN

MUSS ES WIRKLICH NEU SEIN?

Schenke Kleidern ein zweites Leben: Zum Beispiel über Kleidertauschpartys. Etwa 17 % der Deutschen tauscht bereits Klamotten. Etwa 44 % kaufen oder verkaufen sie Second Hand. Second-Hand-Läden gibt es übrigens auch online.

NEIN

JA

WAS SOLL ICH BLOSS ANZIEHEN?

FAIR, SLOW UND SCHÖN: KOMBINIERE STILFREIHEIT MIT MODEBEWUSSTSEIN

Anniken heult wie ein Schlosshund. Zart, blond und vollkommen aufgelöst kauert sie in einem weißen Plastikstuhl. Die junge Modebloggerin ist für ein Online-Video der Zeitung Aftenposten von Norwegen nach Phnom Penh gereist, um mit eigenen Augen zu sehen, wo die Klamotten entstehen, über die sie berichtet. Oder besser gesagt: Sie will es am eigenen Leib spüren, wie es ist, in einer Textilfabrik in Kambodscha zu arbeiten. Deshalb hat sie mit einer Näherin auf dem Fußboden ihres winzigen Zimmers übernachtet, einen Tag lang an der Nähmaschine geackert und nach 12 Stunden mit brennenden Augen und steifen Fingern für den kargen Lohn von 10 Euro am Tag gerade mal genug Lebensmittel kaufen können, um ein dünnes Gemüsesüppchen zu kochen, von dem keiner so richtig satt wurde. Das alles ist ihr sehr fremd, aber es hat sie nicht fertiggemacht: Die Leute kennen es nicht anders, sagt sie sich. Sie sind zufrieden.

Dann trifft sie eine neunzehnjährige Näherin. Von ihr erfährt sie, dass sie sehr wohl ganz andere Träume hat. Sie möchte Medizin studieren. Aber wie soll das gehen? Ihre Mutter ist verhungert, bevor sie selbst sprechen konnte. Die Arbeit in der Textilfabrik ist für sie die einzige Möglichkeit, Geld zu verdie-

JA

KAUFE LANGLEBIGES

NEIN

KANNST DU ES BIO KAUFEN?

Baumwolle ist der wichtigste Rohstoff unserer Kleidung und das verbraucht vor allem viel Wasser und Chemikalien. Eine konventionelle Jeans braucht zum Beispiel bis zu 7.000 Liter Wasser und 3.500 Chemikalien. Aus Bio-Baumwolle gefertigt, braucht es keine Pestizide, reduziert den CO_2-Ausstoß um bis zu 90 % und nutzt kein genmanipuliertes Saatgut.

JA

NEIN

KANNST DU ES FAIR KAUFEN?

Vom Verkaufspreis eines konventionellen T-Shirts kommen beispielsweise nur etwa rund 0,6 % bei den Menschen an, die die Baumwolle geerntet, den Stoff gewoben, gefärbt und für dich vernäht haben.

nen. Entweder das oder ihre Geschwister verhungern ebenfalls. Die Konfrontation mit diesem Mädchen – etwa in ihrem Alter und mit der gleichen Sehnsucht nach einem erfüllten Leben – war es, die in Anniken den Damm gebrochen hat. „Zu Hause in Norwegen habe ich oft gedacht, dass es Menschen gibt, die einfach nicht so viel zählen – die irgendwie überflüssig sind, weil sie nichts aus ihrem Leben machen", bekennt sie in die Kamera und beweist damit viel Mut. Sie stellt sich der unbequemen Wahrheit und bekennt öffentlich, was wir alle eigentlich schon wissen: Unsere Kleider, Schuhe und Accessoires werden, wie beim Essen, durch die Ausbeutung von Menschen, Tieren und Umwelt hergestellt. Wir alle ignorieren das weitestgehend. Irgendwie ändert sich nichts, überhaupt nichts. Wir shoppen weiter: T-Shirts, Hosen, Pullis, Jacken, Schuhe und Taschen, die so billig sind, dass es egal ist, ob wir sie nach einmal tragen wegschmeißen.

So meinten wir wenigstens. Doch dann fingen wir an, Alternativen auszuprobieren. Und spätestens als wir uns bei einer Kleidertauschparty in einem proppenvollen Raum gemeinsam mit mindestens 150 anderen Menschen durch einen gewaltigen Berg an Kleidern, Schuhen, Tüchern, Taschen, Gürteln, Mützen, Schals und Schmuck aus zweiter Hand wühlten, wussten wir: Es geht anders. Es macht Spaß. Und es gibt schon ganz schön viele Menschen, die bereits jetzt ihre Konsequenzen aus dem Irrsinn dieser Modeindustrie gezogen haben und nicht länger mitspielen.

WEISSE WÄSCHE FINDEN

Bevor wir zu besagter Tauschparty kamen, versuchten wir zunächst auf gewohntem Weg an umweltfreundliche und faire Kleidung heranzukommen: über Kaufhäuser, Modeboutiquen und die üblichen Ketten. Doch wer hier nach fairen und umweltfreundlichen Sachen sucht, hat es nicht leicht. Anders als bei den Lebensmitteln gibt es bei Kleidern eine recht unübersichtliche Flut von Siegeln. Manche davon garantieren faire Arbeitsbedingungen, andere den Umweltschutz – und manche beruhigen auch wohl einfach nur das Gewissen.

Nachdem sich die Zahl an Siegeln jahrelang vergrößert hat, schälen sich langsam ein paar Siegel aus dem Wirrwarr heraus: Neben dem Blauen Engel oder dem Fair-Trade-Siegel, die du wahrscheinlich von anderen Branchen kennst, sind für Kleidung vor allem zwei Zeichen interessant: zum einen das der Fair Wear Foundation, das für menschenwürdige Produktionsbedingungen steht, dafür aber nichts darüber sagt, wie umweltfreundlich die Kleidung entstanden ist. Zum anderen gibt es das GOTS-Siegel: Der Global Organic Textile Standard ist weltweit gültig und garantiert sowohl ökologische als auch soziale Standards. Das Siegel hat damit bislang die höchsten Ansprüche.

Der Öko-Tex-Standard 100, den man ziemlich oft findet, besagt dagegen nur, dass die Schadstoffe im Endprodukt unter einer bestimmten Grenze liegen. Das heißt, wir schützen zwar unsere eigene Gesundheit, wenn wir Textilien mit diesem Siegel kaufen. Doch wie viel Gift bei der Produktion zum Einsatz kam oder ob die Arbeiterinnen und Arbeiter fair bezahlt und behandelt werden, erfährst du hingegen nicht.

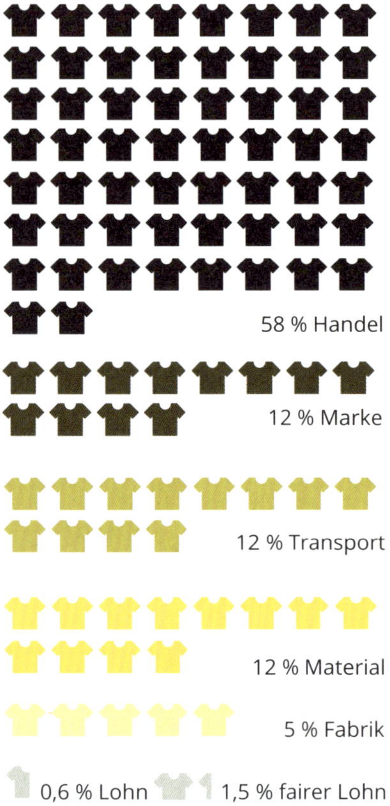

WER VERDIENT WAS?

Die Anhebung des Lohns auf ein Existenzminimum macht einen Preisanstieg von 0,9 % aus (1,5 % statt 0,6 %). Das sind 26 Cent bei einem 29 Euro teuren T-Shirt.

TRUE COST

Bewegender Dokumentarfilm über die Zusammenhänge und Missstände in der Modeindustrie.
truecostmovie.com

DIE SPITZE NADEL

Um diesen Preis können sich Menschen bewerben, die eine tolle Protestaktion für faire Mode gemacht haben. **spitze-nadel.de**

WIDERSTAND MACHT FREUDE

WARUM WIR KRITISCH KONSUMIEREN UND ÖFFENTLICH STELLUNG BEZIEHEN MÜSSEN.

Wir Kundinnen und Kunden müssen deutlich machen, dass wir die Form des Wirtschaftens, wie wir sie heutzutage in der Modebranche sehen, nicht mehr hinnehmen wollen: vor allem den Trend zu Fast-Fashion sowie die Tatsache, dass Kosten für Umweltschutz, Arbeitssicherheit und einen fairen Lohn nicht einkalkuliert werden. Es reicht dabei leider nicht, auf gute Qualität und einen hohen Preis umzusteigen. Denn Preis und Marke sagen genauso wenig darüber aus, ob ein Kleidungsstück unter öko-sozialen Bedingungen hergestellt wurde, wie die Kennzeichnung „Made In". Man muss genauer hinschauen.

Doch die Probleme sind vielschichtig, sodass sich allein durch die richtige Kaufentscheidung nicht genug ändert. Damit es global gerecht zugeht, muss die Politik die Verantwortung neu regeln. Die Arbeiterinnen und Arbeiter müssen zum Beispiel die gesetzliche Möglichkeit erhalten, ihre Rechte einzuklagen – egal in welchem Land.

Dafür können wir hier viel tun: Als zum Beispiel die erste Niederlassung der Billig-Modekette Primark in Berlin eröffnete, gab es kreative Proteste und eine riesige Kleidertauschparty. Die Menschen zeigten damit, dass sie mit dem Geschäftsmodell der Wegwerfmode nicht einverstanden sind. Dabei konnte sich jede und jeder kostenlos ein neues Lieblingsstück mitnehmen. Dazu gab es ein Rahmenprogramm mit einem Straßentheater und einer Trashparade von der Fashion Week.

Solche Proteste sind enorm wichtig, um zu zeigen, dass wir eine Umkehr brauchen: nämlich Rechte für Menschen und Regeln für Unternehmen. Die Politik hat sich in den vergangenen Jahren weitestgehend herausgehalten. Wir müssen deutlich machen, dass wir eine öko-soziale Form des Wirtschaftens wollen. Das hat einen großen Einfluss, denn dann muss die Politik reagieren.

Berndt Hinzmann ist bei INKOTA für die Kampagne „Saubere Kleidung" zuständig, ein globales Netzwerk von über 250 Organisationen, das sich für die Menschenrechte bei der Arbeit in der Fashion- und Bekleidungsindustrie einsetzt.
inkota.de

SAUBERE KLEIDUNG

Das Netzwerk engagiert sich für die Einhaltung der Menschenrechte in der Modeindustrie.
saubere-kleidung.de

CHANGE YOUR SHOES

Für bessere soziale und ökologische Bedingungen in der globalen Leder- und Schuhindustrie.
inkota.de/change-your-shoes

FAIR WEAR FOUNDATION

Sichert faire Arbeitsbedingungen bei Zulieferern. Auf der Website siehst du, welche Marken dabei sind. **fairwear.org**

SKLAVEREI IN MODE

Hinter dieser Kampagne gegen Sklaverei in indischen Textilfabriken steckt die Organisation Terre des hommes. Hier findest du Tipps zum fairen Einkauf und was du selbst gegen die Sklaverei tun kannst.
sklaverei-in-mode.de

Lenka Petzold und Annika Cornelissen sind Designerinnen. In der Kampagne „Modeprotest" organisieren sie Workshops und Veranstaltungen für einen bewussteren Umgang mit Mode, wie etwa die Klamottenkur. **modeprotest.de**

DIE FAST-FASHION-FALLE

Preis und Marke sind jedenfalls leider kein Garant: Auf der einen Seite sind manche Billiganbieter besser als man vielleicht denkt. Die Greenpeace-Modeexpertin Kirsten Brodde lobt zum Beispiel C&A für sein wegweisendes Engagement in Sachen Bio-Baumwolle. Und auf der Website der Fair Wear Foundation findet man neben Öko-Marken wie Waschbär und Armed Angels (von denen man nichts anderes erwartet) auch den Mode-Discounter Takko. Auf der anderen Seite fanden sich in den Trümmern der eingestürzten Textilfabrik Rana Plaza, bei der Hunderte von Näherinnen starben, eben auch Etiketten von Marken, die wir als hochwertig und teuer bezeichnen würden. Es ist also leider alles nicht so einfach. Du musst schon die Anbieter raussuchen, die es wirklich ernst meinen – oder du kaufst gleich bei den kleinen Öko-, Fair-Trade- und veganen Modelabeln, die mittlerweile zum Glück wie Pilze aus dem Boden schießen. Die haben natürlich kleine Werbebudgets und dafür hohe Preise – jedenfalls im Vergleich zu dem, was wir sonst so gewohnt sind.

Doch weniger ist ohnehin mehr, wie uns ziemlich schnell klar wurde. Denn so, wie die Modebranche im Moment funktioniert, ist sie ein Paradebeispiel dafür, dass unser ganzes Wirtschaftssystem in eine Schieflage geraten ist: Damit Modemarken jedes Jahr neues Wachstum vorweisen können, müssen sie sich etwas einfallen lassen. Und das haben sie getan: Anstatt der bisher üblichen vier Kollektionen pro Jahr

MODEPROTEST

WENIGER IST MEHR – FREIHEIT

Wir kaufen im Durchschnitt 240 Kilo Kleidung pro Jahr. Ein großer Teil davon wird ein- oder sogar keinmal getragen und dann weggeschmissen. Doch die Bekleidungsindustrie gehört zu den Branchen, die weltweit am meisten Energie und Ressourcen verbrauchen. Das heißt, wir können uns einen so verschwenderischen Umgang mit Textilien nicht leisten.

Weniger Kleidung zu haben und diese dafür sorgfältiger und hochwertiger auszuwählen, hat nichts mit Verzicht zu tun. Im Gegenteil: Wir erleben bei unseren Aktionen immer wieder, dass sich ein Gefühl der Befreiung einstellt, wenn Menschen ihre Garderobe reduzieren – etwa auf die 50 Teile, die wir während unserer siebenwöchigen Klamottenkur jedes Frühjahr empfehlen. Die meisten sind mit der Fülle des billigen Überangebots nämlich gar nicht glücklich, sondern vielmehr überfordert. Wer eine Klamottenkur macht, wird feststellen, dass sie viel Klarheit bringt.

Dann kann zum Beispiel die Hose endlich weg, die eigentlich gar nicht so gut sitzt – die man aber für den Fall der Fälle immer noch im Schrank gelassen hat. Auf einmal fällt es morgens gar nicht so schwer, etwas zum Anziehen zu finden. Man erkennt, was die wahren Lieblingsstücke sind und was das über den eigenen Modegeschmack und die Anforderungen an die Kleidung aussagt.

Sich bewusst auf die wesentlichen Dinge zu reduzieren – und sei es auch nur für eine begrenzte Zeit – hilft daher dabei, den Blick für das eigene Qualitätsempfinden zu schärfen. Zu erkennen, was einem wirklich wichtig ist, ist damit der erste Schritt. Danach kann der zweite Schritt folgen: herauszufinden, woher man die Kleidungsstücke bekommt, die man tatsächlich braucht. Neben Öko-Labeln kommt da vor allem Second Hand infrage.

gibt es schon seit einiger Zeit 52! Das heißt, jede Woche ändert sich der Look. Der Trick daran ist, dass Mode für uns Menschen ein wichtiges Zeichen der Zugehörigkeit und Abgrenzung zugleich ist: Indem wir uns in bestimmter Weise kleiden, zeigen wir, was für eine Art von Mensch wir sind. Modebewusstsein ist also ein sympathischer Zug, der zeigt, dass wir soziale Wesen sind. Doch wir lassen uns dadurch eben auch leicht manipulieren. Nur zu gerne glauben wir, dass wir uns durch ein neues Kleidungsstück in einen schöneren, beliebteren, begehrteren Menschen verwandeln könnten. Also kaufen wir immer wieder neu – es ist ja auch so billig, dass es nichts auszumachen scheint, wenn wir uns mal vertun. Und so hat sich die Zahl der Kleidungskäufe von 2000 bis 2015 weltweit verdoppelt – von etwa 50 Milliarden Kleidungsstücken auf mehr als 100 Milliarden. Zugleich schmeißen wir jährlich über eine Milliarde noch tragbare Klamotten in Sammelcontainer – ohne zu wissen, ob die Second-Hand-Ware, die da tonnenweise auf afrikanischen Märkten landet, den Menschen dort wirklich nützt oder ihre Industrie und Modekultur kaputt macht. Glücklicher macht uns das nicht. Zumal die Sache noch einen weiteren Haken hat: den Ressourcenverbrauch.

Nehmen wir den wichtigsten Rohstoff der Bekleidungsindustrie: die Baumwolle. Obwohl die Pflanze nur auf rund 2 % aller Ackerflächen wächst, verbraucht sie ein Viertel aller Pestizide. Rund 7.000 Liter Wasser braucht die Produktion einer Jeans – und weltweit werden jedes Jahr zwischen zwei und drei Milliarden davon verkauft. Dazu kommen rund 3.500 krebserregende, hormonell wirksame oder anderweitig giftige Chemikalien, die aus Baumwolle bunt bedruckte Kleider machen. Viele dieser Substanzen findet man mittlerweile nicht nur in der Umgebung der Fabriken, sondern auf der ganzen Welt: in der Küstenluft von Südafrika, der Leber von Eisbären und sogar in der Muttermilch. Da ist es gut zu wissen, dass sich hier mächtig was tut: Die Bio-Baumwolle ist seit Jahren konsequent auf dem Vormarsch. Das reduziert drastisch Pestizide, Energie und Wasser. Es hat aber auch noch eine andere positive Wirkung: Konventionelle Baumwolle wächst aus genmanipuliertem Saatgut, das die Bäuerinnen und Bauern immer wieder nachkaufen müssen. Das führte dazu, dass viele Kleinbäuerinnen und -bauern nach ein paar Jahren furchtbar überschuldet waren und die Pestizide für die Baumwolle selbst tranken, um sich umzubringen. Die Samen der Bio-Baumwolle können sie hingegen selbst gewinnen. Die Erträge sind zwar nicht so hoch, dafür aber auch die Kosten wesentlich geringer. Zugleich experimentieren Öko-Label mit recycelten Kunstfasern, die sie etwa aus alten PET-Flaschen, Synthetikkleidern oder Schuhen gewinnen. Im Vergleich zur Neuproduktion spart das bis zu 76 % Energie und 71 % CO_2. Auch hier gibt es schwarze Schafe, die kritikwürdiges Downcycling betreiben und sich zugleich einen grünen Anstrich geben. Doch Vorreiter, wie etwa der Outdoor-Anbieter Patagonia, zeigen, wie es gehen kann: Sie nehmen Kleidung, Schuhe und andere Alttextilien zurück, um daraus Neues zu schneidern.

Was ist ökologischer: online oder im Laden shoppen? Das Öko-Institut hat 5 Szenarien verglichen und dabei auch Lagerhaltung und den Transport berücksichtigt.

3,27 KG
IM LADEN KAUFEN / ANFAHRT MIT DEM AUTO

1,71 KG
LADEN / BUS UND BAHN

1,27 KG
LADEN / RAD

1,03 KG
ONLINE MIT RÜCKGABE

0,66 KG
ONLINE KAUFEN

DETOX
Die Greenpeace-Kampagne für die Entgiftung von Textilien. Auf der Webseite findest du jede Menge Infos und Aktionen zum Mitmachen.
greenpeace.de/detox

LABEL ONLINE
Die Siegel-Zentrale informiert auch über die unübersichtlich vielen Mode-Zertifikate.
label-online.de

FASHION REVOLUTION
Globales Netzwerk aus Designern, Verbrauchern, Unternehmern und Produzenten.
fashionrevolution.org

GET CHANGED
Plattform mit Infos und Links zu Bezugsquellen fairer Mode.
getchanged.net

GRÜNE MODE
Blog über die Green-Fashion-Szene und mit einer grünen Liste voller Läden und Quellen.
gruenemode.de

TODESBILANZ

70 bis 80 Millionen Tiere sterben geschätzt jedes Jahr für die Mode. Etwa 3.000 Raupen lassen ihr Leben für 450 Gramm Seide.

VEGANE MODE

Der Online-Ratgeber der Organisation PETA liefert dir zu fast allen Fragen eine Antwort.
veganemode.info

WER MACHT WAS

Die Organisation Animals Liberty bewertet auf der Website und in der App unterschiedliche Hersteller in Bezug auf Tierschutz, auch Bekleidungsmarken.
mobil.wermachtwas.info

PELZINFO

Nichts für schwache Nerven ist diese Website, die aufklärt, unter welchen Bedingungen Billigpelz in Asien entsteht. Der ist oft billiger als Kunstpelz.
Pelzinfo.de

VEGAN MACHT FREUDE

FAIR, ÖKO UND TIERLEIDFREI SHOPPEN

Es ist schon fast 10 Jahre her, da habe ich angefangen, mich vegan zu ernähren – also ohne tierische Produkte und rein pflanzlich. Damals habe ich bei einem Fernsehsender als Kostümbildnerin gearbeitet und festgestellt, dass mein Essensplan überhaupt nicht mit dem übereinstimmt, was ich am Leib trage. Da fing ich an, mich zu informieren, woraus Mode besteht. Einiges wusste ich, habe aber nie so richtig drüber nachgedacht. Etwa wie schrecklich Pelztiere leiden müssen oder dass Tiere für Leder sterben. Denn Leder ist keineswegs ein Nebenprodukt der Fleischproduktion. Dazu kommt, dass für die Verarbeitung wahnsinnig viele Chemikalien nötig sind. Meine Recherche zur Lederindustrie in Bangladesh ist eine der schlimmsten, die ich je gemacht habe.

Anderes war mir damals aber auch neu. Etwa, dass Schafe im Akkord geschoren werden, wobei viele grausam verletzt und brutal behandelt werden. Dass Gänse bis zu fünfmal im Jahr bei lebendigem Leib gerupft werden, um die Daunen für die Jackenfüllungen zu bekommen – ähnlich wie die Angorakaninchen, denen das Fell auch bei lebendigem Leib herausgerissen wird. Oder dass die Seidenraupen in ihren Kokons in kochendes Wasser geworfen werden.

All das hat mich dazu gebracht, nur noch tierfreie Mode zu kaufen – etwa aus Baumwolle. Wichtig ist dabei, auf Details zu achten, wie Knöpfe aus Perlmutt oder Horn sowie Lederpatches auf Jeans. Und ich habe mich nach veganen Alternativen umgesehen, die es mittlerweile für alles gibt: Zum Beispiel gibt es Lederersatz aus Apfeltrester, der genauso aussieht und auch die gleichen Eigenschaften hat. Die Hohlfasern des tropischen Kapokbaums sind ein wunderbarer Daunenersatz. Oder es gibt auch schon Kunstpelz aus recycelten PET-Flaschen. Vegane Mode zu finden ist also nicht das Problem – auch nicht auf dem Land, denn es gibt viele hervorragende Online-Shops mit tollen Sachen. Es ist viel mehr unser Konsumverhalten. Wir kaufen oft zu viel und zu unbewusst. Wer jedoch weniger konsumiert, dafür aber das Gesamtpaket im Blick behält und vegan, fair und ökologisch einkauft, der bekommt am Ende lauter Lieblingsstücke, die er mit Freude aus dem Schrank holt.

Christianna Quack ist vegane Stylistin und Redakteurin des veganmagazin.
christiannaquack.com
veganmagazin.de

ALLERHAND AUS ZWEITER HAND

Wie man es also dreht und wendet: Am fairsten und ökologischsten ist es, die Kleidung, die schon da ist, einfach möglichst lange zu tragen. Vielleicht seufzt du nun und denkst dir: „Ohne mich! Immer in denselben Sachen rumzulaufen macht einfach keinen Spaß. Und außerdem ist es eben so, dass man bei bestimmten Moden mitmachen muss, wenn man dazugehören will." Das ist vielleicht wirklich so. Aber das heißt nicht, dass du Klamotten nicht ein längeres Leben schenken kannst. Denn es gibt mittlerweile viele witzige und schöne Alternativen. Vielleicht hilft es dir zu erfahren, wie wir die Angelegenheit für uns gelöst haben (wobei wir beide zugegebenermaßen wenig auf aktuelle Mode geben. Wir sind eher Anhänger von Klassikern und tragen unsere Kleidung durchaus5 bis 15 Jahre): Wir gönnen uns selten wenige wirklich hochwertige Stücke, die wir vorzugsweise in kleinen Boutiquen, bei Öko-Labeln oder lokalen Designerinnen und Designern kaufen. Unter ihnen gibt es auch schon einige, die ihre Upcycling-Kollektionen nur noch aus Second-Hand-Ware fertigen. Diese Stücke sind für uns richtige kleine Schätze, nach denen wir auch schon mal länger suchen.

Zum größten Teil bekommen wir aber unsere Kleidung aus zweiter Hand. Wir haben unsere Lieblings-Second-Hand-Läden ausgemacht, bei denen wir in etwa wissen, was wir dort bekommen. Wenn wir die Zeit finden, ziehen wir gerne über Flohmärkte. Und in letzter Zeit besuchen wir, wie bereits erwähnt, mit Vorliebe auch Kleidertauschpartys. Hier kommst du übrigens vollkommen geldfrei an neue Stücke: Du bringst einfach das mit, was du nicht mehr anziehen magst, und nimmst das mit, was dir gefällt und passt. In großen Städten gibt es darüber hinaus auch immer mehr Läden, in denen man Kleidung ausleihen kann – in Hamburg zum Beispiel die Kleiderei. Das bietet sich an, wenn es ein Outfit für einen besonderen Anlass sein soll. Und wenn du tatsächlich keine dieser Alternativen in deiner Nähe findest, gibt es im Netz auch schon jede Menge Online-Kleidertauschbörsen.

Dass man sich auf diese Weise sowohl gut als auch trendbewusst anziehen kann, hat die unglaublich charmante und witzige Jessi Arrington bewiesen. Die New Yorker Designerin ist definitiv modebewusst und nach eigenen Aussagen besessen von ständig neuen Outfits. Allerdings kauft sie alles ausschließlich Second Hand und zwar mit großer Begeisterung und keineswegs notgedrungen: „Jeder Einkauf ist wie eine Schatzsuche: Hat es meine Größe? Gefällt mir die Farbe? Kostet es unter 20 Dollar?" Wenn die Antwort auf diese Fragen „Ja" ist, ist es ihres. Das könnte wohl sogar auch Fashion Victims wie Anniken überzeugen. Die hat allerdings erstmal eine große Kampagne für die Näherinnen in Kambodscha gestartet. Ja, Weltretten kann auch bunt und schick sein und du siehst: Allein schon dadurch, dass du deine Haltung veränderst, auf deinen Körper achtest, dich bewusst ernährst und verantwortungsvoll kleidest, kannst du unglaublich viel in unserer Welt bewegen. Doch das ist erst der Anfang: Im nächsten Abschnitt dieses Buches geht es um dein Zuhause. Du erfährst, wie du öko-sozialer haushalten, wohnen und dich einrichten kannst. Bist du dabei?

KONSUMBOTSCHAFT

Hier findest du Tipps für einen neuen Umgang mit Mode und eine interaktive Karte mit Second-Hand-Quellen.
greenpeace.de/konsumbotschaft

SECOND HAND

Wer keine Second-Hand-Läden in der Nähe hat, kann online tauschen, kaufen, leihen, verkaufen oder schenken.
maedchenflohmarkt.de
kleiderkorb.de
kleiderkreisel.de
kleiderei.com
ubup.com
oma-klara.de
rebelle.com

DO-IT-YOURSELF

In jeder größeren Stadt gibt es mittlerweile Näh-Cafés, Stricktreffs und Upcycling-Werkstätten. Online findest du Anleitungen etwa hier:
makerist.de
handmadekultur.de

BIO-STOFFE

Öko-Stoffe gibt es zum Beispiel bei:
siebenblau.de
meterwerk.de
stoffbotin.de
eulenmeisterei.de

KLEIDER SPENDEN

Achte darauf, wohin du deine Altkleider gibst, damit sie auch wirklich Gutes bewirken. Infos findest du beispielsweise hier:
fairwertung.de
wohindamit.org
oxfam.de

CRAFTIVISM

Die Bewegung des Craftivism verbessert die Welt strickend und stickend:
craftivist-collective.com

AKTIONEN

FÜR EIN BEFREITES MODE-BEWUSSTSEIN

jetztrettenwirdiewelt.de/klamotten

DIE KLAMOTTENKUR

7 WOCHEN MITTEL

Die Aktion stammt von der Kampagne Modeprotest: Einmal im Jahr ruft sie dazu auf, sieben Wochen lang mit nur 50 Kleidungsstücken auszukommen. Du kannst die Klamottenkur aber auch jederzeit für dich machen.

1. RÄUME DEINEN SCHRANK AUS

Wie viele Kleidungsstücke hast du?

2. WÄHLE 50 KLAMOTTEN AUS

Räume 50 Lieblingsteile inklusive Basics wieder in den Schrank. Packe den Rest weg.

3. FAZIT DER KUR

Welche Stücke hast du vermisst? Was sagt dir das über deinen Stil und deine Bedürfnisse? Notiere dir, was dir an Kleidung wichtig ist. Wähle in Zukunft deine Kleidung viel gezielter aus und verbessere durch eine kleinere Garderobe die Welt.

SELBERMACHEN

3–4 STUNDEN MITTEL

UPCYCLING: AUS ALT MACH NEU

Suche Klamotten raus, die du nicht mehr brauchst, und überlege, was du daraus machen könntest: Könnte ein T-Shirt zu einem Einkaufsnetz oder eine alte Hose zu einem neuen Rock oder einer Tasche werden? Könntest du einen Pulli so pimpen, dass du ihn gerne wieder anziehst? Schau mal ins Internet. Unter **instructables.com** oder bei Pinterest findest du zum Beispiel viele Anleitungen, die zu deinen Ideen und Fähigkeiten passen. Übrigens: Spannender und lustiger wird die Aktion, wenn du sie mit anderen machst.

REPAIR CAFÉ: SELBER REPARIEREN

Nicht alles, was kaputt ist, muss weg. Versuch's mal mit einem Repair Café. Dort gibt es Nähmaschinen und Menschen mit Nähfähigkeiten. Mehr findest du im Kapitel „Einrichten" ab Seite 50.

TAUSCHPARTY MACHEN

4–6 STUNDEN MITTEL

Es gibt keine Kleidertauschparty in deiner Nähe? Dann mach doch selbst eine: Eine kleine in deinem Wohnzimmer oder eine große zusammen mit einer Organisation. Es ist gut, wenn mindestens 50 Klamotten zusammenkommen. Überlege auch, was du mit der Kleidung machst, die übrig bleibt.

SECOND HAND

3–12 MONATE · MITTEL

Kleidung aus zweiter Hand ist gut für deinen Geldbeutel, die Umwelt und dein Leben, denn es wird dadurch garantiert bunter, lustiger, überraschender und voller neuer Geschichten.

SCHRITT 1: DIE VORBEREITUNG

Wie lange willst du Kleidung nur noch Second Hand besorgen: 3, 6, 9 oder sogar 12 Monate?

SCHRITT 2: KLAMOTTENQUELLEN

Was gibt es in deiner Nähe an Second-Hand-Läden, Flohmärkten, Kleidertauschpartys, Verschenkläden und -boxen?

SCHRITT 3: SHOPPEN

Ergänze deine Garderobe für den von dir beschlossenen Zeitraum ausschließlich durch Kleidung aus zweiter Hand. Pass auf, dass du nicht in einen Kaufrausch verfällst, nur weil alles so schön billig oder gar umsonst ist.

SCHRITT 4: DIE BILANZ

Wie aufwendig war es? Was hast du gewonnen? Was vermisst? Was hat sich an deiner Garderobe verändert? Welche Erfolge hattest du?

TIPP: ALTKLEIDUNG RICHTIG ENTSORGEN

Nicht immer bewirken Kleiderspenden auch etwas Gutes. Am besten spendest du an Organisationen von „FairWertung". Informiere dich sonst genau: Gehen deine Sachen zum Beispiel an Obdachlose oder in den Second-Hand-Laden einer Organisation wie Oxfam, dann ist das prima.

NACHFRAGEN

5–10 MINUTEN · MITTEL

Es kostet vielleicht ein bisschen Überwindung, aber es bringt was: Frag beim nächsten Einkauf die Verkäuferin oder den Verkäufer doch mal nach den sozialen und ökologischen Bedingungen, unter denen die Klamotten hergestellt werden. Je öfter das passiert, desto mehr setzen sich die Angestellten damit auseinander. Und je öfter sie das tun und im Unternehmen nachfragen, desto eher merkt auch das Management, dass es auf so etwas achten und Antworten haben muss.

TIPP: AKTIV WERDEN

Die Missstände in der Modeindustrie sind so komplex, dass öko-sozialer Konsum allein nicht reicht. Wir müssen Marken und Politik zeigen, dass wir uns mehr Verantwortung von ihnen wünschen. Um das zu tun, kannst du dich in einer Regionalgruppe einer NGO engagieren oder bei Demos und Aktionen mitmachen.

RICHTIG WASCHEN UND BÜGELN

Während der Gebrauchsphase von Kleidung kannst du am meisten Ressourcen sparen. Mach deine Waschmaschine dazu immer ganz voll, wasche normale Wäsche bei 30 Grad mit rund der Hälfte der angegebenen Waschpulvermenge, vermeide Wäschetrockner und Weichspüler. Bügle nur, wenn es sein muss.

300 MEGATONNEN CO_2

entstanden 2018 durch den Konsum von Online-Videos über Netflix, Amazon Prime, YouTube und Co. Das ist so viel, wie ganz Spanien in dieser Zeit verbrauchte. Das kommt daher, dass Videos so ein großes Datenvolumen haben, was besonders viel Energie verbraucht: 10 Stunden HD-Video haben mehr Datenvolumen als alle Artikel auf Wikipedia zusammen.

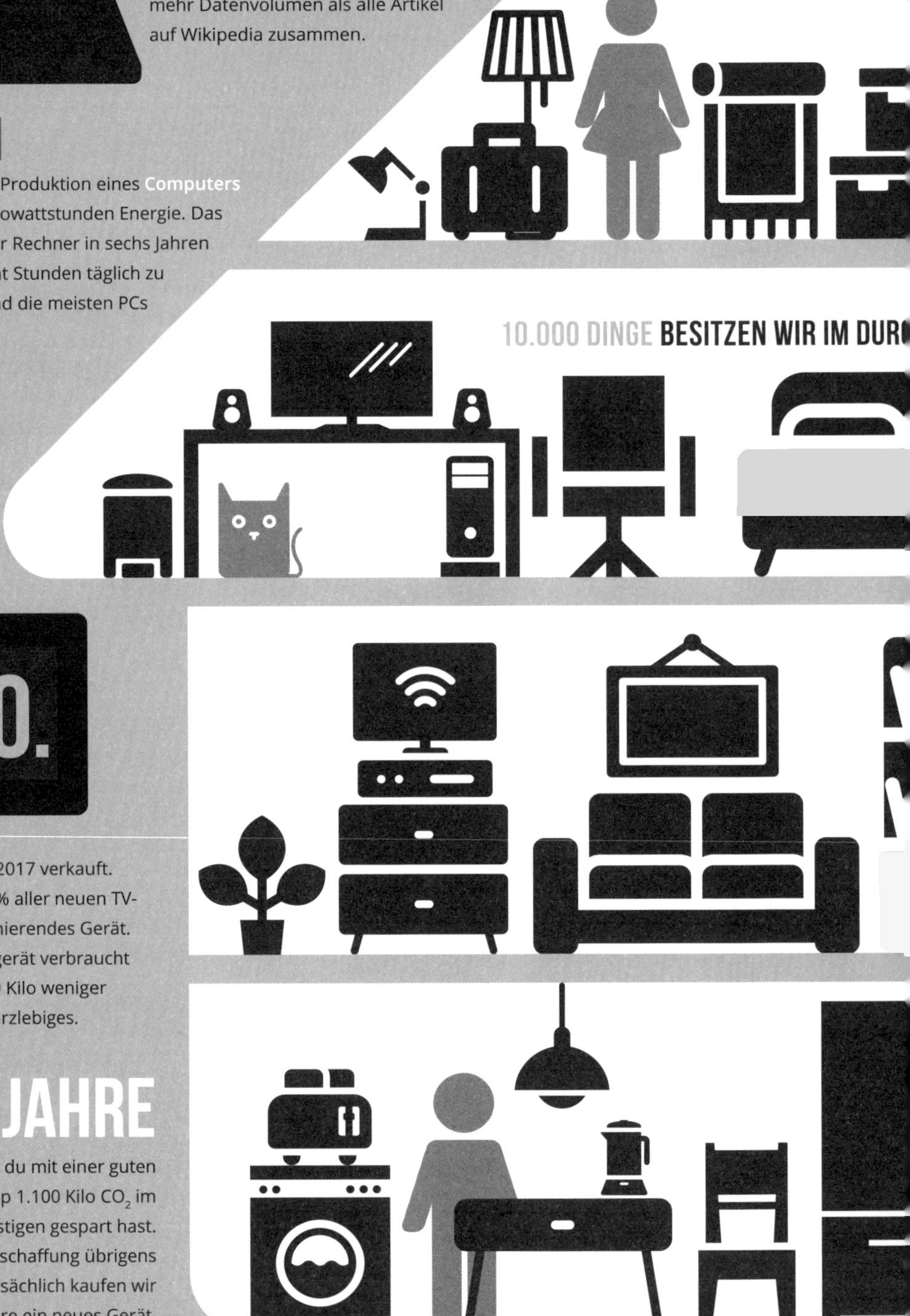

1,5 TONNEN

Rohmaterial braucht die Produktion eines Computers geschätzt sowie 3.000 Kilowattstunden Energie. Das ist so viel Energie, wie der Rechner in sechs Jahren brauchen würde, um acht Stunden täglich zu laufen. Doch so lange sind die meisten PCs nicht im Gebrauch.

7 MIO.

Fernsehgeräte wurden 2017 verkauft. 2012 ersetzten rund 60 % aller neuen TV-Geräte ein noch funktionierendes Gerät. Ein langlebiges Fernsehgerät verbraucht über 10 Jahre knapp 600 Kilo weniger Treibhausgase als ein kurzlebiges.

20 JAHRE

braucht es, bis du mit einer guten Waschmaschine knapp 1.100 Kilo CO_2 im Vergleich zu einer günstigen gespart hast. Dann wäre eine Neuanschaffung übrigens ökologisch sinnvoll. Tatsächlich kaufen wir uns aber alle 13 Jahre ein neues Gerät.

15 JAHRE

nutzen wir im Schnitt **Teppiche und Bodenbeläge**. Wähle Langlebiges wie Fliesen, Parkett, Linoleum oder Kork anstatt Teppichboden. Wenn du einen Teppich kaufst, dann achte auf die Fair-Trade-Label STEP oder Rugmark oder das GUT-Siegel für Umweltschutz.

42 %

aller Deutschen tauschen alle zwei Jahre ihr **Mobiltelefon** aus. Allein bis 2017 sollen durch Handys geschätzte 122 Megatonnen CO_2 entstehen. 60 % sollen auf die Produktion entfallen.

2.631 TONNEN

Sperrmüll gibt es in Deutschland jährlich. Nur der kleinste Teil findet neue Besitzer oder wird recycelt. Wenn du **Möbel** recycelst, rettest du Bäume, sparst Energie und Rohstoffe. Wenn du doch neue Holzmöbel kaufst, vermeide Tropenholz und achte auf das SFC-, PEFC- oder Blauer-Engel-Siegel, sodass nicht illegal gerodet wird oder gesundheitsschädliche Stoffe zum Einsatz kommen.

3,3 MIO.

Tonnen **Elektroschrott** landen jährlich in den offiziellen Entsorgungsstellen. Das ist nur gut ein Drittel der insgesamt 9,5 Mio. Tonnen.

EINRICHTEN

EINFACH LEBEN

LIEBER REPARIEREN STATT KONSUMIEREN

Mitten im Hamburger Alternativ-Viertel St. Pauli, mit Blick auf den Hafen, steht ein umgebauter Container. Hier hat das sogenannte Fab Lab St. Pauli eine temporäre Versuchswerkstatt eingerichtet, in der sich jeder aus Elektronik-Bauteilen und Sperrholz ein Handy zusammenbauen kann – mit eigenem Design versteht sich. Als wir dort eintreffen, basteln zwei Männer. Ganz einfach scheint es nicht zu sein. Immer wieder prüfen die beiden, wo welche Kabel hinführen, um die Tastenfunktionen zu verstehen. Angefangene Handys liegen herum: Elektronikteile mit 90er-Jahre-Displays, Sperrholzhüllen, Kabel, Akkus, Platinen ... 12 Handys seien in der ersten Woche entstanden, sagt uns einer der beiden Männer stolz.

Wir sind hier, weil wir mit eigenen Augen sehen wollten, wie sich die sogenannte Maker-Bewegung unsere Zukunft vorstellt – eine Zukunft, in der wir künftig alle von Konsumenten zu Mikro-Produzenten unserer eigenen Konsumgüter werden. Demnach werden uns künftig keine Konzerne mehr vorsetzen, was wir konsumieren sollen. Ob Mixer, Zahnbürste oder Couchtisch, wir laden uns die Sachen einfach als Datei aus dem Internet herunter und drucken sie zu Hause in 3D aus oder gehen eben in eines der Fab Labs – eine Art Copy-Shop für dreidimensionale Dinge. Die Vision verspricht einerseits mehr Vielfalt, Innovation und Kreativität: Leute mit guten Ideen müssten dann nicht mehr warten, bis irgend-

NUTZUNG
10,45 KG CO_2

HERSTELLUNG
80,75 KG CO_2

IPHONE-FUSSABDRUCK

Der ökologische Fußabdruck zeigt, dass die Herstellung des iPhones viel mehr CO_2 verbraucht, als während der gesamten Nutzung anfällt. Daher ist es besonders ökologisch, es lange zu verwenden.

FAB LAB

Ein globales Netzwerk offener Werkstätten mit 3D-Druckern, Lasercuttern und vielem mehr für digitale und manuelle Bauprojekte.
fabfoundation.org

OFFENE WERKSTÄTTEN

In vielen Städten findest du hier das richtige Werkzeug, um zu basteln, zu bauen und zu reparieren.
offene-werkstaetten.org

INSTRUCTABLES

Community mit Anleitungen zum Reparieren, Bauen, Kochen, Nähen und noch vielem mehr.
instructables.com

MAKER-PLATTFORMEN

Über kommerzielle Dienstleister findest du 3D-Designs, die du bearbeiten und in Plastik, Keramik, Metall oder Holz produzieren lassen kannst.
ponoko.com
shapeways.com
thingiverse.com
i.materialise.com

ein Möbel- oder Elektronikkonzern diese aufgreift, sondern könnten direkt ökologischere und/oder auch fairere Dinge herstellen. Außerdem könnten versierte Endverbraucher die 3D-Daten selbst anpassen. Andererseits soll das Ganze den Traum einer lokalen, ökologischen und fairen Warenproduktion verwirklichen: Wir hier in Europa werden unseren neuen Fernseher dann genauso ausdrucken wie die Hausfrau in Bangladesch oder der Student in Tansania. Das spart Transportwege sowie CO_2 und verteilt Arbeitsplätze gerecht. So viel zur Theorie.

WOHIN MIT DEM GANZEN KRAM?

Praktisch stehen wir im Fab-Lab-Container, betrachten die unhandlichen Sperrholzhandys und versuchen uns auszumalen, was wohl passiert, wenn ein konsumwütiges Völkchen wie wir auch noch einen 3D-Drucker an die Hand bekommt. So sinnvoll die Idee für notleidende Menschen sein mag, so gruselig ist die Vorstellung, dass wir künftig täglich ein neues Handy, Brillenetui oder Radio ausdrucken und dabei Ressourcen und Energie verbrauchen. Angeblich besitzt schon jetzt jeder Bundesbürger im Durchschnitt 10.000 Dinge. Würde das Wirtschaftswachstum in diesem Tempo weitergehen, so würden unsere Kinder nochmals doppelt, unsere Enkel viermal und unsere Urenkel achtmal so viele Güter zur Verfügung haben, soll der Baseler Sozialwissenschaftler René Frey errechnet haben. Wir fragen uns, ob er dabei die 3D-Drucker auch schon mitbedacht hatte? Und wie werden unsere Wohnungen dann wohl aussehen?

Nur mal zum Vergleich: Vor etwa 200 Jahren besaßen die Menschen im Durchschnitt gerade mal 150 Dinge – Socken, Taschentücher und Zahnstocher mitgerechnet. Das ist sicher auch noch heute ganz normale Realität für die meisten Menschen auf dieser Erde. Und sie sind wahrscheinlich nicht unglücklicher als wir. Vielleicht sogar glücklicher. Denn längst ist klar, dass uns die vollgestopften Wohnungen und der Druck zu Statusgütern zunehmend belasten. Beispiel Zeit: Die brauchst du nicht nur, um das Geld zu verdienen, mit dem du all das Zeug bezahlst. Es braucht auch Zeit, bis du dir über die verschiedenen Angebote, Modelle, Materialien, Funktionen, Garantien und Ausführungen klar bist (wobei wohl ein ungutes Restgefühl bleibt, doch die falsche Wahl getroffen zu haben). Sind die Sachen endlich da, muss du sie säubern, pflegen und entsorgen. Rechne das mal auf dein Leben hoch. Da spielt es schon eine Rolle, ob du das 150-mal machst oder 10.000-mal.

Dazu kommt, dass all der Kram unsere Psyche langfristig belastet: Volle Räume geben dir ein Gefühl der Schwäche, das du auch auf andere Situationen überträgst. Vielleicht auch deshalb hat die Forschung eine klare Verbindung zwischen vollen Räumen und Übergewicht, Prokrastination (Aufschieberitis) und finanziellen Problemen festgestellt. Mit anderen Worten: All das bringt dir kein Glück, eher Unglück. Und nicht nur dir: Wie bei den Lebensmitteln und Klamotten auch, ächzen und stöhnen Flora, Fauna und Menschen unter der Last der Billigproduktion und den gigantischen Müllbergen einer sich selbst beschleunigenden Verkaufsmaschinerie mit Dumpingpreisen.

SCHLUSS MIT SCHROTT

WARUM ELEKTROGERÄTE LÄNGER LEBEN UND WENIGER REISEN SOLLTEN

Die UNO schätzt den jährlichen globalen Elektroschrott auf zirka 50 Millionen Tonnen. Das ist ein gewaltiges Problem. Vor allem, weil es in vielen Ländern keine geordnete Abfallentsorgung gibt, der Elektroschrott in der Umwelt landet und dort Grundwasser, Boden und Luft vergiftet. Bei uns ist das zwar verboten, genauso wie der Export unseres E-Mülls. Doch wo dieser tatsächlich landet, lässt sich nicht immer sagen – der Zoll kann gar nicht all die Containerschiffe prüfen, die aus unseren Häfen auslaufen. Und so haben Experimente, bei denen Umweltverbände GPS-Tracker an entsorgten Elektrogeräten versteckten, gezeigt, dass unser Müll auch in Ländern endet, die eben keine geordnete Abfallentsorgung haben. Der Grund: Elektrogeräte enthalten zwar auch wertvolle Edelmetalle und seltene Erden – Stoffe, die Unternehmen gerne recyclen. Doch in ihnen gibt es auch giftige Stoffe, deren sachgerechte Entsorgung recht teuer ist.

Das zeigt aber auch, dass das Recycling von Elektrogeräten nur zum Teil möglich ist – und auch das nur unter Energieaufwand. Der größte Energie- und Ressourcenverbauch entsteht jedoch bei der Herstellung der Geräte. Deshalb müssen wir vor allem die Nutzungsdauer von Elektrogeräten so weit wie möglich erhöhen. Das bedeutet zum einen, dass die Geräte selbst möglichst langlebig und haltbar konstruiert sind. Und auch, dass sie sich reparieren lassen und die Hersteller Ersatzteile zur Verfügung stellen. Außerdem sollte die Reparatur günstiger sein als der Kauf neuer Produkte. Das ist heute meist nicht der Fall. Damit das geschieht, braucht es vor allem neue politische Rahmenbedingungen. Zum Beispiel könnte man für das Reparaturhandwerk die Mehrwertsteuer senken, so wie das in Frankreich und Schweden der Fall ist. Eine Ressourcensteuer könnte die Umweltbelastung realistisch im Preis wiedergeben. Und die Produkthaftung müsste wesentlich länger sein als ein halbes Jahr. Doch auch Verbraucher und Verbraucherinnen können etwas tun. Einerseits müssen sie die oben genannten Veränderungen fordern. Andererseits sollten sie Geräte aus zweiter Hand kaufen und wann immer möglich reparieren.

MEIN MACHER

Elektrogerät reparieren lassen? Hier findest du vielleicht einen passenden Handwerker in deiner Nähe. **meinmacher.de**

MURKS? NEIN DANKE!

Neu gekauft und schon kaputt? Dann melde die Geräteschwachstelle bei dieser Initiative gegen geplante Obsoleszenz und finde mehr dazu heraus. **murks-nein-danke.de**

GOOD ELECTRONICS

Internationales Netzwerk, das die Herstellung und Entsorgung von Elektrogeräten fairer machen will. **goodelectronics.org**

ELECTRONICS WATCH

Globale Organisation, die für den Schutz von Menschenrechten und Umwelt in der IT-Branche kämpft. **electronicswatch.org**

FAIRE COMPUTER

Infos rund um die bislang leider noch sehr unfairen Produktions- und Entsorgungsbedingungen. **faire-computer.de**

Tobias Quast ist Referent für Abfall- und Ressourcenpolitik beim Bund für Umwelt und Naturschutz (BUND) Berlin. Dessen ReMap will Berlinerinnen und Berlinern den Weg zum Zero-Waste-Leben erleichtern. **remap-berlin.de**

Linn Quante ist bei der Stiftungsgemeinschaft anstiftung für das Netzwerk Reparatur-Initiativen zuständig, einer Online-Plattform mit Informationen und Unterstützung für alle, die eine Reparatur-Initiative starten oder unterstützen wollen.
anstiftung.de

RADIKAL MINIMAL

Natürlich hat die heißgelaufene Konsumgesellschaft aber auch schon längst entsprechende Gegenbewegungen hervorgerufen: zum Beispiel den Minimalismus. Weltweit entrümpeln die Verfechter dieses einfachen Lebensstils ihre Wohnungen radikal, um so den Blick für das Wesentliche im Leben freizubekommen. Dafür haben sie unterschiedliche Ideen und Strategien entwickelt (ein paar davon findest du auf den Aktionsseiten). Und die braucht es wohl auch, denn unser Hang zum Horten ist anscheinend ein menschlicher Instinkt: Viele Dinge zu besitzen, vermittelt dir eine Scheinsicherheit. Bestimmte Dinge zu haben, gibt dir eine imaginäre Bedeutung. Indem du etwa eine Multifunktionsküchenmaschine oder einen Fitness-Tracker *hast*, hast du irgendwie das Gefühl, auch ein super Koch oder eine sportliche(re) Person zu *sein*. Doch du bist deinen Instinkten nicht ausgeliefert. Du kannst dich diesen tiefliegenden Aspekten deiner Psyche stellen, loslassen und mit weniger freier und glücklicher werden.

Denn: Auf etwas zu verzichten, was du gar nicht brauchst, macht dich nicht ärmer, sondern freier. Der russische Philosoph und Schriftsteller Alexander Solschenizyn meinte sogar: „Es kann nur einen Fortschritt geben: die Summe des spirituellen Fortschritts aller Menschen. Selbstbeschränkung ist der grundlegende und weiseste Schritt eines Menschen, der die Freiheit erlangt hat. Außerdem ist sie auch der sicherste Weg, die Freiheit überhaupt zu erlangen." Das erscheint dir vielleicht ein wenig pathetisch. Aber was wäre die Alternative? Dass wir kollektiv den Kopf in den Sand stecken und bockig

DIE REPAIR-(R)EVOLUTION

WARUM ES SICH LOHNT, GEMEINSAM UND ÖFFENTLICH ZU REPARIEREN

Jedes Jahr gibt es in Deutschland etwa 125.000 Reparaturversuche. Geschätzte 60 bis 80 % sind erfolgreich. Mit anderen Worten: Die Repair-Bewegung boomt. Rund 500 Initiativen gibt es derzeit allein in Deutschland, Tendenz steigend. Und wer einmal eine Reparatur-Initiative besucht hat, der weiß, wie glücklich es macht, etwas selbst zu reparieren. Die Gesichter dort strahlen vor Freude und Stolz. Die einen, weil sie einen geliebten Gegenstand doch noch retten konnten. Die anderen, weil sie etwas gegen den Frust unternehmen konnten, dass etwas, was sie gerade erst gekauft hatten, nach kürzester Zeit nicht mehr funktionierte.

Eine Kultur des Selbstreparierens gab es schon immer, doch meist zu Hause. Seit etwa drei Jahrzehnten gibt es offene Werkstätten, die unter anderem eine Infrastruktur für Reparaturen bieten. 2002 gab es dann in Kempten die Reparaturtage, wohl das erste Event für gemeinschaftliches Reparieren in der Öffentlichkeit. Richtig Fahrt aufgenommen hat die Repair-Bewegung 2009, als die niederländische Umweltjournalistin Martine Postma in Amsterdam das erste Repair Café veranstaltete. Sie hat ihre Idee verschriftlicht und veröffentlicht. Seitdem haben sich weltweit über 1.000 Repair Cafés gegründet.

Damit ist Reparieren nichts mehr, was nur zuhause nebenbei geschieht. Es passiert in der Öffentlichkeit und zeigt auch, dass die Menschen gegen unsere Wegwerfkultur sind und sich einen schonenden Umgang mit unseren Ressourcen wünschen. Sie kommen zu den Reparatur-Initiativen, weil sie selbst das Reparturwissen nicht mehr haben. Das lernen sie dann dort wieder. Dadurch entsteht auch eine andere Verbindung zu den Dingen, die uns täglich umgeben. Wir lernen erneut, ihren wahren Wert zu erkennen.

„Ich will aber!" rufen – egal, welche Konsequenzen das hat? Wäre es nicht schöner, wir könnten unseren Kindern und Enkeln sagen, dass dank unserer Entscheidung die Temperatur der Erdatmosphäre unter zwei Grad geblieben ist, noch genug Ressourcen vorhanden und die Bienen nicht ausgestorben sind?

NEUER MATERIALISMUS

Entgegen dem, was du jetzt vielleicht erwartest, plädieren wir daher dafür, wieder materialistischer zu werden: Entscheide dich dazu, die Dinge um dich herum wieder bewusst wahrzunehmen und ihren wahren Wert zu achten. Denn was bringt es dir tatsächlich, wenn du etwas kaufst, was schnell veraltet oder kaputtgeht? Du hast nicht nur ein schlechtes Gewissen und stiehlst dir selbst die Zeit. Du nimmst dir auch die Gelegenheit, eine Verbindung zwischen dir und deiner Umwelt aufzubauen, die dein Leben mit Schönheit und Sinn anreichert. Es gibt deinem Alltag eine andere Qualität, ob du zum Beispiel gemütlich auf einem geerbten Sofa sitzt und in Ruhe dieses Buch hier liest – oder ob du durch das Labyrinth eines Wellblech-Möbelhauses hetzt, auf der Jagd nach dem nächsten belanglosen Billigsofa.

Dazu gehört auch, dass wir die Dinge wieder selbst in die Hand nehmen, und das liegt im Trend: Die Repair-Bewegung hat weltweit Zulauf. Die Menschen haben die Nase voll von der Wegwerfmentalität unserer Zeit. Sie erleben, dass sie das, was sie schon einmal repariert haben, viel mehr wertschätzen. Eine Gruppe niederländischer Künstler hat vor einigen Jahren sogar Ideen entwickelt, wie eine Reparatur Gegenstände wertvoller machen kann (etwa, indem sie zerbrochenes Geschirr mit Gold zusammengeklebt haben). Die Menschen wenden sich damit auch gegen die sogenannte „geplante Obsoleszenz" – also dagegen, dass Produkte immer schneller veralten und/oder kaputtgehen. Initiativen wie „Murks? Nein Danke!" verbünden sich mit der Repair-Bewegung. Sie sammeln Informationen, entwickeln Lösungen und fordern von den Herstellern, dass sie serienmäßige Schwachstellen ausmerzen und Produkte reparaturfreundlich gestalten.

Wir stehen im Container mit Blick auf den Hafen und erkennen, dass du das, was du mit Liebe und Hingabe selbst gemacht hast, am meisten schätzt. Es lässt sich eben nicht einfach ersetzen. Es ist kein billiges Wegwerfprodukt, denken wir uns. Probiere es doch einfach mal und schließe dich der Do-It-Yourself- und Open-Design-Bewegung an. Du findest haufenweise Bauanleitungen im Netz, wie du Paletten zu Stühlen oder Kommoden, hübsche Äste zu Garderobenständern oder Pappkartons zu Hockern umbauen kannst. Hier triffst du auf weltweite Netzwerke, in denen sich Menschen Fähigkeiten aneignen, sich austauschen, kennenlernen und gemeinsam kreativ werden: Der eine entwirft den Bauplan, der andere baut den Prototypen und gemeinsam entwickeln sie die Idee weiter. Alle zusammen kommen so auf viel kreativere Lösungen, für die wir im herkömmlichen Stil sicherlich viel, viel länger gebraucht hätten. Dieses Modell der Kooperation und kollektiven Intelligenz könnten wir sicherlich auch gebrauchen, wenn es um unseren Umgang mit Ressourcen wie Wasser und Energie in unserem Haushalt geht. Doch dazu mehr im nächsten Kapitel.

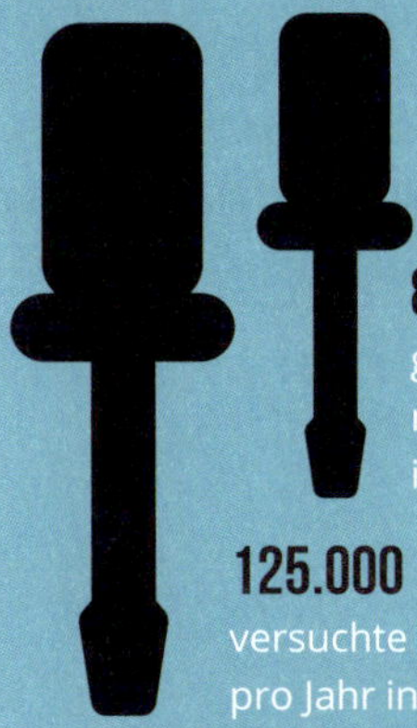

87.500
gelungene Reparaturen pro Jahr in Deutschland

125.000
versuchte Reparaturen pro Jahr in Deutschland

REPARIEREN

REPARATUR-INITIATIVEN

Netzwerk für Menschen, die das gemeinschaftliche Reparieren voranbringen wollen.
reparatur-initiativen.de

REPAIR CAFÉ

Hier findest du Termine zur Bewegung öffentlicher Reparaturtreffs.
repaircafe.org

I FIX IT

Plattform mit Reparaturanleitungen für Geräte und anderes.
de.ifixit.com

REPARATUR-PORTALE

Hier findest du Reparaturdienste in deiner Nähe für Elektrogeräte.
kaputt.de
meinmacher.de

KONSTRUIEREN

DIY-MÖBEL AUS PALETTEN

Wie sich dieses erstaunlich vielseitiges Basismaterial für den Möbelbau nutzen lässt:
diypalletfurniture.net
1001pallets.com

HARTZ-IV-MÖBEL

Projekt des Architekten Le Van Bo: Baupläne für günstige Möbel.
hartzivmoebel.de

AKTIONEN

KONSTRUIEREN STATT KONSUMIEREN

jetzttrettenwirdiewelt.de/einrichten

HAST DU GENUG?

1 STUNDE · MITTEL

Nicht alles, was du willst, brauchst du auch. Stell dir vor einem Kauf die folgenden Fragen – und kaufe es dann vielleicht ja auch mal nicht.

BRAUCHEN VS. WOLLEN?

Gefällt dir wirklich der Gegenstand oder eher die Vorstellung davon, was er aus dir macht?

KAUFEN, ÄNDERN ODER LEIHEN?

Hast du etwas Ähnliches? Warum reicht dir das nicht? Ersetzt es was, was kaputt oder unmodern ist? Könntest du es reparieren oder aufwerten? Könntest du es auch leihen?

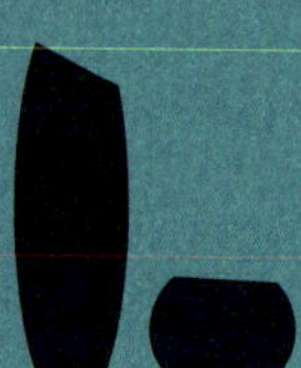

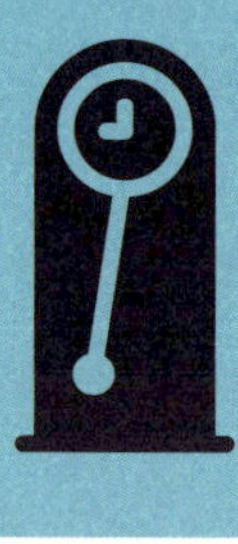

HABEN ODER SEIN?

Wie lange musst du arbeiten, um dir diese Sache kaufen zu können? Wie viel Zeit brauchst du, um sie zu pflegen und aufzubewahren? Was könntest du mit dieser Zeit sonst noch tun?

DIE WOHNRAUM-DIÄT

1–2 TAGE · MITTEL

Mach sie alle drei Monate, wenn sie dir guttut.

1. INVENTUR

Liste alles auf, was du hast – dann kannst du entscheiden, was du loswerden willst.

2. DIE 12-MONATSREGEL

Verschenke oder verkaufe alles, was du länger als zwölf Monate nicht benutzt hast.

3. GELASSENHEIT

Wenn dir etwas am Herzen liegt, behalte es. Sei ehrlich, aber nicht zu streng.

4. MEHRFACHNUTZEN

Bevorzuge Dinge, die du mehrfach nutzen kannst. Beispiel: Ein Hammer ist vielseitig, eine Knoblauchpresse nicht.

DEIN MINIMALISTEN-ZIMMER

Weniger ist mehr gilt auch fürs Ausmisten. Räume lieber nur eine Schublade oder Kommode auf, als nichts so richtig. Du kannst auch mit einem Minimalistenzimmer anfangen und sehen, wie dir das gefällt.

TIPP: SAMMELN ODER HORTEN?

Unterscheide Sammeln vom Horten: Eine Sammlung hat System. Gehortete Dinge brauchst du nicht wirklich, sie sind ohne System und setzen dich unter Druck.

MÖBEL ÖKO-CHECK

1 STUNDE GERING

Wie ökologisch ist ein Möbelstück? Entwickle selbst ein Gespür dafür, indem du ein Möbel anhand der folgenden Punkte bewertest.

DIE MATERIALIEN

Aus welchen Materialien ist das Möbelstück und wie umweltfreundlich sind diese? Was ist für Herstellung und Entsorgung an Ressourcen nötig?

DIE DISTANZ

Woher kommen Möbelstück, Verpackung und Materialien?

DIE FAIRNESS

Was erfährst du auf der Webseite des Herstellers oder vom Verkäufer über die Produktionsbedingungen?

DAS GEWICHT

Wie schwer ist das Möbelstück?

DIE LEBENSDAUER

Wie lange hält es, wann ist es kaputt oder unmodern?

DIE NUTZERFREUNDLICHKEIT

Wie bequem und handlich ist es? Wird es schnell dreckig, lässt es sich gut reinigen?

DIE KOMBINIERBARKEIT

Wie zeitlos und flexibel ist das Design?

DIE REPARATURFÄHIGKEIT

Kannst du die Einzelteile ersetzen oder reparieren?

DAS UPCYCLING

Könntest du Teile des Möbelstücks weiter verwenden?

SELBST KONSTRUIEREN

1 TAG MITTEL

REPARIEREN STATT KONSUMIEREN

Das nächste Mal, wenn bei dir ein Stuhl, eine Lampe, ein Bügeleisen oder ein Föhn kaputtgeht, dann geh doch mal zu einer Reparatur-Initiative. Infos und Termine findest du unter **reparatur-initiativen.de**

KONSTRUIEREN STATT KONSUMIEREN

Möbel selber machen macht Spaß, ist kreativ und günstig, bringt Freunde und Freude an den Dingen. Also mach doch das nächste Möbelstück einfach mal selber. Im Internet findest du viele Anleitungen. Oder du besuchst eine offene Werkstatt oder einen Volkshochschulkurs.

UPCYCELN STATT ENTSORGEN

Findest du Dinge und Materialien, die irgendwo überflüssig sind, für deine Do-It-Yourself-Bauten? Beliebt sind Paletten oder große Pappkartons, aus denen sich allerhand machen lässt.

KEIN STAND-BY

Schalt mal richtig ab und zwar deine Geräte. Vergiss das Stand-by nicht. Mit abschaltbaren Mehrfachsteckdosen geht das am einfachsten. Bei fünf Geräten mit je 10 Watt Stand-by-Leistung sparst du so pro Jahr 100 Euro und 220 Kilo CO_2.

RUNTERFAHREN

27 % deiner Energie gehen im Schnitt jedes Jahr für Fernseher, Musikgeräte und Computer drauf. Da kannst du zum Beispiel sparen, indem du die Helligkeit deiner Monitore etwas drosselst.

ENERGIEWENDE FÖRDERN

62 % aller Menschen in Deutschland wissen nicht, woher ihr Strom kommt – und du? Erkundige dich doch mal und wechsle zu einem Öko-Stromanbieter. Der gewinnt Energie aus nachhaltigen Quellen und nicht aus Atomkraft- oder Kohlekraftwerken.

WOHLFÜHLTEMPERATUREN

Wenn du die Temperatur in deiner Wohnung nur um 1 Grad senkst, brauchst du 5 bis 10 % weniger Heizenergie! Überlege dir also, wo du es warm brauchst und wo kühler auch okay ist, etwa im Schlafzimmer.

DUSCHEN STATT BADEN

Im Schnitt verbraucht jeder von uns 80 Liter Wasser pro Tag für Duschen, Baden, Toilette und Körperpflege. Mit einem Durchflussbegrenzer im Duschkopf oder am Wasserhahn kannst du deinen Verbrauch um bis zu zwei Drittel reduzieren. Wenn du duschst, statt zu baden, spart du jedes Mal bis zu 170 Liter.

AUSLÜFTEN

Anstatt die Fenster stundenlang zu kippen, solltest du sie lieber alle zwei bis drei Stunden einige Minuten weit öffnen. Dadurch sparst du bis zu 610 Kilo CO_2 und 180 Euro Heizkosten pro Jahr.

DER BACKSTEIN IM KLO

Der Klassiker des Wassersparens reduziert den Wasserverbrauch eines Klosetts. Noch besser ist ein Sparspülkasten mit Stopptaste, mit dem du deinen Wasserverbrauch für das Spülen von rund 35 auf 15 Liter pro Tag senken kannst.

GAR NICHT COOL

Rund 17 % des Stromverbrauchs deines Haushalts gehen für Kühlgeräte drauf. Wenn du deinen Kühlschrank von 5 auf 7 Grad stellst, verbraucht er 20 Kilo CO_2 weniger pro Jahr und die Lebensmittel halten trotzdem. Bei der Gefriertruhe reichen minus 18 Grad. Und pass auf, dass die Geräte nicht neben einer Wärmequelle stehen, wie einem Herd oder einer Spülmaschine.

BESSER AUFHEIZEN

Wenn du das Wasser für Nudeln oder Kartoffeln im Wasserkocher erhitzt, sparst du pro Liter Wasser am Tag jedes Jahr rund 40 Euro und 90 Kilo CO_2.

DECKEL ZU!

Koche immer nur mit Deckel, das braucht nur ein Drittel der Energie. Fünfmal pro Woche den Deckel draufgelegt und du sparst 100 Kilo CO_2 jährlich. Schau außerdem, dass der Topf immer zur Größe der Herdplatte passt.

ELEKTROGERÄTE

Wenn du Kühlschränke, Waschmaschinen und andere Elektrogeräte mit guten Effizienzklassen kaufst, kannst du bis zu 160 Kilo CO_2 und 74 Euro sparen.

HAUSHALT

SCHOCK IN DER ZENTRALE

ENERGIE, WASSER, MÜLL: ALLES KLAR ZUR WENDE!

Wir sehen einen Beitrag über Christian Kuhtz. Er ist der Herausgeber der Heftreihe „Einfälle-statt-Abfälle“, Maschinenbauer, Erfinder, Konstrukteur und irgendwie auch ein Philosoph des Selbermach-Gedankens: Ob es um Energiesparen oder Recycling geht, darum, wie man einen Haushalt effizient und zugleich umweltfreundlich gestalten kann. Selten haben wir jemanden gesehen, der sein Ding so konsequent durchzieht. Der Kieler, Jahrgang 1958, ist ein Vorbild, ein Vormacher, der uns zeigt, dass Haushalt besser geht. Dass wir so putzen, waschen, Strom und Wasser verbrauchen können, dass es uns, anderen und damit auch dem Planeten guttut.

Wir sind begeistert und erkennen zugleich, dass wir davon noch weit entfernt sind. Gut, Kuhtz hat einen Garten. Er hat ganz offensichtlich ein Händchen für die Werkelei und einen scharfen Blick für technische Lösungen. Ein talentierter Tüftler. Das ist nicht jeder. Doch das ist auch keine Voraussetzung. Denn er zeigt uns nicht nur, wie wir mit Energie und Wasser besser umgehen oder auf giftige Produkte verzichten können. Nein, er steht auch für eine Idee. Die Vorstellung, dass die Art, wie wir alle unser tägliches Lebens handhaben, weitreichende Konsequenzen hat. Folgen, die wir oft nicht mal erahnen. Wie aber organisieren wir ihn, den umweltfreundlichen Haushalt? Das wollen wir genauer wissen. Wo fangen wir an? Am besten bei der Analyse des Problems!

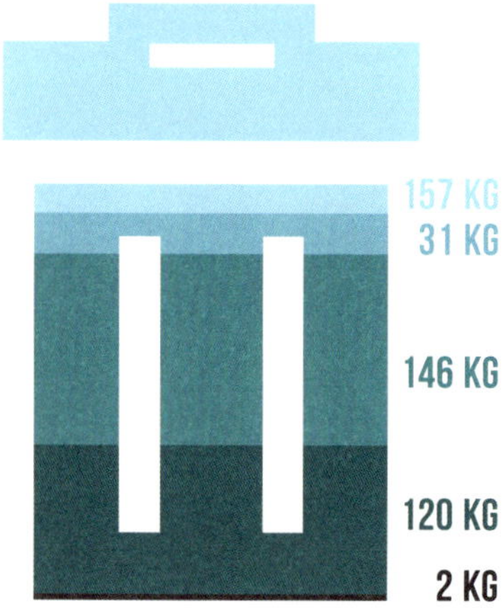

MÜLLMENGE

455 Kilo Müll erzeugt jeder Einwohner in Deutschland pro Jahr im Schnitt.

- Hausmüll
- Sperrmüll
- Getrennt erfasste Wertstoffe
- Getrennt erfasste Bioabfälle
- Sonstige Abfälle

PLASTIC PLANET

Offizielle Seite zur Dokumentation „Plastic Planet" von Werner Boote, Enkel eines Plastik-Pioniers. **plastic-planet.de**

PLASTIKFREI LEBEN

101 Tipps für ein Leben ohne Chemikalien aus Kunststoffen gibts hier: **ecoyou.de/plastikfrei-leben**

PLASTICONTROL

Seit 2007 kämpft der Verein Plasticontrol mit politischer Lobbyarbeit und Aufklärung gegen die globale Plastikflut. **mikroplastik.de**

WEICHMACHER.DE

Beantwortet Fragen zu Gesundheitsgefahren durch gefährliche Weichmacher in Kunststoffen. **weichmacher.de**

NATURLIEFERANT

Plastikfreier Online-Shop, mit nachhaltigen Alltagsprodukten und Geschenkideen. **naturlieferant.de**

ALS WÄREN WIR ALLEIN

Wir brauchen nur den Stecker in die Steckdose zu stecken, und schon haben wir Strom. Wir betätigen den Wasserhahn, und es beginnt zu sprudeln. Wir drehen die Heizung auf und es wird warm. Wir schmeißen unseren Müll in die Tonne und im nächsten Moment ist er aus dem Sinn. Alles scheint so einfach und unproblematisch. Doch wissen wir wirklich, was wir damit in Gang setzen? Wie hoch der Preis für unseren Komfort ist? Um unseren Haushalt zu verändern, müssen wir ihn erst mal hinterfragen. Beobachten, was geschieht. Und das ist gar nicht so einfach, denn es ist ein unübersichtliches Thema. 62 % der Deutschen wissen nicht genau, woher ihr Strom kommt. Weißt du es? Kannst du sagen, wie viel Wasser du verbrauchst? Was sich in all den Mitteln befindet, mit denen du putzt und wäschst? Wir konnten das nicht. Wir mussten erst mal tief ins Thema eintauchen und waren schockiert von den Recherchen: Denn wir alle führen unsere Haushalte, als wären wir allein auf der Welt. Alles soll perfekt und sauber sein, am besten klinisch rein, suggeriert uns die Werbung. Es soll uns an nichts fehlen, in unserem wohligen Heim. Dass wir dabei achtlos mit Ressourcen umgehen, die Umwelt, die Tiere und uns selbst vergiften oder Menschen am anderen Ende der Welt in Mitleidenschaft ziehen, ist natürlich kein Thema in den Werbeclips.

Nehmen wir das Beispiel Müll. Überall in der Natur treffen wir auf geschlossene Kreisläufe: Hier wandeln sich alle Stoffe und Energien um und finden ihre Wiederverwendung. Nichts verkommt. Ein perfekter Haushalt, bei dem der „Abfall" des einen die Nahrung des anderen ist. Nur der Mensch macht es anders. Er ist das einzige Lebewesen, das Müll erzeugt. Während in der Natur nichts ungenutzt bleibt und im großen Ganzen eine Aufgabe erfüllt, produzieren wir Dinge, die für uns schnell nutzlos sind. Oder sogar schlimmer: Unser Abfall ist hochgradig gefährlich, äußerst langlebig und wächst in einer Geschwindigkeit, die zu einer echten Gefahr für das Leben auf unserem Planeten geworden ist – und damit auch für uns selbst. Wir verschmutzen die Umwelt, Luft, Meere, unsere Nahrung und Körper. Und obwohl wir das alle wissen, machen wir weiter und halten ungehemmtes Wachstum für eine Lösung und nicht für das Problem.

Ein paar Zahlen: Laut Bertelsmann-Stiftung produziert jeder Deutsche pro Jahr etwa doppelt so viel Müll wie die Menschen in Japan. Und laut einer Schätzung der Weltbank werden wir bis zum Jahr 2025 weltweit 6.070.000 Tonnen Müll ansammeln – jeden Tag! Schon heute landen 6,4 Millionen Tonnen Plastik jedes Jahr in den Ozeanen. 18.000 Plastikteile kommen mittlerweile auf jeden Quadratkilometer Wasseroberfläche und der Müll kehrt wie ein Bumerang zurück. 90 % aller Menschen haben Plastik im Blut. Allein im Rhein wurden pro Quadratkilometer bis 3,9 Millionen Mikroplastikteilchen gemessen. Wir produzieren also riesige Mengen von Dingen, die wir nur ganz kurz benutzen, die dann aber zum Teil viele Hundert Jahre überdauern, giftig sind und irgendwie, obwohl illegal, in Entwicklungsländer gelangen, in denen Menschen von den gigantischen Halden unseres Zivilisationsmülls leben. Und alles das, weil wir unbedarft haushalten. Ein echtes Horrorszenario.

MÜLL IM EINMACHGLAS

OHNE MÜLL LEBT ES SICH EINFACH BESSER

Wenn du Müll sparst, siehst du das Resultat sofort. Dein erster Gedanke ist dann: „Hui, ich kann ja doch etwas tun!" Früher fühlten wir uns immer etwas ohnmächtig. Es passiert so viel Schlimmes in der Welt und wir hatten das Gefühl, wir könnten eh nichts machen. Aber jetzt haben wir das Gefühl, dass wir die Welt zumindest für uns selbst – und dadurch auch für unser Umfeld – ein kleines bisschen besser machen. Müll vermeiden heißt aber auch, bei vielen Dingen des Alltags zur Einfachheit zurückzufinden. Es tut gut, statt der vielen Plastikflaschen mit Duschgel, Shampoo, Conditioner, Body-Lotion und so weiter, nur eine Seife zu haben. Vieles wird überschaubarer und klarer. Und dadurch, dass du weniger hast, lernst du, die Sachen ganz anders zu schätzen – vor allem die kleinen Dinge.

Bei Freunden und Verwandten kommt unser neuer Lebensstil sehr gut an: Wir erzählen nur, was wir machen und wie die Zero-Waste-Idee im Alltag ohne Zeitverluste aussieht. Und sie erkennen, dass sie auch etwas tun können. Etwa, indem sie ihre Tasche und Gefäße zum Einkauf mitnehmen, mal einen Unverpackt-Laden besuchen, einen Thermosbecher statt einem Wegwerfbecher nutzen oder die Vesper-Dose zur Arbeit mitbringen. Das sind viele kleine Schritte, die sich aber zu einem großen Effekt addieren. Wir möchten aber auf keinen Fall, dass sich jemand in eine Ecke gedrängt fühlt. Denn jede Kleinigkeit, auch wenn es nur der Jutebeutel ist oder die Trinkflasche aus Glas, hilft weiter. Wenn jede oder jeder das tut, was für sie oder ihn gut ist, ist das schon ein großer Schritt. Die Freude und der Ehrgeiz weiterzumachen, kommen dann von allein.

WASTELANDREBEL

Blog mit konkreten und alltagstauglichen Tipps für ein Leben ohne Abfall. Eine interaktive Karte zeigt andere Zero-Waste-Blogger.
wastelandrebel.com/de

CRADLE TO CRADLE

„Von der Wiege zur Wiege", so lautet die Idee einer abfallfreien Wirtschaft, ohne gesundheits- und umweltschädliche Materialien.
c2c-ev.de

SEEKUH

Die „Seekuh" ist quasi die Müllabfuhr der Meere: Der Katamaran sammelt Plastik ein.
oneearth-oneocean.com

TAKE 3

Gute Idee: Wenn du das nächste Mal am Strand bist, dann nimm doch drei Teile Müll mit.
take3.org

FISHING FOR LITTER

Hier können Fischer den gefischten Plastikmüll kostenlos entsorgen.
fishingforlitter.org.uk

Vanessa Riechmann und Erdmuthe Kriener sind Musical-Schauspielerinnen und Gründerinnen des Zero-Waste-Projekts Alternulltiv.
alternulltiv.de

Dr. Dietlinde Quack ist Diplom-Biologin und leitet im Öko-Institut e.V. im Bereich Produkte und Stoffströme die Gruppe Verbraucher und Gesellschaft. Dazu koordiniert sie die Kampagne Ecotopten, die Plattform für ökologische Spitzenprodukte.
oeko.de

WASSER, STROM UND GIFT

127 Liter Wasser verbrauchen wir im Schnitt jeden Tag, 40 bis 60 Liter davon könnten wir einsparen, würden wir genauer auf die Ursachen achten. Zwar sind die Zahlen rückläufig, doch das nur auf den ersten Blick. Denn zu dem, was wir im Haushalt verbrauchen, kommen noch die Liter, die für Produktion, Transport und Lagerung von Lebensmitteln, Kleidung, Auto, Elektrogeräten und allem anderen indirekt anfallen. Der Geologe John Anthony Allan hat hierfür den Begriff des virtuellen Wassers geprägt. So benötigt ein Auto zum Beispiel in Wahrheit 400.000 Liter und eine Tasse Kaffee immerhin 140 Liter Wasser. Alles in allem verbraucht ein Deutscher so rund 3.900 Liter täglich laut Umweltbundesamt. Damit beträgt unser Wasserfußabdruck knapp mehr als das Dreißigfache des direkten Verbrauchs. Anders gesagt: Mit jedem Produkt, das du nicht kaufst, kannst du unglaublich viel mehr Wasser sparen, als es offensichtlich ist. Theoretisch, denn alle diese Produkte werden eine Zeit lang weiter hergestellt, ob wir sie kaufen oder nicht.

Auch beim Strom sind wir nicht gerade zimperlich. 651 Mrd. Kilowattstunden betrug der Energieverbrauch der privaten Haushalte für Wohnen – bereinigt von Temperaturschwankungen – im Jahr 2017. Immerhin 1,5 % weniger als im Jahr 1990 mit 662 Mrd. Kilowattstunden. Das ist gut, doch bei Weitem nicht gut genug, bedenkt man, wie viel sich hier einsparen ließe. Und irgendwie wird man das Gefühl nicht los, dass alles zusammengehört. Zwar stehen industrieller und gewerblicher Verbrauch weit vorn, trägt der

LIEBER KLEINER DENKEN

DIE DREI ENERGIESPARER

Die Stromverbrauchswerte der Haushalte sind leicht zurückgegangen. Energieeffizienz ist mittlerweile ein wichtiges Kaufkriterium bei Geräten der Weißen Ware, also Kühlschränken oder Waschmaschinen. Das EU-Energielabel ist dabei ein gutes Instrument, das Transparenz gewährt. Doch der Verbrauch im Bereich der Medien steigt – also bei Druckern, Fernsehern oder Computern. Auch durch Geräte, die im Network-Stand-by eigentlich immer in Betrieb sind.

Grundsätzlich gibt es drei Möglichkeiten, um Energie zu sparen. Die erste ist niedriginvestiv: Ich zahle einmalig ein bisschen Geld, muss dann aber nicht mehr weiter daran denken und spare die ganze Zeit über. Zum Beispiel durch den Tausch von Glüh- oder Halogenlampen durch LED-Lampen, die Installation einer Zeitschaltuhr am Warmwasserboiler oder der Heizungspumpe, durch automatische Steckerleisten oder Wassersparamaturen. Die Investition ist nicht hoch. Ich habe aber erst mal meine Ruhe und spare dennoch die ganze Zeit über.

Als Zweites kommt die Verhaltensänderung. Das ist schon ein bisschen schwieriger. Denn ich muss regelmäßig daran denken. Zum Beispiel die Raumtemperatur nicht zu hoch zu halten, niedere Waschtemperaturen, volle Beladungen, das Ausschalten von Geräten zu beachten. Je effizienter die Geräte werden, umso wichtiger ist dann teilweise das Verhalten.

Und als Drittes habe ich die Möglichkeit zu investieren: Dass ich, wenn ein Geräte kaputt ist, ein neues, natürlich energieeffizienteres Gerät kaufe. Dass ich die Wohnung dämme oder eine effiziente neue Heizungsanlage einbaue. Das ist dann eine mehr oder weniger große Investition. Generell gilt es bei jeder Anschaffung zu überlegen: Was brauche ich denn genau? Wie sind meine Bedürfnisse? Lieber kleiner denken als zu groß!

private Haushalt nur zu gut einem Viertel zum Gesamtbedarf bei, doch lässt sich das wirklich trennen? Wie beim Wasser und beim Müll geht es ja immerhin um Produkte, die für uns Konsumenten hergestellt werden. Für uns. Der Strom, der durch unsere Häuser fließt, der unsere Städte in der Nacht erhellt und den technologischen Fortschritt am Laufen hält, ist Ausdruck unseres Zivilisationshungers. Und der hat nun mal seinen Preis.

Eine weitere Gefahr für uns und unsere Umwelt sind die zahlreichen Gifte, die wir in unser Haus lassen. In Baustoffen, Putz- und Reinigungsmitteln, in Möbeln, Spielzeugen, Bodenbelägen, Filzstiften, Parfüms, Lacken, Wandfarben, Duftlampen, Klebern, Spiritus, Benzin, Heizöl. Die Liste scheint endlos – und die Folgen auch: Migräne, Müdigkeit, Abgeschlagenheit, Allergien, Reizungen der Schleimhäute, Atemstörungen oder Konzentrationsschwäche. Es lässt sich zwar nicht immer sagen, was genau die Beschwerden hervorruft, doch eins ist klar: Unser Haushalt ist die Schaltzentrale unserer Lebens- und Konsumgewohnheiten. Hier entscheidet sich, welches Leben wir führen. Ein verschwenderisches oder angemessenes, ein giftiges oder gesundes. Und auch wenn wir es nicht komplett vermeiden können: Wir können reduzieren, denn wir haben die Wahl.

ALSO, WAS IST ZU TUN?

Nach einigen Tagen Recherche waren wir ganz erschlagen: Wir hatten das Gefühl, dass es überhaupt nicht reicht, etwas Energie hier und ein bisschen Wasser dort einzusparen. Was bringt es tatsächlich, wenn wir umweltfreundliche Reinigungsmittel kaufen, die in Plastikflaschen stecken, die Jahrhunderte brauchen, bis sie abgebaut sind? Nützt es was, wenn wir beim Duschen Wasser sparen – dafür aber Baumwollkleidung wie Wegwerfprodukte behandeln, deren Herstellung unglaublich viel mehr Wasser verbraucht hat? Doch wir wollten etwas tun – nein, wir mussten etwas tun und auch unseren Haushalt umweltfreundlich gestalten. Und den können wir nur bekommen, wenn wir über Mengen nachdenken. Mahatma Gandhi hat einmal gesagt, dass die Welt genug hat für jedermanns Bedürfnisse, aber nicht für jedermanns Gier. Doch die Gier, vielmehr der gigantomanische Verbrauch von Ressourcen, ist im gesamten System bereits angelegt. Mehr noch, das Prinzip des Wirtschaftswachstums fordert immer mehr Rohstoffe von unserem Planeten. Es nimmt uns aber auch als Konsumenten in die Pflicht, nimmermüde zu verbrauchen – bis in unsere Wohnungen und Häuser hinein. Doch scheint das besagte Maß weit überschritten. Wie schon im vorigen Kapitel wird uns klar: Wir müssen uns so gut es geht unabhängig machen. Gerade in den eigenen vier Wänden. Und genau das führt uns wieder zu Christian Kuhtz zurück, dem Selbstversorger. „Ich durchdenke alle Bereiche des Lebens und frage mich dann: Wie kann ich mich selbst versorgen und wie kann ich das in Harmonie mit der Natur tun?", erklärt der in besagtem TV-Beitrag. Auch wenn wir das nicht komplett schaffen, jeder Schritt dorthin ist ein guter Schritt. Für die Umwelt, für unsere Mitmenschen und uns.

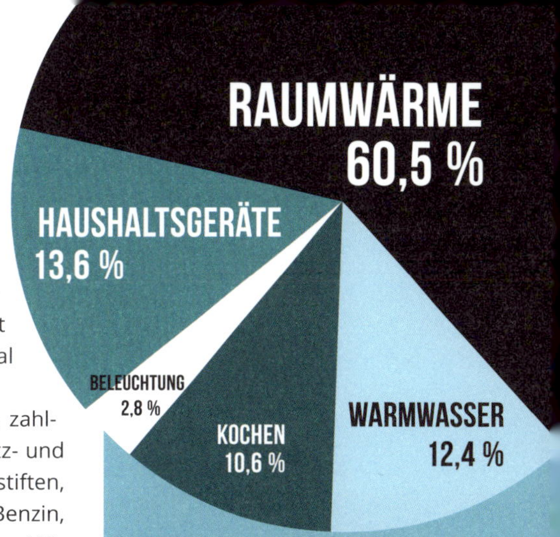

ENERGIEVERBRAUCH

So hoch sind die direkten und indirekten CO_2-Emissionen durch unseren Energieverbrauch prozentual gesehen.

ENERGIE SPAREN

CO_2ONLINE
Tipps zum Thema Energiesparen. Mit Strom- und Heiz-Check.
co2online.de/energie-sparen

ENERGIESPAR-HAUSHALT
Informationen zu energiesparenden Elektrogeräten und nützliche Umwelt- und Haushaltstipps.
energiesparhaushalt.de

GRÜNER STROM LABEL E.V.
Vergibt zwei Gütesiegel: Das Label Grüner Strom für Ökostrom und das Label Grünes Gas.
gruenerstromlabel.de

ECOTOPTEN
Der Öko-Institut e.V. gibt Empfehlungen für besonders energieeffiziente und umweltverträgliche Produkte. **ecotopten.de**

EU-ENERGIELABEL
Ordnet Produkte in Effizienzklassen ein und informiert über die wichtigsten Eigenschaften.
newenergylabel.com

WASSERVERWENDUNG

in deutschen Haushalten in Prozent. Im Durchschnitt fließen 127 Liter pro Einwohner und Tag.

WASCHEN UND PUTZEN

FORUM WASCHEN

Tipps zum nachhaltigen Waschen, Spülen und Reinigen. Mit Wasch-, Spül- und Ressourcenrechner. **forum-waschen.de**

EINFÄLLE STATT ABFÄLLE

Die geniale Heftreihe von Christian Kuhtz für Selbstversorger. Mit Bauanleitungen. **einfaellestattabfaelle.wordpress.com**

SMARTICULAR

Hier gibt es unter anderem jede Menge Anleitungen, um Reinigungsmittel selbst zu machen. **smarticular.net**

NESTBAU

Europaweites Projekt zur Förderung der Kindergesundheit während der Schwangerschaft und von Geburt an. **nestbau.info**

UNI SAPON

Null-Müll-Konzept mit umweltfreundlichen Reinigungsmitteln zum Selbstdosieren. **uni-sapon.com**

DAS ZAUBERWORT IST REDUZIEREN

Das haben wir uns zu Herzen genommen, sind durch die Wohnung gegangen, haben uns alles genau angesehen und gefragt: Wie reduzieren wir das Plastik? Wie können wir umweltfreundlich reinigen, waschen und putzen? Wie verbrauchen wir weniger Strom und Wasser – direkt und virtuell? Wie vermeiden wir Müll? In unseren Interviews erfuhren wir, dass wir schon mit kleinen Maßnahmen sehr viel Müll, Wasser und Energie einsparen können.

Zum Beispiel lassen sich Reinigungsmittel ganz einfach selbst zusammenmixen und so nicht nur ziemlich viel Plastikmüll und Chemie, sondern auch noch Geld sparen und die Gesundheit schützen. Und so schauten wir uns in unserem Zuhause um und machten eine Liste mit den Dingen, die wir ändern wollten: oben diejenigen, die etwas einfacher zu realisieren waren, und darunter dann die, die uns etwas schwieriger erschienen. Und je mehr Bereiche wir durchdachten, desto mehr wuchs auch unser sportlicher Ehrgeiz. Es bringt richtig Spaß, etwas zu entdecken, was sich noch optimieren lässt, und zu sehen, wie es sich unmittelbar auswirkt: Weniger zu verbrauchen, heißt auch weniger Geld auszugeben. Und damit sind wir nicht allein. Mittlerweile gibt es weltweite Gemeinschaften von Menschen, die zum Beispiel ihren Müll auf null reduzieren wollen – Zero Waste nennt sich das. Und es gibt auch immer mehr Menschen, die einen Haushalt ganz ohne Plastik anstreben.

Vieles von dem, was wir für uns entdeckt haben, findest du in den Grafiken, den Interviewkästen und in Form von Aktionen am Ende des Kapitels. Wenn du das alles tust, hast du schon viel bewirkt. Geh dabei am besten in kleinen Schritten vor, anstatt gleich alles umschmeißen zu wollen. Denn auch wenn es wirklich erschreckend ist, wie sehr wir Menschen die Umwelt ausbeuten und vergiften – denk daran, dass deine Umstellung zu einem nachhaltigen Lebensstil eben ein Prozess ist. Und es ist in jedem Fall gut, dass du dich auf den Weg machst. Unser Tipp, um nicht zu verzagen und sich nicht kirre machen zu lassen: das Ideal fest im Herzen, den nächsten Schritt im Blick. Du wirst sehen, so kommst du voran.

DER GROSSE WURF

Es wäre naiv zu glauben, dass es ausreicht, seinen eigenen Haushalt umweltfreundlich zu gestalten. Nicht, wenn überall in der Welt das Müllaufkommen, der Energie- und Wasserbedarf wachsen. Wenn das Maß der Schädigung bereits so groß ist, dass das Ökosystem des Planeten an seine Grenzen gerät. Doch es ist ein wichtiger Schritt, um, getreu dem Laotse-Spruch, unser Zuhause zu verändern. Je mehr Menschen damit beginnen, gerade in den reichen Industrienationen und wirtschaftlich aufstrebenden Regionen dieser Welt, desto besser. Es wäre fatal, nichts zu tun, nur weil man meint, dass anderswo sowieso niemand darauf achtet. Und so sind wir jedes Mal froh, wenn wir von Menschen erfahren, die einen größeren Blick auf die Probleme haben und an Lösungen arbeiten. So wie die beiden Australier Andrew Turton und Pete Ceglinski, die sich vorgenommen haben, die

Meere vom Plastikmüll zu befreien. Beim Seabin-Projekt werden kleine Müllcontainer küstennah, also in Häfen und Buchten, direkt an der Wasseroberfläche platziert. Während der Abfall in den Netzen der Vorrichtung hängen bleibt, wird das Wasser wieder zurückgepumpt. Und das sieben Tage in der Woche, 24 Stunden jeden Tag. Das Projekt ist finanziert und wir sind gespannt, was daraus wird.

Oder der junge Holländer Boyan Slat, der es mit einem Ozean-Filter probieren will. Sein Projekt „The Ocean Cleanup" hat viel Kritik geerntet, doch Slat lässt nicht locker. Denn es ist der Grundgedanke, der zählt. Und so gibt es noch reichlich Beispiele von Initiativen, die sich dafür einsetzen, die Schäden, die unser Handeln mit sich bringt, zu begrenzen oder bestmöglich sogar wieder gutzumachen. Eine Sisyphusaufgabe und viele Beobachter winken entmutigt ab. Doch zum Glück gibt es sie, die Visionäre, die sich nicht mit dem Zustand abfinden wollen. Die nicht nur an eine andere Welt glauben, sondern konkret daran arbeiten. Wo wären wir ohne sie?

Oft heißt es in Gesprächen, dass wir die Entwicklung nicht zurückkurbeln können und jeder, der etwas anderes glaubt, nur romantisch veranlagt ist und seinen Zeigefinger unrechtmäßig erhebt. Doch wenn wir uns anschauen, wie viel wir alleine nur dadurch bewirken können, dass jeder von uns zu Hause mit kleinen Schritten anfängt, dann gibt uns das Hoffnung. Lass dich von Unkenrufen nicht einschüchtern. Jede Änderung hat positive Konsequenzen. Und wenn du merkst, wie gut das tut, gehst du bestimmt noch einen Schritt weiter. Denn im nächsten Kapitel erfährst du, dass es auch beim Wohnen so viele bessere, schönere und umweltfreundlichere Alternativen gibt.

Indra Enterlein ist Referentin für Umweltpolitik in der Bundesgeschäftsstelle vom NABU – Naturschutzbund Deutschland e.V.
nabu.de

VIERMAL PUTZKRAFT

WAS NUTZEN WIR, WAS BRAUCHEN WIR UND WIE MACHE ICH ES RICHTIG?

Die privaten Haushalte in Deutschland kaufen jährlich 1,3 Millionen Tonnen Wasch- und Reinigungsmittel. Ohne das darin enthaltene Wasser – etwa in Flüssigwaschmitteln – liegt der Eintrag an Chemikalien bei immerhin 630.000 Tonnen.

Wer sich und seine Gesundheit, seine Umgebung und die Umwelt also nicht mehr so stark belasten will, kann zu ganz einfachen Tricks greifen: Dabei ist „je weniger, desto besser" nicht immer richtig. Sondern es kommt auf die passenden Dosierungen an. Das Schwierige daran ist vor allem, dass man dazu mehr Wissen braucht, um die gewünschte Reinigungswirkung zu erzielen. Man kann aber auch die Menge an Putzmittel und damit an Chemie reduzieren, wenn man die Einwirkzeiten erhöht.

Außerdem gibt es eine ganze Reihe von Produkten, die ich in meinem Haushalt so nicht verwenden würde. Dazu gehören viele Produkte mit Duftstoffen – wie Klosteine, Duftsprays und alle diese Dinge. Auch chlorhaltige Reinigungsmittel würde ich aus meinem Haushalt verbannen sowie aggressive Abflussreiniger, Mittel zum Badreinigen oder gegen Pilzbefall. Diese Putzmittel reizen die Atemwege, die Haut und die Augen und können Allergien auslösen.

Eigentlich bräuchten wir nur vier Reinigungsmittel, um damit tatsächlich alle Aufgaben im Haushalt zu lösen: einen ganz normalen Allzweckreiniger, ein Handspülmittel, eine Scheuermilch und etwas, um Kalk zu entfernen – beispielsweise Essig oder Zitronensäure. Dazu kommt dann natürlich noch das Waschpulver für die Waschmaschine. Doch ein Blick in den Reinigungsschrank der meisten Haushalte zeigt, dass dort viel mehr herumsteht. Hier können wir noch sehr viel erreichen. Man muss sich bewusst machen, was man tut, wenn man in seinen Räumlichkeiten diese Mittel verwendet.

AKTIONEN

WERDE VOM PUTZTEUFEL ZUM ERDENGEL

jetzttrettenwirdiewelt.de/haushalt

WEG MIT PLASTIK

1 MONAT SCHWER

WENIGER PLASTIK KAUFEN

Viele Plastikprodukte sind gesundheitsschädigend, kurzlebig und schlecht für die Umwelt. In der ersten Woche geht es darum, weniger Plastik einzukaufen: Verpackungen, Spielzeug, Kosmetikartikel, Milchtüten, Einkaufstüten … je genauer du hinschaust, desto mehr entdeckst du. Versuche, so viele Alternativen zu finden wie möglich.

PLASTIK AUSSORTIEREN

Nimm dir die nächsten drei Wochen ein Zimmer nach dem anderen vor und sortiere möglichst viel Plastik aus und ersetze es durch plastikfreie Dinge. Doch: Wenn du nun alles einfach wegschmeißt, erhöhst du nur die Müllberge. Überlege lieber, was du umfunktionieren kannst. Was du nicht brauchst, kannst du verkaufen, verschenken oder tauschen.

SAUBERE SACHE

1 WOCHE LEICHT

Im Schnitt verbraucht jeder bis zu acht Kilogramm Waschmittel pro Jahr. Da geht auch weniger.

1. WÄSCHE ZUSAMMENSTELLEN

Sortiere nach Weiß-, Bunt- und Feinwäsche. Achte auf Pflegehinweise. Überprüfe, ob du die Kleidungsstücke tatsächlich schon waschen musst oder ob auslüften auch reichen würde.

2. WASCHMASCHINE BEFÜLLEN

Mach bei Weiß- und Buntwäsche die Maschine immer voll, um Wasser und Strom zu sparen. Oben sollte noch eine flache Hand hineinpassen.

3. WASCHPULVER RICHTIG DOSIEREN

Dosiere nach Wäscheart und Verschmutzungsgrad. Wähle die Angaben für leicht bis normal verschmutzte Wäsche. Frage beim Wasserversorger nach dem Härtegrad deines Wassers. Je weicher dein Wasser, desto weniger Waschmittel.

4. DIE RICHTIGE TEMPERATUR

30 bis 40 Grad reichen für normale Wäsche. Lege aber immer mal eine 60-Grad-Wäsche ein, um deine Waschmaschine sauber zu halten.

TIPP: LEICHTER TROCKNEN

Gut geschleuderte Wäsche trocknet schneller in beheizten, gut gelüfteten Räumen. Verzichte auf einen Wäschetrockner. Hänge die Wäsche glatt auf, um dir das Bügeln zu sparen.

PUTZMITTEL MIXEN

2 TAGE · MITTEL

Der große Hausputz steht an und du hast keine Lust mehr auf die ganze Chemie? So stellst du in zwei Tagen deine eigenen Putzmittel selbst her.

ALLZWECKREINIGER

Mische 8 dl Wasser, 1 EL Soda, 1 TL Zitronensäure, 2 EL feste oder 4 EL flüssige Schmierseife. Löse das Soda in kochendem Wasser auf. Nach 5 Minuten Zitronensäure dazugeben und umrühren. Dann Schmierseife einrühren. Alles in Sprühflaschen füllen und beschriften.

SCHEUERPULVER

Verrühre 1 Teil Bimssteinpulver und 1 Teil Kreidemehl und fülle dies in eine Streudose. Befeuchte den Schmutzfleck mit einem nassen Lappen und trage anschließend das Scheuerpulver auf.

GESCHIRRSPÜLMITTEL

Rühre 3 EL geriebene Kernseife in 1 Liter kochendes Wasser. Lass dies 2 Tage stehen und rühre mehrmals um. Gib dann pro Liter eine halbe Tasse Essig dazu. Fertig!

GLASREINIGER

Mische 7,5 dl Wasser mit 2,5 dl Brennspiritus und fülle alles in eine beschriftete Sprühflasche.

ENERGIE-SPAR-CHECK

1 TAG · MITTEL

Das Öko-Institut e.V. empfiehlt drei Stufen, um zu Hause Energie zu sparen. Entscheide selbst, wie viel du investieren und einsparen willst.

LEICHT UND GÜNSTIG

Kaufe Energiesparer: LED- statt Glüh- oder Halogenlampen, Zeitschaltuhren, Steckerleisten mit Schalter, Wassersparmaturen, Warmwasserboiler oder eine Heizungspumpe.

GÜNSTIG UND SCHWER

Ändere dein Verhalten: Drehe die Heizung runter, schalte Geräte aus (kein Stand-by-Modus), nutze Tageslicht und lösche das Licht, wenn du gehst.

LANGFRISTIG GEDACHT

Investiere langfristig: etwa in energiesparende Elektrogeräte, gedämmte Wohnräume oder eine effiziente Heizungsanlage.

TIPP: AUS MIT WLAN

Lässt du deinen WLAN-Router den ganzen Tag über an und verbrauchst auch nachts Energie? Dann schalte das Gerät doch einfach aus. Das geht auch mit Zeitschaltuhr. Einige Studien besagen zudem, dass das Signal ungesund ist.

GROSS ODER KLEIN?

46,7 M²

bewohnen wir im Schnitt pro Kopf. 1990 waren es noch durchschnittlich 39 m². Vor allem die Zunahme an Ein- und Zwei-Personen-Haushalten sorgt für den Anstieg.

\+

Je kleiner deine Wohnfläche, desto umweltfreundlicher. Außerdem sparst du Geld, bist schneller mit dem Putzen und Aufräumen fertig und hast mehr Zeit für andere Dinge.

EINER ODER VIELE?

42 %

aller deutschen Haushalte sind Einpersonenhaushalte und damit die häufigste Haushaltsgröße. Solche mit fünf und mehr Menschen machen nur 3 % aus, seit 1991 eine Steigerung von 45 %.

\+

In Gemeinschaft zu leben ist ökologischer und geselliger. Du kannst dir Dinge mit anderen teilen und so eine Menge Ressourcen und Geld sparen. Außerdem findest du Hilfe, Unterstützung und Gleichgesinnte, mit denen du dein Leben aktiver und schöner gestalten kannst.

STADT ODER LAND?

6,7 MRD.

Menschen leben 2050 in Städten (68%) und machen damit den weltweiten Trend zur Verstädterung aus. 2008 lebten erstmals mehr Menschen in der Stadt als auf dem Land.

\+

Stadt und Land haben beide ihre Vorteile: In der Stadt findest du viel Kultur, brauchst kein Auto und hast es möglicherweise einfacher, eine Arbeit zu finden.

Auf dem Land lebst du ruhiger, mit weniger medialer Überflutung und dafür mehr Natur. Und es ist das ideale Terrain für Selbstversorger.

EARTHSHIPS

CO-HOUSING

JURTE

HAUSBOOT

MEHRGENERATIONEN-WOHNEN

STROHBALLENHAUS

BAUWAGEN

TINY HOUSES

BEGINEN

AUTOFREI WOHNEN

INKLUSIVE WOHNPROJEKTE

ÖKO-DORF

MIETEN ODER TEILEN?

36 %

aller Konsumausgaben geben wir im Schnitt für Wohnen, Energie und Instandhaltung aus. Die Mietpreise schwanken stark je nach Region. In Städten steigen sie am meisten.

+

Alternativen zur Miete oder zum Wohnraumeigentum schaffen nicht nur geldfreie Räume, sondern auch soziale Gemeinschaften und zielen auf eine gerechtere Verteilung von Wohlstand in unserer Gesellschaft.

ZWISCHENNUTZUNG

MIETSHÄUSERSYNDIKAT

SENIOREN-WG

MUTTER-KIND-WG

WOHNEN FÜR HILFE

ALTERNATIV ZUHAUSE SEIN

DER WUNSCH VOM ANDEREN LEBEN

Wir beide haben uns vorgenommen, unser Zuhause zu verändern. Doch je tiefer wir in das Thema vordringen, desto deutlicher wird, dass es nicht genügt, sich bewusst einzurichten und den Haushalt umweltfreundlich zu organisieren. Es gibt noch einen dritten Aspekt, der genauso wichtig ist und noch fehlt: das Wohnen. Macht uns die Art, wie wir unser Wohnen organisieren, eigentlich glücklich? Wenn nein, warum nicht? Und wenn ja, welche Konsequenzen hat das für andere Bereiche? Wie wirkt es sich zum Beispiel auf unser Miteinander aus und auf die Umwelt?

Wir beginnen am Anfang: Jeder Mensch auf dieser Welt braucht ein Heim. Einen Rückzugsort, wo er Schutz findet, Kraft tankt und so sein darf, wie er ist. Laut allgemeiner Erklärung der Menschenrechte von 1948 steht jedem Menschen eine Wohnung zu. So ist dort das Recht auf einen angemessenen Lebensstandard festgeschrieben und auch in dem von Deutschland ratifizierten UN-Sozialpakt ist dieses Recht seit 1976 verbrieft. Wohnraum soll verfügbar sein und geschützt, der Zugang offen, diskriminierungsfrei und bezahlbar, die Wohnqualität und Wohnlage menschenwürdig. Doch Papier ist bekanntlich geduldig. In der Realität sieht es anders aus: Wohnen ist alles andere als selbstverständlich. Es gibt zwar keine offiziellen Zahlen, die belegen, wie viele Menschen keine Wohnung haben oder obdachlos sind. Doch laut einer Schätzung der

Dipl.-Ing. Dirk Scharmer ist Architekt und beschäftigt sich mit alternativen Bauweisen. Es hat sich auf das Bauen von Strohballenhäusern spezialisiert. **deltagruen.de**

Bundesarbeitsgemeinschaft der Wohnungslosen waren im Jahr 2018 etwa 678.000 Menschen ohne einen festen Wohnsitz, bei einem Anstieg seit 2017 um rund 4,2%. 166.000 Alleinstehende, 19.000 Kinder und minderjährige Jugendliche sowie 59.000 Frauen. Rund 41.000 Menschen leben im Laufe des Jahres auf der Straße. Dazu kommen diejenigen, deren Verbleib unsicher ist, die also in Wohnungen sitzen, die sie finanziell kaum noch halten können. Und das im reichen Deutschland. In vielen Ländern Europas und der Welt sieht es noch schlimmer aus. Auch hier gibt es keine verlässlichen Zahlen. Doch eine Schätzung des Kinderhilfswerks terre des hommes geht davon aus, dass die Straße weltweit für rund 100 Millionen Kinder der Lebensmittelpunkt ist. Ist die Vorstellung nicht schrecklich? Warum ist das so?

EINZELKÄMPFER IM HAMSTERRAD

Seit Jahren schon wandeln sich die Großstädte der Welt. Eine Entwicklung, die sich meist ganz schleichend vollzieht, aber Folgen hat. Wenn du schon etwas älter bist, wirst du dich vielleicht noch an das Stadtbild vor einigen Jahrzehnten erinnern und daran, wie sich nach und nach jeder Stadtteil umgekrempelt hat. Eigentümer wechselten, es gab Sanierungsmaßnahmen und Mieterhöhungen. Haus für Haus, Straße für Straße. Ungenutzte Flächen wurden bebaut und rentabel gemacht. Wo sich früher Nachbarschaften heterogen und bunt zusammensetzten, fand ein massiver Zuzug wohlhabender Mieter statt. Die Immobilienpreise und Mieten stiegen und ganze Bevölkerungs-

NATÜRLICH BAUEN!

STROH IST NUR EIN SYMBOL

Die Strohbauweise ist für mich ein Beispiel dafür, wie wir die Welt retten, was wir neu und anders machen können. Wie wir mit der Natur zusammenarbeiten und trotz der damit verbundenen Einschränkungen ein großartiges Leben führen können. Aber dafür müssen wir uns Gedanken machen. Die Herausforderung liegt nicht in der Überwindung des Natürlichen, sondern darin, damit zu arbeiten. Stroh ist dafür ein Symbol.

Wir setzen Strohballen als Wand- oder Dachdämmstoff ein, wie sie vom Acker nebenan kommen – nur sind sie etwas stärker komprimiert. Für den Bau verwenden wir Holzkonstruktionen, die wir mit den Strohballen ausfachen und dann direkt verputzen. Im Gegensatz zum herkömmlichen Holzbau verwenden wir keine industriell hergestellten oder weiterverarbeiteten Holzwerkstoffplatten. Das bedeutet, dass wir keine Klebstoffe und weniger Energie verbrauchen.

Holz und Stroh sind beides nachwachsende Rohstoffe, auch Lehm ist hierzulande beinahe unbegrenzt vorhanden. Eigentlich sind alle Materialien komplett regional verfügbar. Wir versuchen, sie zwar auch regional zu beziehen, doch lässt sich das nicht immer genau so umsetzen, weil wir auf Anbieter angewiesen sind, die das im konkreten Fall nicht regional gewinnen können. Dennoch bietet die Strohbauweise grundsätzlich das Potenzial, mit regionalen Materialien zu bauen. Neue Baustoffe entstehen heute unter immer komplizierteren und komplexeren Herstellungs- und Zulieferungsbedingungen, die oft undurchschaubar und nicht gut in der Ökobilanz sind. Mein Traum für das Wohnen und Leben der Zukunft ist, dass wir viel mehr als verantwortliche und selbstständige Menschen in kleineren Netzwerken arbeiten und lokale Lösungen anbieten. Das wäre insgesamt viel ökologischer.

gruppen kamen nicht mehr mit. Die britische Soziologin Ruth Glass hat diesen Prozess bereits vor über 50 Jahren im Londoner Stadtteil Islington untersucht und prägte hierfür den Begriff der Gentrifizierung. „Gentry“ bedeutet so viel wie „niederer Adel“ und beschreibt damit sehr gut, welche Mieterklientel in dieser Art von Quartieren erwünscht ist.

Das hat Folgen: Die gentrifizierten Stadtteile ähneln sich wie Klone. Überall dieselben Ketten, Coffee-to-go-Shops und Klamottenläden. Kleine Einzelhändler und Dienstleister, die sich die steigenden Ladenmieten nicht mehr leisten können, verschwinden. Für viele der Alteingesessenen wird die Wohnung in den Stadtteilen, in denen sie schon seit Jahrzehnten gewohnt haben, nach dieser Entwicklung schlicht unbezahlbar. Sie müssen zugunsten der Moderne raus aus ihren Häusern und oft sogar raus aus der Stadt. Und wer auch noch Familie hat oder gar alleinerziehend ist, muss sich ziemlich strecken, um seine eigenen vier Wände überhaupt noch finanzieren zu können. Der Wohnungsmarkt ist weitgehend in privater Hand und zum Gegenstand der Spekulationen geworden.

Wohnraum ist somit zunehmend ungerecht verteilt. Die Städte werden zu Hochburgen für wohlhabende Singles, die es sich leisten können, immer mehr Wohnraum in Anspruch zu nehmen. In einer wirtschaftlich unsicheren Zeit kommt so bestimmt keine Freude auf. Erwerbsbiografien mit festen Arbeitsplätzen auf Lebenszeit sind selten geworden, und so leben viele Selbstständige, Freiberufler und Arbeitssuchende in allgegenwärtiger Sorge, ob sie ihren Wohnraum auf Dauer werden halten können. Die Menschen arbeiten mehr, um noch mehr Geld für die Miete zu verdienen. Doch was haben wir von einem Zuhause, das wir nur durch permanente Arbeit bezahlen können, wenn wir keine Zeit mehr haben, um Freunde und Familie einzuladen, und so immer mehr zum Einzelkämpfer im Hamsterrad werden? Und so schlagen sich immer mehr Menschen alleine durch. Laut Statistischem Bundesamt lebten 2018 in Deutschland 42 % Menschen alleine. 17,2 Millionen Haushalte – gewollt oder ungewollt.

DIE ÖKOLOGISCHE DIMENSION

Zu den individuellen und sozialen Folgen kommen jedoch auch noch die ökologischen dazu. Denn dass der Einpersonenhaushalt zur gängigen Wohnform in Deutschland wird, hat Konsequenzen: Erinnere dich an die Ressourcenverschwendung, die Berge an Elektro-, Lebensmittel- und Plastikmüll oder die Vergiftung der Umwelt durch Chemikalien. Überlege dir mal: Wie viel könnten wir davon sparen, würden wir mehr teilen? Dazu kommt, dass wir viel mehr Raum versiegeln und wesentlich mehr Häuser bauen müssen. Überhaupt: Wie umweltfreundlich bauen wir denn eigentlich in Großstädten, die Tausende neuer Wohnungen benötigen – und das so schnell und rentabel wie möglich? Der Umstieg auf nachhaltige und natürliche Baumaterialien scheint auf breiter Ebene schwierig. Doch im Kleinen kann jeder von uns etwas tun. Es gibt sogar schon jede Menge genialer Konzepte, alternative Bauformen und Wohnprojekte, die gerade ihre Renaissance erleben.

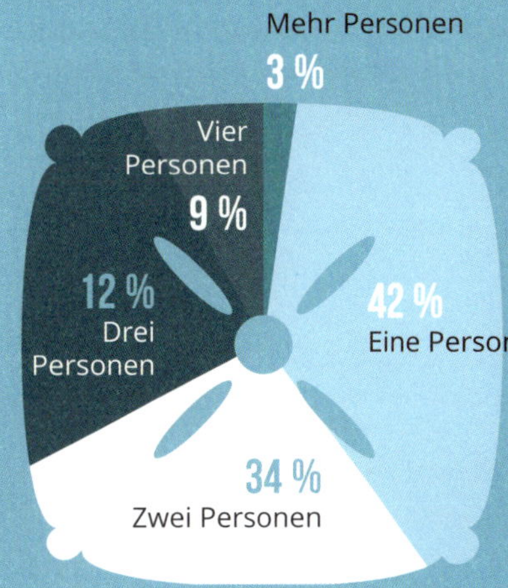

WIE VIELE WOHNEN ZUSAMMEN?

Der Mikrozensus 2018 bestätigte den Trend: Die Zahlen oben zeigen, wie viele Menschen pro Haushalt zusammen wohnen.

NACHHALTIG BAUEN

DGNB

Blog rund um nachhaltiges Bauen der Deutschen Gesellschaft für Nachhaltiges Bauen (DGNB e.V.).
blog.dgnb.de

STROHBALLENBAU

Beim Fachverband für Strohballenbau Deutschland findest du Neuigkeiten, ein Forum, Projekte und allgemeine Informationen.
fasba.de

EARTHSHIPS

Die Idee der Earthships: Sie sind aus recycelten Materialien und in sich autark in Bezug auf Energie und Wasser.
earthship.com
earthship-tempelhof.de

ALTERNATIV WOHNEN

WOHNPROJEKTE-PORTAL

Das Projekt der Stiftung Trias wendet sich an alle Neugründer und bestehenden Wohnprojekte.
wohnprojekte-portal.de

NEUES WIR

Dokumentarfilm über verschiedene Gemeinschaften, Öko-Dörfer und Wohnprojekte in Europa.
neueswir.info

ECOVILLAGES

Internationales Netzwerk mit vielen Informationen rund um das alternative Leben in Ökodörfern.
ecovillage.org

MIETSHÄUSERSYNDIKAT

Menschen kaufen gemeinsam ein Haus und sorgen dafür, dass niemand Profit daraus zieht.
syndikat.org

ZWISCHENNUTZUNG

Links und Infos zum Thema sowie Tipps für Umnutzungen, Behörden und Community Development.
zwischennutzung.net

AUTOFREI LEBEN

Der Verein vernetzt Interessierte und bietet viele Infos zum autofreien Wohnen.
autofrei.de

WOHNEN FÜR HILFE

Anstatt Miete zu zahlen, helfen Mieter ihren Vermietern im Alltag.
wohnenfuerhilfe.info

WAGENDORF

In diesem Forum findest du viele News und Infos rund um das Leben im Bauwagen.
wagendorf.de

ES GEHT AUCH UMWELTFREUNDLICH

Stell dir vor, du wohnst in einem Haus, das dich mit Strom, Wasser und Nahrung versorgt. Ein Haus, das die Wohnraumtemperatur von alleine regelt, Ressourcen schont, Geld spart und obendrein ein unabhängiges Leben ermöglicht. Wäre so etwas möglich? Eine Frage, die sich vor 40 Jahren auch der angehende Architekt und Vietnam-Kriegsgegner Michael Reynold stellte. Schon damals ahnte er, dass mit den wachsenden Müllbergen und schrumpfenden Naturressourcen gewaltige ökologische Probleme auf uns zukommen. Er sah die Kosten für die Häuser und Wohnungen steigen und uns zunehmend von zentralisierten Versorgungssystemen abhängig werden. Als Antwort baute er ein durch und durch autarkes Haus, das sich jeder leisten können sollte. Es besteht aus Zivilisationsabfällen wie Autoreifen oder Glasflaschen, sammelt Regenwasser und speichert Wärme in den Wänden. Das klingt ein bisschen wie Science Fiction und vielleicht gab Reynold ihm ja deshalb auch den so passenden Namen: Earthship, also Erdschiff.

Reynolds verändert damit unsere Sicht auf das Wohnen. Denn wer anders baut, der lebt auch anders. Trotz vieler Schwierigkeiten, Hürden und sogar Anfeindungen sind seine Konstruktionsideen heute weltweit populär. Über 1.000 Earthships gibt es bereits und in der Gemeinschaft Schloss Tempelhof bei Schwäbisch Hall steht nun auch das erste deutsche Exemplar. Doch das ist nur eine von vielen Ideen. Der Diplom-Ingenieur Dirk Scharmer baut seit Jahren erfolgreich Strohballenhäuser und beweist damit, dass der Einsatz eines so einfachen, nachwachsenden Baustoffes nicht nur bestens funktioniert, sondern mehr ist, als nur eine symbolische Rückbesinnung auf die Natur. Wir sind angetan von den ersten Eindrücken vom alternativen Bauen, wissen aber auch, dass es im Grunde keine neuen Ideen sind, eher eine Art Revival. Wir hoffen, dass es noch viel mehr davon geben wird.

DAS ZUSAMMEN MACHT'S

Nicht jeder hat die Möglichkeit, ein nachhaltiges Bauprojekt zu starten. Aber wenn es dir darum geht, dein Wohnen zu verändern, gibt es noch einen anderen Weg: Wohne mit Gleichgesinnten zusammen! In einem Wohnprojekt lassen sich Kräfte und Ressourcen zusammenführen. Man kocht gemeinsam, nutzt die Dinge des alltäglichen Bedarfs in der Gruppe, betreut die Kinder zusammen und kann sich, wenn es gut organisiert ist, in jeder erdenklichen Weise unterstützen. Zum Beispiel beim Hauswirtschaften. Dazu kommt, dass man nur dann allein ist, wenn man es will. Das baut Stress ab, gibt einem Geborgenheit, Bestätigung und hilft bei Problemen. Sicher kann es auch Konflikte schaffen. Das ist in Gemeinschaften ganz normal. Doch eigentlich ist es ja auch toll zu lernen, wie wir Konflikte in der Gemeinschaft möglichst so lösen können, dass alle zufrieden sind. Ist man allein, ist man außerdem auch allein mit seinen Problemen. Ob Ökodorf, autofreies Wohnen, eine Künstlerkommune, die Zwischennutzung leerstehender Gebäude, Wohnen für Arbeit, Mehrgenerationen- oder Alleinerziehenden-Wohnprojekte – die Möglichkeiten sind vielfältig und sehr individuell. Es liegt allein bei dir. Daran, was du willst, was dir guttut und dich glücklich macht. Was für dich infrage kommt und was dir weiterhilft, kannst du in der Grafik am Anfang des Kapitels sehen. Wie du konkret vorgehst, um ein Wohnprojekt zu finden oder eines zu gründen, zeigen die Aktionen auf den nächsten Seiten. Lass dir gesagt sein, es gibt sie, die Wohnprojekte, in denen Menschen zusammenkommen und, inmitten der Großstadt oder auf dem Land, eine kleine Enklave für Gleichgesinnte bilden.

Wichtig bei allen Projekten ist, dass man zusammenhält, ein Grundvertrauen erzeugt und zeigt, dass man die gemeinsame Idee auf Dauer mitträgt. Immer geht es darum, die Gemeinschaft wiederzufinden, Menschen eine neue Basis zu geben, sie aus der Einsamkeit zu holen, sich gegenseitig zu unterstützen, Ressourcen zu teilen – einfach füreinander da zu sein und dem Leben gemeinsam einen Sinn zu geben. Die Anonymität der großen Städte ist darauf nicht ausgerichtet, doch hier entstehen ganz neue Formen von Gemeinschaften, die sich nicht nur über das Wohnen definieren. Es geht um kulturelle, soziale und politische Teilhabe. Hier wird die bessere Welt nicht erwartet, sondern aktiv selbst gemacht. Und das lieber gemeinsam als einsam. Du siehst also, du kannst in deinem Haus durch die Art, wie du wohnst, viel verändern. Doch da geht noch mehr. Jetzt wird es Zeit, die Tür aufzustoßen und das Haus zu verlassen. Lies im nächsten Abschnitt, wie du deine Nachbarschaft positiv verändern und damit eine Basis für noch viel Größeres schaffen kannst.

Dr. Michael LaFond Community Developer, Projektentwickler und Berater sowie Gründer des id22: Institut für kreative Nachhaltigkeit.
id22.net

LUST AUF ANDERS?

PLANE UND GRÜNDE DEIN WOHNPROJEKT

Die Bevölkerung wird vielfältiger und Lebensweisen verändern sich. Die bestehenden Wohnmöglichkeiten und -formen halten da nicht mit. Die Stadtgesellschaft muss dringend daran arbeiten, weiterdenken und neue Möglichkeiten schaffen. Sonst sind viele Menschen unglücklich. Dabei müssen wir erkennen, warum Menschen neue Gemeinschaften suchen. Da ist zum Beispiel die Einsamkeit: Immer mehr Menschen wohnen und arbeiten allein. Sie finden in Nachbarn, Freunden, Wohngruppen oder kleinen Gemeinschaften ihre Wahlfamilien. Manche sind wegen ökonomischer Entwicklungen verunsichert und suchen in Wohnprojekten eine neue Basis und Stabilität. Manche wollen aber auch etwas für die Welt tun – politisch oder ökologisch. Viele Wohnprojekte sind beispielhaft, wenn es um Energieeffizienz oder neue soziale Organisationsformen geht. Außerdem wollen wir uns als Menschen ausdrücken und unser Leben und unsere Umwelt mitgestalten. Menschen wünschen sich mehr Teilhabe und dass nicht alles nur politisch oder ökonomisch betrachtet wird, sondern auch menschlich, räumlich und gestalterisch. Dadurch entwickeln wir uns auch als Gesellschaft weiter. Wir identifizieren uns stärker mit der Umwelt, der Wohnung, der Nachbarschaft. Das ist ein Stück Leben.

Wer ein eigenes Projekt gründen will, sollte sich schlaumachen, Projekte besichtigen und mit Menschen reden, die sich auskennen. Ein guter Anfang ist, sich mit Gleichgesinnten, aber auch Architekten oder Projektentwicklern zusammenzutun, die Erfahrungen haben. Danach sollte man gut organisiert nach Grundstück und Finanzierung suchen. Man muss schon Zeit mitbringen. Wenn man nicht wahnsinnig viel Glück hat, lässt sich ein Wohnprojekt nicht von heute auf morgen realisieren, sondern braucht mindestens zwei, drei Jahre.

AKTIONEN

MACH DICH AUF LEBENSMITTELPUNKTSUCHE

jetzttrettenwirdiewelt.de/wohnen

WOHNGLÜCK-CHECK

1 STUNDE EINFACH

Zieh Bilanz und mache eine Pro- und Kontra-Liste. Welche Seite überwiegt?

DIE UMGEBUNG

Was siehst du, wenn du aus dem Fenster schaust? Mach dir eine Liste, in der du deine Beobachtungen notierst. Was tut dir gut, was nicht? Was vermisst du?

DIE BAUWEISE

Ist das Haus, in dem du wohnst, mit gesunden, nachhaltigen Baustoffen gebaut? Frag doch mal den Vermieter. Notiere dir die positiven und negativen Punkte.

GEMEINSCHAFT

Wohnst du allein oder mit anderen zusammen? Fühlst du dich einsam oder brauchst du mehr Privatsphäre? Ergänze die Liste und mache die Auswertung.

TIPP: VISIONSSUCHE

Wie du wirklich wohnen willst? Nutze die Anleitung von Transition Town für eine Visionsreise und finde heraus, was dein Unterbewusstsein wirklich will. **bit.ly/transition-leitfaden**

GOLDENE ZEITEN

2 TAGE MITTEL

Eine Gemeinschaft entsteht nicht von alleine. Mit regelmäßigen Ritualen kannst du die Gemeinschaftsbildung unterstützen (auch für Familien!).

TERMIN FINDEN

Findet gemeinsam einen Termin und Rhythmus für eure Reflexionszeit. Das kann einmal in der Woche, einmal alle zwei Wochen oder einmal im Monat sein. Wichtig: Es sollte keine Ausnahmen geben.

1. WIE GEHT ES DIR?

Beginnt euer Treffen, indem ihr kurz berichtet, mit welchen Gedanken und Gefühlen ihr in die Runde kommt. Nutzt dazu einen Redestein, der von Hand zu Hand geht.

2. KRITIK UND KONFLIKT

Jede und jeder in der Familie, Partner- oder Gemeinschaft kann nun sagen, was ihm oder ihr auf dem Herzen liegt. Versucht bei euch zu bleiben und die Schuld nicht (nur) beim anderen zu suchen. Findet eine Lösung und einigt euch wenn nötig auf gemeinsame Regeln.

3. KOMPLIMENTE

Beschließt euer Ritual mit gegenseitiger Wertschätzung: Überlegt euch, was ihr am anderen gut findet und wofür ihr euch dankbar seid. Ihr werdet sehen, dass es so manche positive Überraschung gibt, die euer Gemeinschaftsgefühl stärkt.

WOHNPROJEKT FINDEN

1 TAG · MITTEL

Du willst dich verändern und auf die Suche nach einem bestehenden Wohnprojekt begeben? Diese Aktion hilft dir dabei, das Richtige zu finden.

WOHNORT

Wo willst du wohnen? In der Stadt oder auf dem Land? In welchem Bundesland oder willst du ins Ausland? Überlege dir, wo du wie deinen Lebensunterhalt bestreiten kannst.

RECHERCHE

Informiere dich, welche Formen von Gemeinschaften es gibt und wo die unterschiedlichen Schwerpunkte liegen. Infos findest du unter **fgw-ev.de** oder **eurotopia.de**.

PROBEWOHNEN

Erkundige dich, ob es Kennenlernwochen, Mitmach- oder Urlaubsmöglichkeiten gibt. Manche Projekte bieten diese Möglichkeit an. Sehr hilfreich, um sich gegenseitig zu beschnuppern.

ZEIT EINPLANEN

Das passende Wohnprojekt zu finden braucht Zeit. Überstürze nichts und wähle in Ruhe.

TIPP: WAS PASST ZU DIR? VERGLEICHE

Jedes Wohnprojekt ist anders. Ob du hineinpasst, hängt stark davon ab, ob dir die Bewohner, ihre Ausrichtung, ihre Rituale und Regeln passen. Um ein Gespür zu bekommen, solltest du dir mehrere Projekte anschauen und deine Erfahrungen vergleichen: Wo fühlst du dich auf Anhieb angenommen und zu Hause? Wo klappt es praktisch?

ÖKO-RENOVIERUNG

1 TAG · MITTEL

Die nächste Renovierung steht an? Dann mach es umweltfreundlich. Diese Checkliste hilft dir dabei, allergie- und krankheitsauslösende Schadstoffe zu vermeiden.

DÄMMEN

Viele Dämmstoffe sind chemisch behandelt oder benötigen bei der Herstellung massiv Energie. Verwende daher Vulkangestein Perlit und Blähton aus Tongranulat.

VERPUTZEN

Nutze Lehm-, Kalk- und Gipsputz, da diese Materialien die Umwelt weder bei der Produktion noch beim Entsorgen belasten.

MALEN

Verzichte auf Dispersionsfarben und verwende Natur- oder mineralische Farben wie Kalk-Kasein- oder Silikatfarben.

BODENBELÄGE

Verlege unbehandelte Teppiche mit Beschichtungen aus Naturlatex und -fasern. Verwende Beläge aus Kork und Holz und zur Pflege Holzöle und Wachs.

HILFE ANBIETEN

1

Die meisten Menschen klingeln nur bei ihren Nachbarn, wenn sie etwas wollen. Du machst es anders, du klingelst bei ihnen, um zu sagen, dass sie dich jederzeit fragen können, wenn sie Hilfe brauchen.

MITSTREITER FINDEN

2

Du klingelst bei deinen Nachbarn und lädst sie zu einem Nachbarschafts-Netzwerktreffen bei dir ein. Wenn du schüchtern bist, hängst du einen Flyer aus oder schmeißt Handzettel in die Briefkästen.

STADT MITGESTALTEN

9

Euer wachsendes Nachbarschaftsnetzwerk gibt euch das Selbstvertrauen der Gemeinschaft. Ihr gründet einen Rat und entwickelt dort Lösungsvorschläge und Ideen, die die Stadt umsetzen soll. Ihr gestaltet euren Stadtteil mit.

DAUERHAFTE ANGEBOTE

8

Mittlerweile sind Gruppen entstanden, die sich dauerhaft einer Sache widmen: einem Gemeinschaftsgarten, einem Tauschring, regelmäßigen Festen und anderem.

SICH ORGANISIEREN

7

Ihr wollt euch besser organisieren und findet daher einen Raum in einer Schule oder einem Restaurant. Ihr plant Projekte und teilt die Verantwortung, damit das Netzwerk stabil wachsen kann.

SUCHE/BIETE-LISTE

3

Gassi gehen, Gesellschaft leisten oder Paket annehmen? Ihr erstellt eine Liste mit Dingen, die die Nachbarn suchen oder anbieten. Außerdem hängt ihr ein schwarzes Brett für weitere Dinge auf.

UMFRAGE STARTEN

4

Ihr fragt euch, welche Themen euren Nachbarn besonders wichtig sind? Also macht ihr euch auf den Weg, geht von Tür zu Tür und sprecht mit ihnen. So langsam formt sich für euch ein Bild von den Brennpunkten.

LOKAL EINKAUFEN

5

Eure Nachbarn finden es laut Umfrage schade, dass es immer mehr Ketten und weniger Einzelhändler gibt. Also organisiert ihr Nachbarschaftskonditionen bei den Einzelhändlern und bindet sie in euer Projekt ein.

RÄUME SCHAFFEN

6

Zudem bedauerten einige, dass sie ihre Nachbarn nie einfach so treffen. Also findet ihr Orte im öffentlichen Raum für gemeinsame Aktivitäten, wie Straßenfeste, Nachbarschaftsflohmärkte oder Tauschboxen.

NACHBARN

GEMEINSAME SACHE

WIE AUS UNBEKANNTEN GUTE FREUNDE WERDEN

Wir beide leben weit oben im Norden Hamburgs, in einem Stadtteil mit dem beschaulichen Namen Langenhorn. In einer Wohngenossenschaft, die von dem Hamburger Oberbaudirektor Fritz Schumacher geplant und vor 100 Jahren erbaut wurde und seitdem eine bewegte Geschichte erlebt hat. Das Besondere und für uns Liebenswerte an der Fritz-Schumacher-Siedlung (auch Börnerland genannt) ist der Zusammenhalt der Menschen. Sie grüßen und duzen sich. Sie halten auf der Straße an, um ein paar Worte miteinander zu wechseln. Sie achten aufeinander, helfen sich und leihen sich Dinge aus. Sie feiern gemeinsam Feste, wie das Kinderfest, die jährliche Ausstellung mit Künstlern aus der Siedlung oder den Siedlerball. Und wer nicht kommen kann, kann in der Siedlungszeitschrift „Der Börner" nachlesen, wie es war. Vielleicht war der Zusammenhalt früher noch stärker. Doch auch heute noch erleben wir den Gemeinschaftsgeist. Überschüssiges Obst wird unter Nachbarn ebenso geteilt wie harte körperliche Arbeit oder auch Sorgen und Nöte. Das ist nicht selbstverständlich heutzutage. Und sollten die Zeiten vielleicht mal schwieriger werden, dann rücken die Menschen hier in der Siedlung sicherlich noch enger zusammen und sind füreinander da, da sind wir sicher. Wir schätzen uns glücklich, wie wir es hier getroffen haben. Und wir fragen uns, wie es dir wohl geht?

NACHBARN HELFEN

Nur etwa 3,5 % der Deutschen können sich nicht vorstellen, ihren Nachbarn zu helfen.

- Etwas einkaufen 90 %
- Handwerklich helfen 81 %
- Zu Terminen begleiten 69 %
- Kinder betreuen 66 %

NACHBARSCHAFTSHILFE

ZWOPR

Mit dem Hund rausgehen oder beim Einkauf helfen? Die App koordiniert kleine Gefälligkeiten unter Nachbarn. **zwopr.com**

FAIR LEIHEN

Nachbarschaftliche, nachhaltige, kostenlose und werbefreie Berliner Plattform. **fairleihen.de**

NACHBARTHEK

Soziale Nachbarschaftsbibliothek zum kostenlosen Ausleihen von Büchern und DVDs. **nachbarthek.de**

STADTMACHER

Über die Urban-Crowdfunding-Plattform können sich Bürgerprojekte finanzieren. **stadtmacher.org**

WAND AN WAND MIT UNBEKANNT?

Die räumliche Nähe alleine macht noch lange keine gute Nachbarschaft aus. Der Gedanke, dass wir alle mehr oder weniger abgeschirmt voneinander wohnen, ist schon etwas seltsam. Überall, in jeder Wohnung, jedem Haus, sitzen Menschen, die ihr Leben leben. Wer abends durch die Straßen spaziert, kann hinter vielen Fenstern die bläulich flackernden Lichter der Fernseher sehen. Zurückgezogen starren dort Menschen auf Flachbildfernseher, während das echte Leben doch eigentlich draußen stattfinden könnte – wenn denn jemand da wäre. Wand an Wand leben wir oft mit anderen, nur ein paar Meter entfernt – und wissen doch überhaupt nichts darüber, ob dieser Mensch nun lustig ist, unsere Interessen teilt oder gerade einsam und traurig ist. Was ist Nachbarschaft in einer Welt, in der die Individualisierung ihren Höhepunkt erreicht zu haben scheint? Heute gibt es scheinbar keine Abhängigkeiten mehr. Doch damit fehlen uns auch die Gemeinsamkeiten, die uns mit anderen verbinden. Wie gut es um die Nachbarschaft in Deutschland bestellt ist, dazu gibt es unterschiedliche Ergebnisse. Eine Studie der TU Darmstadt kommt zu dem Ergebnis, dass wir eher kontaktscheu sind. Nur jeder zweite Mieter kennt demnach seine Nachbarn und nur knapp ein Drittel will das ändern. Das Marktforschungs- und Beratungsinstitut YouGov kommt hingegen zu dem Schluss, dass etwa 90 % mindestens einen Nachbarn kennen. Und wie das Markt- und Sozialforschungsinstitut Emnid gemeinsam mit dem WDR herausfand, verbinden etwa 70 % der Deutschen mit der Nachbarschaft ein Wir-Gefühl – an vierter Stelle hinter Freizeitveranstaltungen, dem Freundeskreis und der Familie. Nach regionalen Aspekten gefragt, lagen Wohnort und Wohnviertel mit 74 % erkennbar vor Region und Land. In Sachen Nachbarschaft gibt es also noch reichlich Luft nach oben. Zumal funktionierende lokale Nachbarschaftsnetzwerke wichtig sind, da sie eine Keimzelle für einen sozialen und ökologischen Lebensstil sein können.

DIE KEIMZELLE NACHBARSCHAFT

Global denken, lokal handeln – so lautet die Maxime unserer Zeit. Denn unsere globalen Umwelt- und Sozialprobleme lassen sich nur lösen, indem wir bei uns anfangen, in unserem Haus und vor unserer Haustür, wie bereits Laotse wusste. Einer, der diese Idee geradezu exemplarisch umgesetzt hat, ist der britische Dozent Rob Hobkins. Er fragte sich gemeinsam mit seinen Studierenden, wie die Welt wohl aussieht, wenn die fossilen Energien zu Ende gehen. Die erforschten Folgen waren weitreichend. So weitreichend, dass er die Ideen, die er mit den Studierenden ersonnen hatte, zwei Jahre später in die Realität umsetzte: Gemeinsam mit den Einwohnerinnen und Einwohnern seiner Heimatstadt Totnes verwirklichte er die erste sogenannte Transition Town – also die Stadt des Wandels.

Eine gute Nachbarschaft, die Belebung der regionalen Wirtschaft und der Wunsch, selbst aktiv zu werden, sich vergangene Fähigkeiten wie Gärtnern oder Imkern wieder anzueignen und in Gemeinschaft die Dinge des täglichen Bedarfs zu erzeugen, zu vertreiben und vor allem auch zu teilen, spielen dabei eine wichtige Rolle. Das überzeugte nicht nur die Bürgerinnen und Bürger von Totnes. Nur ein paar Jahre später hatte sich die Idee weltweit verbreitet und war für viele Menschen zu einem möglichen Modell für eine nachhaltige, soziale und zukunftsfähige Gesellschaft geworden. Doch du musst natürlich nicht gleich eine ganze Transition Town im Sinn haben, um etwas zu bewegen. Du kannst auch schon mit kleinen Dingen viel bewirken. Etwa, indem du in deiner Nachbarschaft aktiv wirst und die Menschen zusammenbringst. Gemeinsame Feste und Veranstaltungen, Nachbarschaftsflohmärkte oder Verschenkboxen für Bücher und allerlei Krimskrams, den der eine nicht mehr braucht – der andere aber vielleicht schon lange gesucht hat. All das sind Möglichkeiten, um Schnittpunkte in der Nachbarschaft herzustellen, die Gemeinsamkeiten und Anknüpfungspunkte für Gespräche schaffen.

Diese Ideen kommen uns beiden, die wir im Börnerland leben, bekannt vor. Denn auch die ursprüngliche Idee unserer Siedlung war eine Gemeinschaft mit sozialen und wirtschaftlichen Einrichtungen. Die Gärten der Häuser sind so groß, dass sie die Selbstversorgung und Haltung von Kleinvieh zulassen. Auch wenn wir und unsere Nachbarn das bei Weitem nicht tun, so zeigt die Tatsache, dass doch fast jeder zumindest ein paar Obstbäume und -sträucher, oft aber auch Gemüse, manchmal sogar Hühner oder Bienen hinterm Haus hat, dass der Gedanke nicht ganz verschwunden ist – ja, vielleicht sogar mal eine Renaissance erlebt. Denn wer weiß schon, wie sich die Dinge in Zukunft entwickeln?

Christian Vollmann ist Gründer der Plattform nebenan.de, über die sich Menschen nachbarschaftlich vernetzen können. **nebenan.de**

Foto: nebenan.de/Hoffotografen

MACH DU DEN ERSTEN SCHRITT

UND LASS DICH POSITIV ÜBERRASCHEN

Früher war die kleinste Einheit der Gesellschaft die Großfamilie. Dort halfen die Großeltern den Eltern, die Kinder großzuziehen. Und die Kinder pflegten im Alter ihre Eltern. So war das früher mal. Natürlich gibt es auch heute noch Ausnahmefälle. Doch so eine Großfamilie gibt es heute immer seltener. In unserer Zeit ist die kleinste Einheit die Nachbarschaft geworden. Und wenn die im Notfall nicht einspringt, wenn wir uns da nicht mehr begegnen, nicht mehr miteinander reden und diskutieren, dann haben wir als Gesellschaft ein großes Problem.

Ich bin positiv und glaube, dass eine gute Nachbarschaft möglich ist. Doch in vielen Fällen entsteht sie nicht von alleine. Wir müssen uns darauf zurückbesinnen und sie stärken. Dann können wir ganz viele der gesellschaftlichen Herausforderungen, vor denen wir gerade stehen, lösen. Aber ohne Eigeninitiative klappt das in den meisten Fällen nicht. Das bedeutet, dass sich jeder angesprochen fühlen muss: Wenn du deinen Nachbarn oder deine Nachbarin noch nicht kennst, dann warte nicht. Mach den ersten Schritt! Du wirst positiv überrascht sein, was da zurückkommt. Was für tolle Leute nebenan wohnen. Außerdem müssen wir achtsam miteinander umgehen und mehr Aufmerksamkeit für die Nachbarn entwickeln. Wir müssen auch mal hinschauen und merken, wenn da jemand Hilfe gebrauchen könnte. Fragen, ob wir was tun können. Wenn wir sehen, dass jemand etwas Schweres in den fünften Stock wuchtet, können wir einfach mit anpacken. Wenn wir mitkriegen, dass jemand vielleicht vereinsamt, können wir etwas Gemeinschaft anbieten. Uns die Zeit nehmen für einen Plausch. Oder auch mal ansprechbar sein. Und zwar ohne gleich eine Gegenleistung zu erwarten. Sondern im Vertrauen darauf, dass uns irgendjemand auch hilft, wenn wir mal Hilfe brauchen.

INITIATIVEN

DIE LERNENDE STADT
Tolle Sammlung mit Projektideen für den regionalen Einsatz.
die-lernende-stadt.de

ZUKUNFTSKOMMUNE
Wissens- und Erfahrungsbörse für engagierte Menschen, mit tonnenweise Inspirationen für nachbarschaftliche Projekte.
zukunftskommunen.de

RECHT AUF STADT
Die weltweite Bewegung basiert auf dem Buch „Recht auf Stadt" des französischen Philosophen Henri Lefebvre.
righttothecity.org

TRANSITION TOWN
Zugang zu Transition-Town-Projekten in Deutschland, Österreich und der Schweiz.
transition-initiativen.org

DINGE SELBST REGELN

STRUKTUREN AUFBAUEN, SELBST VERWALTEN

Damit städtisches Leben entstehen kann, braucht es eine Vielfalt an Menschen, die zusammenkommen. Und damit Vielfalt entstehen kann, braucht es ein Kontingent an bezahlbaren Wohnungen, sodass Menschen mit unterschiedlichen Geldbeuteln in der Nachbarschaft leben können. Doch wenn man sich die Neubauprojekte der letzten Jahre anschaut, sieht man, dass überall aus alten Industriegebieten, ehemaligen Güterbahnhöfen oder Hafenbrachen neue Stadtteile entstehen. Und diese ähneln sich überall in Europa enorm. Darin zeigt sich eine bestimmte Vorstellung von Urbanität: Alles ist sehr großflächig gebaut, die Architektur ähnelt sich und in der Regel entstehen hochpreisige Wohneinheiten. Die Plätze sind weitläufig und steril. Da helfen auch die Bäume nicht oder die einsame Kinderwippe, die da steht.

Was jedoch noch viel erstaunlicher ist, ist dass wir aus dem Quatsch der Nachkriegsmoderne anscheinend nichts gelernt haben. Auch jetzt entstehen wieder Stadtteile, die zum Beispiel kaum Räume im Erdgeschoss haben für Kleingewerbe, Einzelhandel, Dinge des alltäglichen Bedarfs oder auch für experimentelle Aktivitäten. Wenn überhaupt, gibt es in so einem Riesenblock ein bis zwei Ladenlokale, zum Beispiel mit einer Kita und einem Bäcker. Ganze Stadtteile und Quartiere sind dabei nur noch zu Business Units degradiert.

Doch Nachbarschaften bilden sich nur, wenn Gespräche zustande kommen, wenn es um konkrete Projekte geht. Dann gibt es Kristallisationspunkte, die Menschen in Bewegung bringen. Das ist der erste Schritt, aus dem die Menschen Selbstbewusstsein und ein Gefühl des Miteinanders gewinnen. Dann können Nachbarschaften Strukturen bilden, um die Dinge in ihrer Gegend in Selbstorganisation gemeinsam zu regeln. So wäre eine Selbstverwaltung zum Beispiel über Stadtteilversammlungen möglich, die einen gewissen institutionellen Charakter haben könnte und dafür sorgt, dass die Verbindungen und Strukturen lebendig bleiben. Dann können sich die Menschen einer Nachbarschaft oder eines Stadtteils konstituieren und sagen: Wir begreifen uns als die kleinste politische Einheit unserer Stadt. Und wir fordern, unsere Dinge selbst zu regeln.

Niels Boeing ist Journalist, Buchautor und seit vielen Jahren als Stadtaktivist engagiert. **bitfaction.com**

HIER KANN WAS WACHSEN

Die große Resonanz, die die Transition-Town-Bewegung weltweit hervorgerufen hat, zeigt, dass die Menschen mehr als bereit sind, sich in ihrem nächsten Umfeld zu engagieren. Sie bringen sich gerne ein. Die Anzahl regionaler, ehrenamtlicher Projekte hat einen gewaltigen Auftrieb erhalten, wozu das Internet ganz gewiss beiträgt. Die Menschen wollen die Gestaltung ihrer Straße, ihrer Stadt nicht mehr nur „denen da oben" überlassen. Sie wollen mitreden. So bilden sich nicht nur Nachbarschaftshilfen, sondern auch lokale Bürgerinitiativen, die sich gegen Grünfraß – also die Bebauung ehemaliger Grünflächen – zur Wehr setzen oder den Umbau von Spielplätzen oder Häusern mitgestalten wollen. Und es ist gut, dass dieses Engagement nicht nur über die Quartierverwaltungen kommt, sondern auch von unten, den Menschen selbst. Denn unsere Nachbarschaft sollte natürlich wachsen. Buchautor und Stadtaktivist Niels Boeing sieht in der Selbstorganisation von Nachbarschaften eine sinnvolle Strategie, um das dauerhafte Miteinander zu stärken. Dazu braucht es Kristallisationspunkte, zum Beispiel Stadtteilbüros, die als Anlaufadresse dienen können, um Fragen und Sorgen loszuwerden, Versammlungen zu wichtigen Themen der Nachbarschaft abzuhalten und sich vernetzen zu können.

Wie sieht es in deiner Straße und mit deiner Nachbarschaft aus? Schau doch mal, ob es bereits gemeinsame Aktivitäten oder sogar Einrichtungen gibt, in denen deine Nachbarn zusammenkommen? Wenn es noch nicht so viel gibt und du willst, dass mehr in deiner Nachbarschaft passiert, solltest du gezielt vorgehen – und einen langen Atem mitbringen. In der großen Grafik am Anfang des Kapitels findest du etliche Ideen, wie du deine Nachbarschaft stärken kannst. Schritt für Schritt. Suche dir am besten zunächst einmal ein paar Gleichgesinnte, die dein Anliegen teilen. Ob es dabei um die Begrünung der Straße, die Verschönerung hässlicher Ecken, einen Tauschring, eine Gartengruppe oder ähnliche Projekte geht, wichtig ist, dass sich alle abgeholt, integriert und ernst genommen fühlen. Denn oftmals reagieren die Menschen gegenüber neuen Initiativen in ihrer Nachbarschaft erstmal zurückhaltend – vor allem, wenn sie allzu politisch daherkommen. Deshalb kann es sinnvoll sein, dass du dich anfangs auf das konzentrierst, was einen großen gemeinsamen Nenner verspricht, auf das Naheliegende, die Themen vor deiner Haustür. Wenn sich ein Wir-Gefühl entwickelt hat, können die Projekte wachsen. Dann könnt ihr weitere Menschen einbinden und die Angebote erweitern. Ideal ist es, einen dauerhaften Ort zu schaffen, der als Treffpunkt dient. Und in der Regel sind grüne Projekte ein sehr guter Weg, um Menschen zu gewinnen. In einem urbanen Gemeinschaftsgarten etwa können Menschen mit den unterschiedlichsten Fähigkeiten und Erfahrungen aufeinandertreffen und sich unvoreingenommen begegnen. Und wer weiß, vielleicht ergibt sich daraus dann der nächste Schritt: Gespräche über gutes Essen, Landwirtschaft, die Stadtplanung im Viertel, gemeinsame Feste. Wie du das machst, erfährst du gleich, im nächsten Kapitel. Denn hier kann viel wachsen und gedeihen.

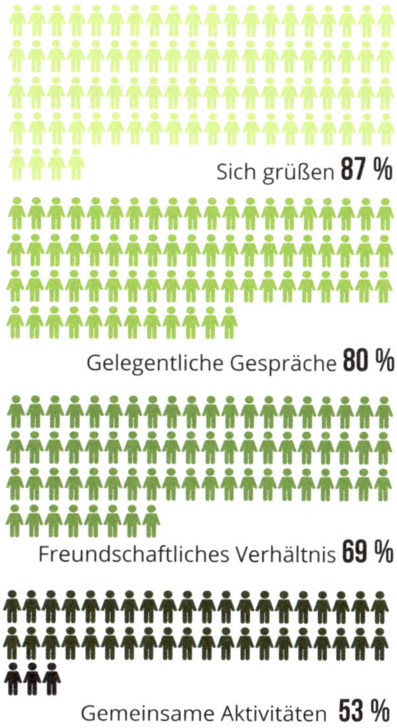

NACHBARSCHAFTSTRÄUME

Was für ein Verhältnis wünschen sich die Deutschen zu ihren Nachbarn? Die Zahlen oben zeigen es.

NACHBAR-NETZWERKE

NETZWERK NACHBARSCHAFT

Hier findest du Informationen und Menschen, die ebenfalls ein Nachbarschaftsnetzwerk aufbauen wollen.
netzwerk-nachbarschaft.net

NEXTDOOR

Über die Plattform kannst du dich mit deinen Nachbarn vernetzen, Tipps austauschen sowie Hilfe und Unterstützung anbieten.
nextdoor.de

ÜBER DEN TELLERRAND

Die Community schafft Verbindungen zwischen Menschen aus unterschiedlichsten Kulturen.
ueberdentellerrand.org

AKTIONEN

TÜR AUF: FÜR EINE GUTE NACHBARSCHAFT

jetztrettenwirdiewelt.de/nachbarn

HALLO NACHBARN

1 WOCHE MITTEL

Wie gut kennst du deine Nachbarn? Mach dich daran, das Eis zu brechen.

KLINGELING

Klingel bei fünf Nachbarn und stelle dich vor. Biete deine Hilfe an: „Falls Sie mal Mehl brauchen, ich ein Paket annehmen soll oder die Pflanzen gießen ..." Du wirst sehen, dass du damit schnell eine vertrauensvolle Basis schaffst.

KAFFEEKRÄNZCHEN

Lade die Nachbarn ein, die du gerade kennengelernt hast. Findet Gemeinsamkeiten heraus und wie ihr euch ergänzen könnt. Nehmt euch vor, dass jeder von euch fünf weitere Nachbarn kontaktiert.

TIPP: EINWEIHUNGSPARTY

Eine Feier zum Einzug ist eine ideale Möglichkeit, um neue Nachbarn kennenzulernen. Achte aber darauf, dass deine Feier zu jedem Alter passt und es Raum für Gespräche gibt.

NACHBARSCHAFTSTOUR

1 STUNDE LEICHT

Wie gut kennst du deine Gegend? Lade deine Nachbarn zu einem Gesprächsspaziergang ein.

1. PLANT DIE ROUTE

Finde ein Team. Bereitet eine Tour von höchstens 1,5 Stunden vor, indem ihr auf einer Karte maximal 10 Orte plant, an denen ihr zu Gesprächen über bestimmte Themen, Menschen oder Ereignisse anhalten wollt.

2. ENTDECKT GESCHICHTEN

Könnt ihr Geschäfte, Organisationen oder Menschen, etwa Zeitzeugen, zu Stationen eures Spaziergangs machen? Mit welchen Fragen könntet ihr die Teilnehmerinnen und Teilnehmer in das Spaziergangsgespräch einbeziehen?

3. HABT SPASS

Baut Requisiten, vielleicht sogar Verkleidungen mit ein. Sorgt dafür, dass der Spaziergang bei einem Café endet, sodass die Teilnehmerinnen und Teilnehmer dort einkehren können.

4. FÜHRT DIE GRUPPE

Achtet darauf, dass ihr immer gut zu verstehen seid (etwa mithilfe einer Sprechtüte aus alten Zeitungen). Seid freundlich und nicht dominant, haltet die Gruppe aber auch zusammen.

JANES WALK

Die kanadische Initiative hat die Gesprächsspaziergänge als Werkzeug für lebendige und lernende Nachbarschaften entwickelt. Hier findest du noch mehr Tipps dazu. **janeswalk.org**

LOKAL EINKAUFEN

3 STUNDEN · MITTEL

Viele finden es schade, dass aus unseren Straßen die Einzelhändler verschwinden. Dagegen lässt sich aber was unternehmen.

BEWUSST EINKAUFEN

Unterstütze die Einzelhändler und Mittelständler in deiner Nachbarschaft gezielt, indem du bei ihnen einkaufst. Das geht mittlerweile auch online über Plattformen wie **hierbeidir.com** oder **yategolocal.com**.

EINKAUFSFÜHRER

Kopiere eine Karte, erkunde bewusst deine Nachbarschaft und trage alle Läden, Handwerker und andere Klein- und Einzelhändler in deiner Gegend ein. Teile die Karte mit interessierten Nachbarn, etwa indem du sie im Treppenhaus aushängst.

CARROT MOB

Auch wenn es um die Bewegung etwas still geworden ist, die Idee ist immer noch gut: Verabrede dich mit deinen Nachbarn, um an einem Tag bei einem Unternehmen einzukaufen. Es soll mit den Mehreinnahmen eine umweltfreundliche oder soziale Maßnahme finanzieren.

TIPP: REGIONALE LEBENSMITTEL

Im Kapitel „Essen" findest du Ideen und Tipps, wie du in Gemeinschaft Lebensmittel aus deiner Region bekommen kannst.

VIDEO-GESCHICHTEN

30 MINUTEN · LEICHT

Gemeinsame Geschichten und ein Video mit deinen Nachbarn macht sie stolz und stärkt die Gemeinschaft. Also schnapp dir eine Kamera und los geht's.

1. ENTWICKLE DEINE GESCHICHTE

Was willst du erzählen? Und wie willst du es erzählen: Willst du ein Musikvideo, Interviews oder einen Dokumentarfilm drehen?

2. FINDE DIE MITSTREITER

Begeistere Menschen, Organisationen und Gruppen für den Film. Binde sie mit ein, denn die Planung und Umsetzung kann schon viel Gemeinschaftsgeist hervorrufen.

3. SHOOTING UND VERTRIEB

Plane einen Probelauf mit ein, mache einen Drehplan und los geht's. Verbreite das Video über verschiedene Kanäle und organisiere eine lokale Filmvorführung mit Feier.

TIPP: FILMTEAM

Du musst den Film nicht unbedingt selbst machen. Vielleicht findest du lokale Unternehmen und Organisationen, die Profis finanzieren.

DACHGÄRTEN

Grüne Dächer können wichtige Ersatzlebensräume für Pflanzen und Tiere sein. Sie speichern Regenwasser und verbessern das Klima. Allein auf Nichtwohngebäuden gäbe es in Deutschland rund 300 Millionen bepflanzbare Quadratmeter, die rund 28 Millionen Tonnen CO_2 binden würden, etwa 80 % der industriellen Emissionen in Deutschland.

VERTIKALE GÄRTEN

Unter dem Stichwort Vertical Farming entwickelte der Wissenschaftler Dickson Despommier ein Konzept für eine neue Form der Landwirtschaft in der Stadt. Grüne Fassaden sind – ob essbar oder nicht – in jedem Fall nützlich, denn sie bremsen den Luftstrom ab und filtern Staub und Schadstoffpartikel aus der Luft.

MINI-FARMEN

Salat, Kräuter und sogar Gemüse anzubauen, geht auch auf kleinstem Raum: Ein sonniges Fenster oder ein Balkon reichen schon. Regionaler geht es kaum. Lecker und gesund ist es auch noch und gut für das Raumklima (drinnen) und für Insekten oder Wildbienen (draußen).

GEMEINSCHAFTSGÄRTEN

Offene Stadt- und Gemeinschaftsgärten haben viele positive Effekte: Sie sind eine Quelle für politische, gesellschaftliche und kulturelle Erkenntnisse. Sie liefern leckeres und gesundes Essen. Sie verbessern die nachbarschaftliche Gemeinschaft und geben den Anwohnerinnen und Anwohnern Raum zum Mitgestalten ihrer Stadt. Sie bringen die Menschen in Verbindung mit ihrem Essen und der Natur. Und Psychologen wissen schon lange, dass Gartenarbeit heilsam für Seele und Gemüt ist.

GRÜN WIE DIE HOFFNUNG

WIR ERNTEN, WAS WIR SÄEN: EINE ANDERE WELT IST PFLANZBAR

BAUMSCHEIBEN

Unbepflanzte Baumscheiben sind oft stark verdichtet und werden als Hundetoilette oder Müllablade missbraucht. Das schadet dem Baum und den dort lebenden Tieren und Pflanzen. Bepflanzte Baumscheiben schützen den Baum und die Tiere. Und sie sind ein schöner Anblick.

STADTBÄUME

Straßenbäume müssen erheblichen Belastungen standhalten, sind aber sehr wichtig. Sie spenden Schatten, produzieren Sauerstoff und filtern Lärm und Staub. Sie schenken vielen Vögeln, Insekten und anderen Nützlingen Lebensraum.

STADTNATUR

Bereits 5 Minuten im Garten, im Park oder in der freien Natur verbessern die Stimmung und das Selbstwertgefühl deutlich. 20 Minuten an der frischen Luft sind gut für die Gesundheit, fördern das Immunsystem und bauen Stress ab. Das gilt besonders auch für Kinder.

Es gibt im Frühjahr diese magische Zeit, wenn die ersten kleinen, grünen Triebe aus der Erde oder an den Ästen und Zweigen hervorspitzen. Eigentlich ist es noch viel zu kalt und zu nass, um schon so ungeduldig aktiv zu werden, denkt man. Doch wer einen Garten hat, der kennt die stille Hartnäckigkeit, mit der sich Pflanzen gegen die Widrigkeiten des Lebens stellen, wachsen, blühen und Früchte tragen. Diese Kraft, die so zart scheint und doch vor nichts Halt macht, ist irgendwie bezaubernd und berührend. Viele, die das erste Mal eigenhändig ein Samenkorn in die Erde stecken und erleben, wie daraus eine Pflanze wird, deren Früchte sie ernten und essen können, staunen. Für sie ist es ein Wunder zu sehen, dass das so einfach geht. Und mehr noch die Tatsache, dass sie selbst dieses Wunder in Gang setzen können.

Wir ernten, was wir säen. Wir essen, was wir ernten. Und was wir essen, wird zu uns, macht uns stark und gesund – oder eben nicht. Konkreter lässt sich wohl kaum erleben, wie wir von unserer Umwelt abhängen. Damit entwickeln wir uns in Höchstgeschwindigkeit von einem normal entfremdeten Stadtmenschen, der keine Ahnung hat, woher das in Plastik eingeschweißte Gemüse kommt, zu jemandem, der weiß, wie die Pflanze aussieht, von der die Frucht stammt, und wann

78,2 %
damit mehr Natur in die Stadt kommt

57,6 %
um mit anderen zu gärtnern

55,8 %
um das Umfeld zu verschönern

48,8 %
um Nahrung selber anzubauen

48,3 %
um Menschen kennenzulernen

46,5 %
um sich gesellschaftlich einzubringen

WARUM GÄRTNERN?

Gemeinschaftsgärtnerinnen und -gärtner haben unterschiedliche Motive.

WINDOW FARMS

Ein ausgeklügeltes DIY-System macht aus alten PET-Flaschen Miniaturgewächshäuser für deine Fensterbank.
our.windowfarms.org

WURMKISTEN

Mit einer Wurmkiste machst du aus Küchenabfällen wertvollen Kompost.
jetztrettenwirdiewelt.de/aktionen/wurmkiste-bauen

DIE BIENENKISTE

Imkern auf dem Balkon, das geht. Und zwar mit der Bienenkiste.
bienenkiste.de

TRANSITION TOWN

Die weltweite Community probiert alternatives Stadtleben, unter anderem mit Stadtgärten und Permakultur.
transition-initiativen.org

sie reif ist. Das wiederum schärft unseren Blick für die unglaubliche Monotonie der Supermärkte, die uns die Vernichtung von Saatgut- und damit Pflanzenvielfalt als alltägliche Effizienz verkauft, bei der die Gaumenfreude und Gesundheit – allen Werbeversprechungen zum Trotz – in Wahrheit doch nur eine untergeordnete Rolle spielen.

Dazu kommt, dass wir in einem Garten neben den Pflanzen ganz automatisch auch Tugenden wie Fürsorge, Achtsamkeit, Geduld und Hingabe kultivieren – anders wächst nämlich nichts. Das alles gibt es ganz ohne Guru, Meditationszentrum oder Yogastunden. Dafür mit viel Ruhe und Erholung. Die Forschung der Naturpsychologie hat in den letzten Jahrzehnten durch wissenschaftliche Studien bestätigt, was Ärzte aus praktischer Erfahrung schon seit Jahrhunderten wissen: Die körperliche Bewegung im Grünen – ob im Garten, Park oder Naturschutzgebiet – stärkt unsere Gesundheit, unser Wohlbefinden und unser Selbstbewusstsein.

KEIMZELLE FÜR UTOPIEN

Das gilt für Stadtgärten umso mehr, denn hier kommt ja noch die Gemeinschaft dazu. Die ist meist ungewöhnlich frei von Status- und Milieugrenzen. Das Ideal des Stadtgärtnerns – aus grauen, dreckigen Stadtbrachen grüne Paradiese zu machen – schafft es anscheinend, die unterschiedlichsten Gruppen zusammenzubringen: Da sieht man Menschen aller Altersstufen, Nationen und Weltanschauungen gemeinsam Erde herankarren, Hochbeete zimmern, Keimlinge teilen und Gießkannen herumschleppen. Dabei lernen alle: von den Mitgärtnerinnen und -gärtnern, den Umständen und Anforderungen.

Im multikulturellen Wuhlegarten in Berlin lernen die Gartenmitglieder so zum Beispiel eine wassersparende Bewässerungsmethode aus Aserbaidschan kennen oder bekommen von ihren vietnamesischen Mitgärtnerinnen und -gärtnern Saatgut für Pflanzen, für die wir hier noch nicht einmal einen Namen haben. Andere Stadtgärtnerinnen und -gärtner erproben neue Besitz- und Gemeinschaftsformen. So etwa der Allmende-Kontor in Berlin: Der urbane Hochbeetgarten am Flughafen Tempelhof ist weder öffentlicher noch privater Raum, sondern ein sogenanntes Gemeingut, eine Allmende – also ein Grund, der weder dem Staat noch bestimmten Menschen oder Unternehmen gehört, sondern der Gemeinschaft, die sich um ihn kümmert. Und das kann jede und jeder sein. Hier gibt es keine Wachen, keine Zäune, keine Gesetze oder Verbote. Dennoch funktioniert es: Bislang wurde nichts zerstört oder gestohlen. Konflikte ließen sich immer friedlich lösen.

Der Prinzessinnengarten in Berlin ist hingegen bewusst als gemeinnützige GmbH organisiert, denn man will hier neue Formen des Wirtschaftens ausprobieren und einen Ort schaffen, von dem Menschen leben können. Dem Stadtgarten am Kulturbunker in Hamburg geht es dagegen um die Mitgestaltung der Stadt von unten: Sie kämpfen darum, einen städtischen Bunker als energie-autarkes Kulturzentrum nutzen zu dürfen, und legten schon mal einen Stadtgarten an, um den ersten Schritt zu machen.

GRÜNANTEIL

SO STARTEST DU EINEN STADTGARTEN

Wer sich für Stadtnatur engagieren will, schaut am besten erst mal, was schon da ist. Dazu kannst du entweder auf der Plattform gruenanteil.net und im Internet nachsehen. Hier findest du urbane Gärten, Grünpatenschaften, Arbeitsgruppen von Naturschutzverbänden und vieles mehr. Oder du schaust einfach mal, was du in der Nähe deiner Wohnung findest. Wenn du etwas Spannendes entdeckt hast, kannst du einfach eine Karte hinterlassen und nachfragen, ob du mitmachen kannst. Auf Grünanteil kannst du übrigens auch eine Idee eintragen, etwa wenn du einen Gemeinschaftsgarten gründen möchtest. Oft findest du im Stadtteil andere mit der gleichen Idee.

Wenn du einen Garten gründen willst, solltest du dir überlegen, was du genau willst: Gemüse anbauen oder eine Wildblumenwiese zum Chillen? Wenn du das weißt, kannst du vergleichbare Projekte besuchen und erfahren, was deine romantischen Vorstellungen in der Praxis bedeuten: Welche Ressourcen brauchst du dafür? Es ist meist recht unkompliziert, in der ersten Euphorie Hochbeete zu bauen, Erde ranzuschaffen und etwas einzupflanzen. Die Pflege ist der eigentlich spannende Teil: Was passiert in den Sommerferien? Wer erntet und verarbeitet die Früchte?

Wenn du einen Ort im Auge hast, solltest du herausfinden, was dort möglich ist. Frage dazu in den umliegenden Geschäften oder beim Bezirk, ob die Fläche öffentlich oder privat ist. Wenn es sich beispielsweise um ein Gartendenkmal handelt, muss sie genau so bleiben. Wenn es um eine Park- oder Erholungsfläche geht, ist eher etwas machbar. Oft lohnt es sich, den Ort eine Zeit lang zu beobachten, um zu erfahren, was dort bereits geschieht. Nimm Kontakt zu Menschen und Gruppen auf, denen du begegnest. Ein guter Impuls für eine neue gemeinsame Nutzung kann eine Einladung zu einem gemeinsamen Grill-Picknick oder Spaziergang mit der Nachbarschaft sein. Komm einfach raus und zeige dich im Grünanteil deiner Stadt.

Oft hilft es einem Projekt auch, wenn es einen Partner hat. Es schafft Vertrauen, wenn du Behörden oder Unternehmen sagen kannst, dass du das Projekt in Kooperation mit einem Stadtteilzentrum oder Naturschutzverband machst.

Fabian Berger ist Mitgründer der Netzwerkplattform Grünanteil für urbane Gärten und Stadtnatur. Hier findest du viele Informationen, Aktionen und Kontakte. **gruenanteil.net**

COMMON GROUNDS
Unterstützung für Stadtgärtner und Urban-Gardening-Toolkit. **common-grounds.net**

GEMÜSEGARTEN MIETEN
Gemüsegärten mieten kannst du mittlerweile in mehreren Städten. **meine-ernte.de** **ackerhelden.de**

ESSBARE STADT
Obstbäume statt Kastanien und Tomaten statt Stiefmütterchen wollen Verfechter essbarer Städte. **bit.ly/essbare-stadt**

GARTENPATEN
Hier gibt's Gärten zum Teilen und Teilgärten. **gartenpaten.org**

ACKERDEMIE
In der Gemüse-Ackerdemie lernen Kinder, wo unser Essen herkommt. **ackerdemia.de**

ANSTIFTUNG ERTOMIS
Hier gibt's eine interaktive Karte, ein Manifest und jede Menge Infos. **anstiftung.de**

Ludwig Watschong ist Saatgutzüchter, hat mit anderen den Verein der Nutzpflanzenvielfalt (VEN) sowie den Saatgutvertrieb Dreschflegel gegründet und gibt Seminare.
alte-kulturpflanzen.de

EINE ANDERE WELT IST PFLANZBAR

Damit sind Stadtgärten eigentlich fast immer auch politisch – nur ohne Ideologien, Theorien und Manifeste und damit für viele leichter verdaulich. Manche rutschen – quasi ohne es gewollt zu haben – ins Politische hinein. „Die merken dann, dass das gar nichts Aufrührerisches haben muss, sondern einfach nur damit zu tun hat, dass man seine Umwelt aktiv mitgestaltet", ist die Erfahrung von Fabian Berger von Grünanteil in Hamburg. Ein Stadtgarten ist damit auch ein Ort, an dem Menschen machbare Utopien praktisch und anfassbar erproben können. Was sie hier einüben und testen, lässt sich auch auf andere Bereiche des Lebens und der Gesellschaft übertragen: Welche Form von Zusammenleben wollen wir? Wie soll Kultur aussehen, die von uns kommt? Welche Alternativen zum passiven Konsumieren haben wir? Und welche Formen von Zusammenarbeit und Unternehmen kann es geben, die nicht nur dem Profit, sondern dem Einzelnen, der Gemeinschaft und der Natur zugutekommen?

Entsprechend hat die Bewegung der urbanen Gärtnerinnen und Gärtner das Motto der globalisierungskritischen Bewegung „Eine andere Welt ist möglich" für sich abgewandelt: Eine andere Welt ist pflanzbar. Tatsächlich steht laut der Ethnologin und Soziologin Veronika Bennholdt-Thomsen hinter der gärtnerischen Vision ein anderes Politikverständnis: Stadtgärtnern will die Welt retten, ohne die Macht zu übernehmen. Die urbane Gartenarbeit soll vielmehr einen Erkenntnisprozess in Gang setzen, in dem sie Sinn stiftet,

SAATGUT-VIELFALT

ALTE SORTEN ERHALTEN

Vor 10.000 Jahren begannen wir Menschen überhaupt erst mit der Entwicklung der Kulturpflanzen. Damals züchtete praktisch jeder Bauer oder Gärtner eigene Sorten. Es gab eine riesige Vielfalt. Vor etwa 200 bis 300 Jahren fingen Züchter an, Saatgut herzustellen. Das begann mit der Zuckerrübe und ging dann bei anderen Pflanzen weiter.

Damals gab es zunächst viele klein- und mittelständische Züchter. Vor etwa 50 Jahren existierten in Deutschland noch 30 bis 40 Züchter. Vor 20 Jahren gab es immer noch 10 bis 20. Heute gibt es hier kein einziges mittelständisches Unternehmen mehr. Alles ist in der Hand von großen Konzernen. Davor hatte jeder Züchter seine Sorten. Doch mit jedem Züchter, der übernommen oder eingestellt wurde, sind Sorten verschwunden.

Daher gibt es nur noch wenige Sorten. Doch die werden den Bedürfnissen von Kleingärtnern oder Selbstversorgern gar nicht gerecht, etwa weil sie Pflanzen brauchen, bei denen die Früchte nach und nach reif werden. Die Mitglieder von Dreschflegel oder auch Bingenheimer Saatgut züchten zum Beispiel solches Saatgut. Bei den konventionellen Saatgutherstellern spielen vor allem die eigenen Interessen und die Vorstellungen des Handels eine Rolle. Sie bestimmen, wie das Gemüse aussieht. Das Interesse der Verbraucher hat dabei Nachrang, etwa wie die Sorten schmecken.

Seit drei Jahren kann man – auch aufgrund des Drucks, den wir seit über 20 Jahren machen – sogenannte Amateursorten anmelden. Das hilft beim Erhalt alter Sorten. Zum Beispiel gab es in Bamberg einen Züchter mit speziellen, birnenförmigen Zwiebeln. Die gab es nicht mehr, als es den Züchter nicht mehr gab. Doch Menschen, die sie gut fanden, züchteten sie einfach weiter. Irgendwann habe ich diese Sorte bekommen und seitdem züchte ich sie auch.

wo unsere heutige Konsumwelt eben oft sinnlos aus den Fugen geraten ist. Unser Wirtschaftsprinzip ist darauf angewiesen, dass wir immer weiter konsumieren. Auch dann, wenn es gar keinen echten Bedarf mehr dafür gibt. Selbst dann noch, wenn es uns in Wahrheit unglücklich und einsam macht. Es braucht das permanente Gefühl von Knappheit, Konkurrenz und Egoismus. Wer gärtnert, lernt das gegenteilige Prinzip. Spätestens wenn die Zeit der Ernte kommt, ist in einem Garten von dem ein oder anderen immer schlicht zu viel da. Das verschenkt man an Freunde, Familie, vielleicht auch an Nachbarn und sogar Fremde. Manche Menschen geraten so das erste Mal in ihrem Leben in eine Situation, in der sie bedingungslos verschwenden können – ja, geradezu müssen, wenn nichts von dem verkommen soll, was sie zuvor so hingebungsvoll großgezogen haben.

Diese Erfahrung ist heilsam und lehrreich zugleich. Denn Teilen und Schenken erzeugt immer auch Gemeinschaft und Verbindungen. In einer Gesellschaft, in der sich hartnäckig der Mythos des „Homo Oeconimicus" hält und immer mehr zur Ware wird – die Pflege, die Kindererziehung, selbst der Erhalt der Natur – ist bedingungsloses Schenken wohl der einfachste und direkteste Weg in eine andere, in eine bessere Welt. Mit einem Garten kann das jede und jeder tun und dabei reicher und nicht ärmer werden. Denn nichts schenkt mehr Freude und Zufriedenheit, als zu erkennen, dass das eigene Handeln so eine große Wirkung entfalten kann.

Die Vision und die Praxis derjenigen, die nach dem Motto „eine andere Welt ist pflanzbar" handeln, hat die Selbstermächtigung des Einzelnen zum Ziel. Gemeinschaftsgärtner wollen nicht darauf warten, dass Wohlstand umverteilt wird. Sie wollen selbst für das sorgen dürfen, was sie brauchen – und zwar kooperativ, auch mit der Erde und allem, was sie hervorbringt. Ihre Lebensphilosophie zeichnet ein Bild von einer Welt, die nach unserer heutigen Wachstumsideologie kommen könnte. Eine Welt, in der wir nur noch das für uns behalten, was wir tatsächlich zum Leben brauchen: Nahrung, Kleidung, eine Behausung und Fürsorge. Das bedeutet keineswegs Verzicht, denn die Idee von der Versorgungsautonomie sieht für uns mehr Zeit für das vor, was uns im Leben tatsächlich glücklich macht – Gemeinschaft, Freunde und sinnvolles Handeln.

Die Arbeit im Garten oder in der Natur ist damit weitaus mehr als einfach nur irgendeine praktische Freizeitbeschäftigung: Sie ist ein Erkenntnisprozess. Und ein Garten ist damit nicht einfach nur irgendein Ort, an dem etwas wächst, was sich essen lässt. Er kann zu einer wahren Fundgrube für Lebenssinn werden. Er ist aber auch der ideale Ort, um mit ganz besonderen Lebewesen in Kontakt zu kommen, mit denen wir uns unseren Planeten teilen und von denen unser Wohlergehen ganz wesentlich abhängt: den Tieren. Kaum ein Thema ist wohl mit so vielen Emotionen belegt, mit positiven wie mit negativen. Und genau darum geht es im nächsten Kapitel.

250.000 Pflanzenarten sind bekannt

50.000 Arten können wir essen

7.000 Arten bauen wir an

30 Arten decken 95 % der Nahrungsenergie

3 Arten decken 60 % der Nahrungsenergie

EINFALT IN VIELFALT

Wir ernähren uns von recht wenigen Pflanzenarten.

SAATGUT-KAMPAGNE

Hier findest du Infos rund um das Thema, Termine für Saatguttauschbörsen und vieles mehr. **saatgutkampagne.org**

ARCHE NOAH

Hier findest du viele Infos zum Thema, Links zu Schaugärten mit alten Sorten und Tipps zum Aktivwerden. **arche-noah.at**

SELTENES SAATGUT

Bio-Saatgut von alten, seltenen Gemüse-, Obst- und Blumenarten bekommst du bei Dreschflegel und Bingenheimer Saatgut.
dreschflegel-saatgut.de
bingenheimersaatgut.de

SAATGUT IST GEMEINGUT

Unter diesem Motto zeigen die vier Videos, wie du Saatgut selbst vermehren kannst.
seedfilmd.org

NUTZPFLANZENVIELFALT

Der Verein zur Erhaltung der Nutzpflanzenvielfalt (VEN) schützt das Saatgut von etwa 4.000 Sorten. **nutzpflanzenvielfalt.de**

AKTIONEN

RAN AN DIE TÖPFE: MACH'S GRÜNER

jetzttrettenwirdiewelt.de/gruenes

NATUR ENTDECKEN

1 STUNDE · LEICHT

Diese Übung hat eine abgefahrene Wirkung auf deine Wahrnehmung: Geh mit jemandem raus in einen Garten, Wald oder Park. Lass dich von ihr oder ihm etwa 30 Minuten lang schweigend herumführen, halte dabei die Augen geschlossen. Klopft sie oder er dir leicht auf die rechte Schulter, öffnest du für etwa fünf Sekunden die Augen und nimmst bewusst die Formen, Farben und Strukturen wahr. Klopft sie oder er auf deine linke Schulter, streckst du deine Hand aus und fühlst mit geschlossenen Augen. Rieche und schmecke auch. Tauscht danach die Rollen.

ZIMMERGEMÜSE

3 MONATE · MITTEL

Bohnen, Tomaten, Zucchini, Zwiebeln oder Gurken kannst du sogar in der Wohnung ziehen. Du brauchst dazu große Pflanzenkübel für rund 10 Liter Erde, je nach Sorte Rankhilfen und viel Tageslicht. Salate, Radieschen und Kräuter kannst du auch schon in kleinen Gefäßen ziehen.

WILDES ERNTEN

3 STUNDEN · MITTEL

AUSSTATTEN

Die Natur hat viel für dich übrig und zwar völlig kostenlos, gesund und lecker. Also: Schnapp dir einen Korb, Dosen, Gläser, Messer, Gartenschere, Tüten, Taschen und was du sonst noch brauchst, und dann ab ins Grüne.

ERNTEZEIT

Mach dich schlau, welche Kräuter, Beeren, Blüten, Pilze und Wurzeln derzeit reif sind und was die beste Erntezeit ist. Besorge dir ein Bestimmungsbuch. Und sammle Beeren und Blüten nur in der Mittagssonne.

ERNTEN GEHEN

Sammle grundsätzlich nur so viel, wie du bald verzehren kannst. Vermeide Gassi-Zonen, die Nähe von Straßen mit Abgasen, gedüngte Wiesen und Ackerränder voller Pestizide.

TIPP: MUNDRÄUBERN

Viele Obstbäume und -sträucher in der Stadt sind verwaist. Sie warten nur darauf, dass du sie findest und ihre Früchte erntest. Wo sie stehen, wie und wann du sie ernten und was du mit den Früchtchen machen kannst, erfährst du auf der Plattform Mundraub. **mundraub.org**

GUERILLA-GÄRTNERN

3–6 MONATE · MITTEL

Diese Aktion kannst du einmal machen. Doch am besten wird es, wenn du länger dabei bist. Dann kennst du die besten Stellen, sammelst Erfahrung und hast die richtige Ausrüstung.

1. DER RICHTIGE ORT

Suche dir ein Plätzchen, etwa eine Baumscheibe oder einen Hinterhof nahe deiner Wohnung oder auf dem Weg zur Arbeit. Stell sicher, dass die Pflanzen Freude und keinen Ärger verbreiten.

2. PFLANZEN AUSWÄHLEN

Was willst du anpflanzen: Blumen, Grünes oder Gemüse? Beobachte den Platz und finde heraus, ob die Pflanzen praller Sonne oder starkem Wind ausgesetzt sind. Wähle die Pflanzen sorgfältig aus.

3. PFLANZTAG PLANEN

Lade Freunde oder übers Internet auch andere Interessierte zum Pflanztag ein. Besorge Schaufel, Gummistiefel, Müllsäcke, Wasserflaschen, eventuell Blumenerde und natürlich die Pflanzen, Zwiebeln oder Samen.

4. AN DIE PFLANZE, FERTIG, LOS

Befreie den Ort von Müll und lockere den Boden eventuell ein bisschen auf. Dann pflanze und gieße ordentlich. Lass weder Müll noch Pflanzenreste zurück.

5. PFLEGE DEINEN GARTEN

Pflege die Pflanzen und gieße sie an heißen Tagen. Erzähle anderen von der Aktion und hinterlasse ein Schild oder ein Banner an dem Ort, sodass Passanten den Guerilla-Garten erkennen.

SAMENBOMBEN BASTELN

30 MINUTEN · LEICHT

Wahrscheinlich nutzten schon die Indianer Samenbomben. Jedenfalls säte der japanische Reisbauer Masanobu Fukuoka damit und auch New Yorker Aktivisten nutzten sie seit den 1970er Jahren. Du kannst sie leicht selbst machen: Mische 5 Teile Tonerde mit 3 Teilen Humus oder Erde, 1 Teil Samen und circa 5 Teilen Wasser zu einem dicken Matsch. Forme daraus walnussgroße Kugeln und lass sie 1 bis 2 Tage trocknen. Wirf die Kugeln einfach dort aus, wo etwas Farbe nicht schaden kann. Du brauchst sie nicht zu vergraben.

TIPP: SAATGUT-TAUSCHBÖRSEN

Ob Balkon, Garten oder Samenbombe: Um Saatgut unter Hobby-Gärtnerinnen und -Gärtnern zu tauschen, kannst du Saatguttauschbörsen besuchen. Hier gibt's zudem auch jede Menge Infos und Kontakte zu Gleichgesinnten. Du hast keine in deiner Nähe? Dann organisiere doch selbst eine. Auf der Seite der Saatgutkampagne findest du alle Termine und eine Anleitung:
saatgutkampagne.org

BLÜTEN & BLÄTTER

Nektar- und pollenreiche Blüten sind der Ausgangspunkt für große und kleine Tiere. Heimische Pflanzen bieten mehr Tieren Nahrung als exotische. Veränderte Pflanzen produzieren oft weder Nektar noch Pollen. Genießbare Blätter sind eine Voraussetzung für Schmetterlingslarven.

GEBÜSCH

Fruchttragende Gebüsche, die etwas dichter sind, sind die ideale Nahrungsquelle und eine gute Versteck- und Brutmöglichkeit. Dornen schützen Vögel und ihre Nester vor Räubern.

TEICHFRÖSCHE

Stehende Gewässer wie Teiche ohne Springbrunnen nehmen Frösche gerne an. Bei Gefahr tauchen sie ab, bevorzugen also dichten Bewuchs, wie etwa Seerosen. Frösche mögen Insekten, einen Uferzugang und sollten den Teich nicht mit Fischen teilen.

HECKEN & ALTE BÄUME

Vögel nisten gern in wilden Hecken oder im Efeu-Bewuchs an Hauswänden. In dichtem Gestrüpp nisten etwa Rotkehlchen, Singdrosseln oder Amseln. Höhlenbrüter, wie Meisen, Kleiber, Stare oder Sperlinge, bevorzugen alte Bäume oder Nistkästen.

FISCHE

Fische brauchen einen großen, gut bewachsenen, mindestens 1 Meter tiefen Teich. Sie fressen Insekten, die den Teich anfliegen, oder Eier von Stechmücken, sodass du bei wenigen kleinen Fischen nicht füttern musst. Empfehlenswert sind heimische Fischarten.

GRÄSER & WIESEN

In wilden Grasflächen finden sich reichlich Insekten ein: ein gedeckter Tisch für die Vögel. Honig- und Wildbienen stehen auf blütenreiche Areale mit Stauden, wie Mutterkraut, Kugeldistel oder Ochsenaugen. Einjährige Sommerblumen liefern besonders viele Samen.

TRÄNKEN & BÄDER

Vögel brauchen das ganze Jahr über etwas zum Trinken und Baden. Dafür eignen sich zum Beispiel Blumenuntertöpfe oder alte Suppenteller. Insekten und Kleinsäuger finden sie übrigens auch klasse.

MAUERWERK

In Steinmauern fühlen sich Insekten, Spinnen oder Eidechsen äußerst wohl. Besser für sie ist es, wenn nicht immer alles verfugt und verputzt ist. Trockenmauern sind ideal.

STEINHAUFEN

Steinhaufen in geschützten Ecken sind ideale Rückzugsorte für kleine Tiere, wie Igel, Kröten, Molche oder Mäuse. Der Haufen sollte stabil angelegt sein und so gelegen, dass sich Tiere darauf sonnen und sich darunter verstecken können.

INSEKTENHOTELS

Ein Insektenhotel bietet Unterschlupf und Kinderstuben für Insekten. Wenn du es selbst baust, nutze naturbelassene und trockene Materialien. Je nach Bauart ziehen Käfer, Fliegen, Bienen, Wespen oder Ameisen ein. Viele dezentrale Insektenhotels sind besser als ein großes.

BIENENKISTEN

Bis zu 20–30 Kilogramm Honig produziert ein Bienenvolk im Jahr. Mit einer Bienenkiste gibst du den fleißigen Kleinen ein Domizil in deiner Nachbarschaft. Bauanleitungen gibt es reichlich im Netz, etwa auch als Videos bei YouTube.

TIERISCHE FREUNDE

VOM RECHT AUF WÜRDE UND EIN ERFÜLLTES LEBEN

Wir sitzen jetzt schon eine ganze Weile am Computer und schauen uns Fotos von Hunden an. Große Hunde, kleine Hunde, junge, alte, Hunde mit Handicaps. Wir lesen die Texte, die die Tierheime dazu geschrieben haben, und würden am liebsten gleich mehrere von ihnen zu uns holen. Doch dafür ist kein Platz. Traurig, denn hinter jeder dieser Fellnasen steckt eine individuelle Persönlichkeit und ein Schicksal. Es fällt uns nicht leicht, ein Tier auszusuchen und damit alle anderen irgendwie zurückzulassen. Am Ende entscheiden wir uns für eine „ruhige, freundliche und verschmuste Hündin", die von nun an ihr Leben mit uns teilen wird. Sie ist schon acht Jahre alt und ein grau-brauner Griffon-Korthals-Mix. Doch genau das wollen wir: einer schon etwas älteren Schnauze noch ein paar schöne Jahre bieten und so viel Liebe wie möglich. Heute ist Bella, wie die betagte Hundedame heißt, über 14 Jahre alt und etwas schwerhörig. Sie sieht nicht mehr gut, freut sich aber über jeden neuen Tag und läuft ständig mit einem wedelnden Schwanz herum. Bella gehört mittlerweile zur Familie. Nein, sie ist Familie und wir haben keinen Tag mit ihr bereut. Wir sorgen uns um sie, wenn sie krank ist, lachen mit ihr, wenn sie sich freut, und fürchten uns vor dem Tag, an dem sie uns verlassen muss. Sie ist der emotionale Ausgangspunkt für ein Kapitel, dessen Recherche uns ziemlich mitgenommen hat.

Die Zahl der in Deutschland lebenden Haustiere wächst seit Jahren. Die tierischen Einwohnerzahlen von 2018.

HAUSTIERE

TASSO E.V.

Die Notrufzentrale für entlaufene Tiere hilft dir bei der Suche deines Lieblings oder eines Tierbesitzers. **tasso.net**

TIERHEIME

Viele Tiere warten im Heim auf ein neues Zuhause. Hier findest du Tierheime in Deutschland nach Postleitzahl sortiert. **tierheimlinks.de**

TIERHELDEN

Die Plattform bringt Tiersitter, Betreuer und Trainer mit hilfesuchenden Tierhaltern zusammen. **tierhelden.de**

TIERFORUM

Eine gute Adresse, um sich über Tiere zu informieren und auszutauschen. **tierforum.de**

LERNEN MIT TIEREN

Hier gibt es Angebote zu tiergestützter Pädagogik und Therapie. **lernen-mit-tieren.de**

HAUS, HOF UND NACHBARSCHAFT

Die Begegnung zwischen Mensch und Tier kann etwas Wundervolles sein. Wer je ein Haustier hatte, weiß genau: Wir können tatsächlich sehr viel von ihnen lernen. Sie machen uns glücklich, wir dürfen für sie da sein und werden im Gegenzug bedingungslos geliebt. Das haben viele Deutsche bereits erkannt. Eine vom Industrieverband Heimtierbedarf (IVH) und dem Zentralverband Zoologischer Fachbetriebe (ZZF) in Auftrag gegebene Populationsstudie ergab, dass in Deutschland rund 14,8 Millionen Katzen, 9,4 Millionen Hunde, 5,4 Millionen Kleintiere und immerhin 4,8 Millionen Ziervögel zu Hause sind. Doch nicht jeder Tierfreund braucht ein Haustier, um Tieren nah zu sein. In jedem Garten, auf jedem Balkon oder in jeder Straße kannst du sehr viele Tiere entdecken. Und wenn du dir die Zeit nimmst und sie beobachtest, kannst du ihre Einzigartigkeit erkennen. Du kannst dich um sie kümmern, sie schützen und mit ihnen gemeinsam leben. Wenn du es willst.

Doch so schön unsere Erfahrungen mit Tieren sind, dieses Kapitel zu schreiben, ist uns nicht leichtgefallen. Denn es ist gar nicht so einfach, ausgewogen über ein Thema zu schreiben, das die Menschen so stark bewegt, ja sogar spaltet. Wir hätten es uns einfach machen und bei diesem Teil unserer Recherchereise die thematisch kantigen Klippen weiträumig umschiffen können. Wir hätten uns darauf beschränken können zu beschreiben, wie du ein gutes Verhältnis zu deinem Haustier aufbaust, Insektenhotels baust oder Rückzugsorte für Igel schaffst. Und wir kommen auch noch dazu. Doch was ist ein Kapitel über Tiere wert, das nur die schönen Seiten beleuchtet? Ein Blick in die treuen Augen unserer Bella brachte uns dazu, ehrlich zu sein, genau hinzusehen und uns unserer Verantwortung zu stellen.

Denn es ist die Verantwortung für andere Lebewesen, die wir vom ersten Moment an spürten, als wir Bella nach Hause holten. Sie ist ein Rudeltier, braucht Auslauf und die Interaktion mit anderen Hunden. Sie ist ein Individuum mit eigenen Wünschen, die sie hartnäckig einfordern kann. Wir sind dafür verantwortlich, dass sie bekommt, was sie braucht. Wenn du ein Haustier hast, wirst du das sofort verstehen. Und auch wenn du keines hast, wirst du es wahrscheinlich nachvollziehen können. Wir sind Tieren unsere Fürsorge schuldig. Denn jedes Tier ist eine Persönlichkeit. Selbst, wenn es in der Masse seiner Artgenossen untergeht. Die kleine Ameise im emsigen Ameisenhaufen, der Vogel im Schwarm weit oben in der Luft, der Fisch tief unten im Meer – jede Kreatur ist ein Individuum.

Doch sobald wir keine persönliche Beziehung zu einem Tier haben, weil wir nicht genau hinsehen, weil wir Angst vor ihm haben oder es für nutzlos halten, verschwindet unser Verständnis schnell. Aus einem Individuum wird ein Ding, ein Produkt, eine Sache, die sich unseren Interessen unterzuordnen hat. Zwar gelten Tiere seit 1990 juristisch nicht mehr als Sache, das heißt, ihnen wurden eigentlich eigene Bedürfnisse eingeräumt. Dennoch kommt ihnen keine herausragende Rechtsstellung zu. Das bedeutet, praktisch sind Tiere per Gesetz kaum geschützt: Zu kleine Käfige, Einsamkeit, falsche Fütterung und in manchen Fällen sogar Gewalt bleiben allzu oft straffrei.

TIERE, ETHIK UND RECHT

WAS UNS DIE TIERETHIK SAGT UND WARUM WIR INTERNATIONALE TIERRECHTE BRAUCHEN

Die Tierphilosophie fragt nach drei verschiedenen Bereichen: Was unterscheidet den Menschen vom Tier? Was sind Tiere? Und was dürfen wir mit Tieren machen? Bei der letzten Frage, der Tierethik, müssen wir klären, welches Bewusstsein Tiere haben. Tiere haben wahrscheinlich zwar kein Bewusstsein im Sinne eines Selbstbewusstseins. Es ist eher unwahrscheinlich, dass etwa eine Amsel einen Lebensplan hat oder sich fragt, was sie besser machen könnte. Doch wir können davon ausgehen, dass Tiere – Einzeller einmal ausgeklammert – ein Bewusstsein im Sinne von Wünschen, Interessen oder Bedürfnissen haben. Moralisch relevant ist hierbei vor allem der Wunsch, Schmerzen zu vermeiden.

Nun gibt es sehr viele Anhaltspunkte dafür, dass Wirbeltiere Schmerzen empfinden können: von den Säugetieren über die Vögel und Fische bis hin zu den Reptilien und Lurchen. Manche Tiere sind zwar völlig anders gebaut, etwa eine Krake mit insgesamt neun im Körper verteilten Gehirnen. Da fällt uns die Vorstellung schwer, wie diese Tiere Schmerzen genau wahrnehmen. Aber wir wissen, dass sie sie wie wir als etwas Unangenehmes empfinden. Diese Form des Bewusstseins müssen wir moralisch ebenso berücksichtigen wie beim Menschen. Dabei müssen wir jedoch abstrakt denken, denn es darf keine Rolle spielen, ob da ein süßer Hund leidet oder eine hässliche Ratte.

Ich bin daher ein Verfechter globaler Rechte für empfindungsfähige Tiere. Doch zwischen dem ethischen Ansatz und der praktischen Umsetzung dürften noch viele Schritte liegen. Denn um Tierrechte einfordern zu können, müssten wir Alternativen anbieten können. Nehmen wir das Beispiel billiger Arbeitstiere in Botswana, wo sich die Kleinbauern keine Maschinen leisten können. Obwohl ich glaube, dass es gegen die Rechte des Esels verstößt, wenn der Kleinbauer ihn für seine Arbeit einspannt, kann ich ihm das schlecht verbieten, solange es keine Alternative für ihn gibt. Wir können mit der Umsetzung von Tierrechten also nur in bestimmten Weltregionen anfangen, und zwar hier und jetzt bei uns.

Prof. Dr. Markus Wild ist Schweizer Tierphilosoph und Professor für Theoretische Philosophie in Basel.
unibas.academia.edu/MarkusWild

ETHIK UND RECHTE

WARUM TIERRECHTE?

Warum sollten Tiere eigene Rechte bekommen? Eine philosophische Auseinandersetzung mit konkreten Praxisbeispielen.
peta.de/tierrechte

TIERSCHUTZGESETZ

Beim Bundesministerium für Justiz kannst du das Tierschutzgesetz (TSchG) lesen.
gesetze-im-internet.de/tierschg

GLOBAL ANIMAL LAW

Dieses Projekt listet den Stand der Tierrechte einzelner Länder auf und will die internationale Diskussion vorantreiben.
globalanimallaw.org

ANIMAL LIBERATION

Das Buch prägt seit den 1970er Jahren die Diskussion über den moralischen Status von Tieren. Der Autor Peter Singer ist allerdings umstritten.
petersinger.info

Patrick Sabatkiewicz ist Grafiker und Mitgründer der Tierschutzorganisation **tierretter.de**

FREUND, FEIND ODER LECKER?

Die Tierschutzorganisation PETA forderte aus diesem Grund unlängst ein Heimtierschutzgesetz mit Gruppenhaltung für soziale Arten, einen Hundeführerschein für Halter, ein Verbot von Qualzuchten und der Wildtierhaltung in Privatwohnungen. Überdies sollten Menschen verpflichtet sein, Tieren aus einem der vielen überfüllten Tierheime und privaten Pflegestellen den Vorzug zu geben vor Tieren aus Zucht und Zoohandlungen. Wieso immer wieder neue Tiere züchten, wenn woanders welche sehnlichst auf ein neues Zuhause warten?

Doch das eigentliche Drama tut sich in ganz anderen Bereichen auf, nämlich überall dort, wo wir keinen Bezug mehr zu dem einzelnen Tier haben. Wo nicht unsere Zuneigung über die Beziehung zum Tier entscheidet, sondern zum Beispiel wirtschaftlicher Nutzen. Wo Tiere direkt oder indirekt Opfer menschlicher Interessen werden. Der Mensch hat sich die Erde untertan gemacht und alles, was auf ihr lebt. Das Problem ist bloß, dass wir dank Technik das bei Weitem stärkste Lebewesen auf diesem Planeten sind. Und das nutzen wir weidlich aus. Wir sind stärker als jedes unserer Mitgeschöpfe und brutaler. Wir sind weit über das Ziel hinausgeschossen. Schon lange geht es nicht mehr darum, mit Tieren einvernehmlich zusammenzuleben. Unsere Beziehung zu anderen Lebewesen unterliegt unserem Streben nach Expansion, Dominanz und nicht zuletzt auch nüchterner Effizienz. Wir nutzen Tiere, wo sie uns nützen, und beseitigen sie, wo wir keine Verwendung für sie sehen. Milliardenfach.

WEDER BIO NOCH ÖKO

AUSBEUTUNG KANN NICHT EINVERNEHMLICH SEIN

Eines Morgens hatte ich einen besonderen Moment. Es war wie ein Blitzschlag und ich wusste, es kann so nicht weitergehen. Ich wollte nicht mehr so weiterleben, es kam mir verkehrt vor. Da wurde ich von heute auf morgen vegan. Ich schüttete die Milch weg, die noch im Kühlschrank stand, und habe seitdem kein Fleisch mehr gegessen. Mir war die rosarote Brille komplett von den Augen gefallen und ich fragte mich, was ich tun kann, um mein Wissen auch anderen Menschen näherzubringen. Ich fing dann alleine mit meiner Recherchearbeit an. Mit so einer kleinen Digitalkamera, die ich hatte, bin ich dann einfach mal zu einer Nerzfarm losgefahren. Ich habe über den Zaun geguckt, ein paar Bilder gemacht und dann tiefer recherchiert. Dabei kam ich zu dem Schluss: Es gibt keine einvernehmliche Ausbeutung. Tiere werden gezüchtet, damit wir sie benutzen können, und wenn sie nicht mehr rentabel sind – spätestens dann –, kommen sie zum Schlachter. Es gibt aus meiner Sicht keine vollkommen faire Milch oder tierfreundliche Zucht.

Auch wenn uns viele Verbände und sogar Tierschutzvereine weismachen wollen, dass es „Tierschutzfleisch" gibt. Es ist Ausbeutung und Qual, egal ob es sich um einen Bio- oder einen konventionellen Betrieb handelt. Im Biobetrieb haben die Tiere vielleicht ein klein wenig mehr Platz, ein paar Fitzel mehr Stroh und sie kriegen besseres Futter. Aber im Endeffekt leiden sie genauso und haben die gleichen psychischen und physischen Verletzungen. Doch unsere Organisation möchte bewusst machen, dass Menschen Tiere in fast allen Bereichen ausbeuten und nicht nur in der Nutztierhaltung. Auch im Zoo oder im Zirkus. Also überall dort, wo der Mensch mit Tieren zu tun hat. Ganz unabhängig von den Zahlen. So sehen wir das.

Und das, obwohl wir noch weit davon entfernt sind, das filigrane ökologische Geflecht aus Billiarden von Tieren zu durchschauen. So wird Regenwald abgeholzt, Landwirtschaft industrialisiert oder Wasser mit Schadstoffen belastet. 11.000 bis 58.000 von den schätzungsweise fünf bis neun Millionen Tierarten sterben jährlich aus. Damit erleben wir die sechste große Welle an Artensterben, die es in den letzten 540 Millionen Jahren gab. Das kann auch für uns Menschen unangenehm werden. Die Dinosaurier sind dabei schon mal ausgestorben.

Die alarmierenden Zahlen berühren uns Menschen jedoch meist erst, wenn wir die Tiere kennen. Doch wer kennt schon einen afrikanischen Löwen, eine Goldkatze oder einen neuseeländischen Seelöwen? Wir nicht. Überhaupt: Welche Tiere wir mögen oder lieben, vor welchen wir uns ekeln oder Angst haben, hängt nicht nur von unseren Erfahrungen ab, sondern auch davon, wie unser Kulturkreis mit den Tierarten umgeht. Sind sie unsere Freunde? Verspeisen wir sie? Dienen sie uns als Lieferanten für unsere Bekleidung, als Versuchstiere oder zur Unterhaltung? Oder sind sie unser Feind? Oder sprechen wir ihnen ohnehin ihre Persönlichkeit ab? Da dies in unserer Hand liegt und Tiere keine Rechte haben, die auch nur annähernd den unseren gleich kämen, scheinen die Würfel längst gefallen. Sind Tiere längst Bestandteil einer gigantischen Verwertungsmaschinerie, die immer mehr von ihnen züchtet und auf unterschiedlichste Art verwertet? Und wer sich damit nicht näher beschäftigen will als nötig, wird von dem milliardenfachen Tierleid nicht behelligt. Wir müssen nicht hinschauen, nicht darüber nachdenken, besonders nicht in dem Moment, in dem wir sie konsumieren: ob als Fellkragen an der Kapuze, als kuschelige Daunenbettdecke, als eingeschweißtes Fleisch im Kühlregal, als Garant für die Hautverträglichkeit unserer Creme, als Lieferantin von Billigmilch, als scheinbar grinsender Delfin im viel zu kleinen Chlorwasserbecken eines Vergnügungsparks oder als Pony, das im endlosen Kreis Kinder oder Touristen zu ertragen hat.

Überall um uns herum sind Tiere, die irgendwie ins Geschehen gehören, wie selbstverständlich, eigentlich aber herausgerissen sind aus ihrem natürlichen Lebensumfeld und wie Leibeigene entrechtet, entmachtet, entwürdigt und in vielen Fällen psychisch vollkommen krank sind. Für die meisten von uns gehört es jedoch zum normalen Bild. Mehr noch, sobald sich jemand darüber ärgert, Mitleid zeigt und die vermeintliche Selbstverständlichkeit infrage stellt, kann er nicht auf das Verständnis der Mehrheit hoffen. All die recherchierten Beispiele zeigen uns, dass die Behandlung unserer Mitgeschöpfe einer großen Tragödie nahekommt. Und so fragen wir beide uns, was wir nur tun können? Und ob das, was wir als Grauen empfinden, zu Recht als ganz alltägliche Routine gilt. Doch ist der Wahnsinn umso schlimmer, da er Methode hat. Die Zahlen zeigen dies. Und bevor wir über die möglichen Lösungen nachdenken können, darüber, wie Mensch und Tier gleichberechtigt zusammenleben können, schlafen wir beide schlecht und müssen das Erfahrene erst einmal verdauen. Und jedes Mal, wenn wir einen Kloß im Hals haben und am liebsten zum nächsten Thema springen würden, schauen wir zu unserem Hund, zu Bella. Und wir begreifen, dass es trotz dieser Zahlen um die Schicksale einzelner Individuen geht.

TIERVERSUCHE

ÄRZTE GEGEN TIERVERSUCHE

Willst du dich gegen Tierversuche engagieren? Hier findest du Hintergrundwissen und Aktionen zum Mitmachen. **aerzte-gegen-tierversuche.de**

TAG ZUR ABSCHAFFUNG VON TIERVERSUCHEN

Jedes Jahr gibt es diesen Tag mit zahlreichen Aktion und Veranstaltungen zum Teilnehmen und Informieren. **tag-zur-abschaffung-der-tierversuche.de**

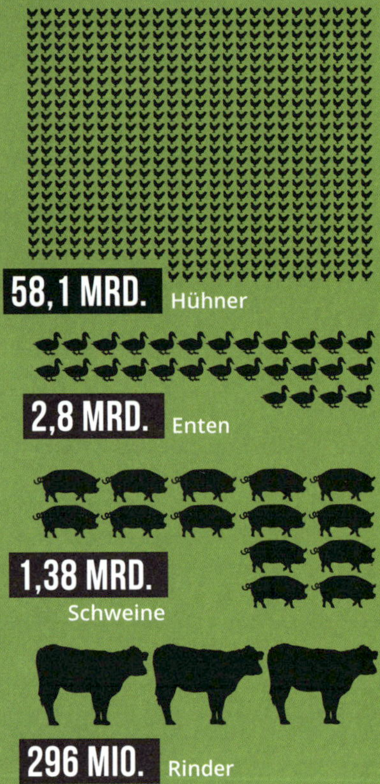

So viele Tiere werden laut Fleischatlas 2014 weltweit jedes Jahr geschlachtet.

ANIMAL MEMORIAL
Die Website zeigt Porträts von Tieren vor ihrer Schlachtung und gibt ihnen damit eine Identität.
animalmemorial.org

COWSPIRACY
Sehr emotional gemachter Dokumentarfilm über die globale Fleischindustrie.
cowspiracy.com

LEBENSHÖFE
Lebenshöfe stehen für ein neues Miteinander von Tier und Mensch. Eine Liste gibt es unter:
bit.ly/lebenshof

PROVIEH
Hier findest du Infos zur industriellen Tierhaltung und ihren Folgen für den Menschen.
provieh.de

LEBEN, DAS LEBEN WILL

Bis jetzt haben wir ungefähr 180 Tage an diesem Buch geschrieben und an jedem dieser Tage wurden 3,6 Millionen Tiere durch Deutschland transportiert. Tiere, an die wir versuchen können, nicht zu denken – die wir uns aber auch vorstellen können als Mitgeschöpfe, die wie wir Freude fühlen, Angst haben und Schmerzen empfinden. Unverwechselbare Persönlichkeiten, die ausschließlich dazu da sind, uns zu dienen. Gerade einmal 1,6 Quadratmeter hat eine Kuh bei so einem Transport, berichtet die Tierschutzorganisation Vier Pfoten und ergänzt, dass nur einer von 100 Transporten kontrolliert wird. Es ist also unklar, ob dieser Raum aus Effizienzgründen nicht auch mal unterschritten wird. 1,6 Quadratmeter sind weniger Platz als in einer Telefonzelle. Und das bei bis zu 29 Stunden Fahrtzeit. Ob du nun Vegetarier bist, Veganer oder Fleischesser: Mach das mal. Stell dich mal fast 30 Stunden in eine Telefonzelle. Vielleicht versuchst du, dich irgendwann hinzulegen, ausstrecken kannst du dich sicher nicht. 2.438 Lastkraftwagen fahren diese armen Wesen jeden Tag quer durchs Land. Während wir dieses Buch hier schreiben, sind das also 648 Millionen Tiere. Und die Schlacht- und Exportzahlen steigen, obwohl der Fleischkonsum in Deutschland glücklicherweise zurückgeht. Das sind mehr Tiere, als Menschen in der EU wohnen (rund 508 Millionen). Wir brauchen lange, bis wir das alles verdaut haben. Und wir fragen uns wieder: Was können wir tun, um dieses Leid zu beenden?

Nun ist das Thema, wie bereits erwähnt, hoch emotional und überdies auch noch moralisch. Es gibt viel Streit und böses Blut zwischen all den unterschiedlichen Interessen. Auf der einen Seite stehen eine ganze Reihe von Tierschutzorganisationen, Bloggern und Journalisten, die diese unterstützen, sowie Menschen, die auf das Tierleid aufmerksam werden und ihr Verhalten ändern. Und auf der anderen Seite sind jene, die an den Tieren verdienen. Übrigens nicht nur, indem sie sie zu Produkten verarbeiten, diese bewerben und verkaufen. Nein, auch indem sie gezielt Spenden einsammeln, aber den größten Teil davon für sich behalten. Die einen wollen uns anregen, unser Handeln zu hinterfragen. Die anderen wollen uns animieren, sorglos zu konsumieren, nichts zu hinterfragen und die Entscheidung für ein Schnitzel, ein Brathähnchen, eine Daunenjacke oder einen Fellkragen als einen Akt privater Freiheit zu betrachten. Doch fest steht, dass jedes dieser Tiere einen ganz elementaren Wunsch an die Welt hat, den wir mit ihm teilen: Ob Haustier, Küken auf dem Förderband zum Schreddern, Bio-Schwein, Legehenne, Milchkuh oder vom Aussterben bedrohter Tiger – sie alle wollen schmerz- und leidfrei leben, vor allem aber leben. Die unvorstellbare Zahl an transportierten Tieren bekommt bei dieser Vorstellung für uns gleich mehrere Gesichter. Gesichter, die uns sagen, dass es unsere zivilisatorische Aufgabe ist, das Tierleid zu beenden, und dass wir uns nicht hinter Desinteresse, Nutzdenken oder Zynismus verstecken können.

Stell dir mal einen Augenblick unseren Planeten ohne Tiere vor. Natürlich ist dies undenkbar. Schon der Gedanke an eine Welt ohne Bienen lässt jeden halbwegs informierten Menschen erschaudern. Zum einen, weil das Ökosystem die Bienen braucht, und zum anderen, weil wir das Ökosystem brauchen. Denn die Bienen bestäuben fast 80 % aller Nutz- und Wildpflanzen. Doch auch wenn wir nicht an den Nutzen denken, geht uns schnell auf, dass eine Welt ohne Tiere für uns wohl kaum lebenswert wäre, so wunderschön, faszinierend und beeindruckend sind Tiere für uns. Das wird jeder Mensch erkennen, der sich mit Tieren auch nur ein bisschen beschäftigt.

Ein friedvolles Leben mit Mensch und Tier beginnt daher mit unserer Haltung, so wie wir es im ersten Kapitel beschrieben haben: Erkennen wir das Individuum? Sind wir bereit, uns in das andere Wesen hineinzuversetzen – auch wenn dies schmerzvoll ist und Scham bedeutet? Erkennen wir sein Wünschen und Hoffen, sein Bangen und seine Schmerzen? Sind wir willens und bereit, zum Wohle anderer Geschöpfe unser eigenes Leben zu verändern und uns ein wenig einzuschränken? Die Lösung für ein so gigantisches Problem wie das Artensterben oder das Tierleid durch industrielle Fleisch- und Landwirtschaftsindustrie beginnt bei uns. Dort, wo wir sind. In unserem Umfeld: in unseren Gärten, in unserer Nachbarschaft, in unserer Straße, in unserem Supermarkt. Dort, wo wir Tieren Lebensräume gewähren und einrichten – oder sie ihnen streitig machen und wegnehmen. Wo wir gemeinsam miteinander leben – oder eine Grenze ziehen, die sie nicht übertreten dürfen. Wo wir Chemie und Technik einsetzen, um sie fernzuhalten und zu bekämpfen, weil sie vermeintlich nicht mehr in unser modernes Leben passen. Oder anders gesagt: Es ist auch deine Entscheidung, was wird und wie die Geschichte weitergeht.

Hilal Sezgin ist Journalistin, Buchautorin und hat in der LüneburgerHeide einen Lebenshof. Sie schreibt engagierte Bücher, wie „Artgerecht ist nur die Freiheit" und „Wieso? Weshalb? Vegan!". **hilalsezgin.de**

Foto: Ilona Habben

MENSCHEN AUS DEM WEG

DIE ERDE MIT DEN TIEREN TEILEN

Tiere sollten ein ganzes Leben mit all seinen Möglichkeiten haben, so wie wir. Nicht alles gelingt, auch sie haben Probleme. Doch sie haben ein Recht darauf zu versuchen, ihre Möglichkeiten zu nutzen. Tiere brauchen daher ihre Freiheit. Wir müssen uns noch viel mehr klarmachen, dass wir diesen Planeten mit ihnen teilen. Wir sind ja schon fast sauer, wenn ein Wildschwein durch die Stadt läuft, weil wir uns einbilden, sie gehöre uns. Doch kein Teil der Erde gehört nur uns. Wir müssen unsere Einstellung ändern. Zum Beispiel müssen wir Verkehr und Städte so planen, dass wir auf die Tiere eingehen. Bisher ziehen wir auf einem Reißbrett einen Strich und sagen: Das gehört jetzt uns!

Stattdessen sollten wir eine ganz neue Form des Zusammenlebens entwickeln. Dafür müssten nicht alle Menschen so nah mit Tieren zusammenleben, wie ich das hier auf dem Lebenshof tue. Aber so, wie wir die Welt mit anderen Menschen gerechter teilen sollten, so sollten wir dies mit den Tieren auch tun. Man muss dazu nicht alle Tiere lieben oder kennen. Manche werden sich auch dann überhaupt nicht für Tiere interessieren. Doch sie werden sie trotzdem nicht auf ihrem Teller haben. Wir werden keine Gesetze mehr beschließen, die auf Kosten der Tiere gehen. Wir werden aufhören, Tiere derart zu benutzen, wie wir es heute tun. Wir werden Küken nicht mehr maschinell ausbrüten oder Fische industriell fangen. Natürlich können wir nie garantieren, dass alle Tiere glücklich werden, genauso wenig wie bei den Menschen. Vielleicht sogar noch weniger. Aber wir dürfen uns ihnen nicht mehr in den Weg stellen.

Völlig egal, welchen Aspekt ich mir heute in dieser Hinsicht als Journalistin angucke, es ist immer so grauenhaft, dass ich am liebsten weinen würde. Doch wenn ich anderen Menschen darüber etwas erzähle, wollen die es oft nicht hören.

TIERE IM GARTEN

NABU
Beim Naturschutzbund Deutschland (NABU) findest du jede Menge Infos, wie du deinen Garten tierfreundlich machst. Außerdem gibt es hier eine Vogelstimmen-Seite. **nabu.de**

BUND
Auch der Bund für Umwelt und Naturschutz (BUND) gibt jede Menge Öko-Tipps für Tiere im Garten. **bund.net/gartentipps**

PRO IGEL E.V.
Was tun, wenn man einen Igel gefunden hat? Wie schafft man gemütliche Igelnischen? Hier erfährst du alles Wissenswerte. **pro-igel.de**

WIE ES SUMMT UND BRUMMT

SO GIBST DU WILDTIEREN EIN ZUHAUSE

Wer Leben in seinen Garten oder auf seinen Balkon bringen will, muss mit den Insekten anfangen, denn die sind die Grundlage für alle weiteren Tierarten. Dafür sollte man keine Exoten, sondern heimische Pflanzen wählen. Jede heimische Pflanze gibt 10 neuen Wildtierarten ein Zuhause. Außerdem kann man Nistgelegenheiten für Insekten, Vögel, viele Kleinsäuger und Fledermäuse anbringen. Ganz wichtig ist es, auf Insektizide zu verzichten oder auch auf Gifte wie Schneckenkorn. Sie töten nicht nur die Schnecken, sondern zum Teil auch die Igel, die die Schnecken fressen.

So einfach diese Dinge sind, so wichtig sind sie. Auch in der Stadt. Denn die Zahl und Artenvielfalt der Tiere nimmt dramatisch ab. Auf der Vogelwarte in Radolfzell konnten wir zum Beispiel beobachten, dass in den letzten 200 Jahren etwa 80 % der Vögel verschwunden sind, die meisten von ihnen in den letzten 50 Jahren. In Nordrhein-Westfalen haben wir in den letzten 25 Jahren rund 80 % der Insekten verloren. Diese dramatischen Zahlen lassen sich in etwa auf ganz Deutschland übertragen.

Die Gründe dafür sind vielfältig. Der Hauptgrund ist die industrialisierte Landwirtschaft, die ja rund 50 % der deutschen Fläche einnimmt. Wo vor 50 Jahren noch Kornblumen und alles Mögliche gewachsen ist, gibt es heute nichts mehr. Die Böden der Intensivlandwirtschaft sind ausgelaugt, dort gibt es kein Leben mehr. Die Feldgehölzstreifen am Rand der Äcker sind ebenfalls weg und die Heuwiesen werden heute früh geerntet und in Silos oder große Plastiksäcke verpackt. Insekten oder auch Pflanzen haben da keine Chance mehr, sich zu vermehren. Dazu kommt die Zersiedlung und der Straßenbau. Und auch die Windkraftanlagen an Land sind für Vögel und Fledermäuse eine Gefahr.

Wer sich über den eigenen Garten hinaus engagieren möchte, kann versuchen, seine Stadt oder Gemeinde davon zu überzeugen, öffentliche Parks und Rabatten dauerhaft mit heimischen Pflanzen zu bestücken. Die „essbare Stadt" Andernach ist dafür ein tolles Beispiel. Ein weiteres sind die „eh da" Flächen in Rheinland-Pfalz. Freie Flächen, auf die Pflanzen für Schmetterlinge oder Bienen ausgesät werden.

Bärbel Oftring ist Diplom-Biologin und Buchautorin. Sie zeigt in ihrer Naturforscher-AG Kindern die Wunder der Natur und schreibt Sachbücher wie „Ein Garten für Tiere". **bit.ly/baerbel_oftring**

WIE ES WEITERGEHT

Uns hat es unendlich gutgetan zu erfahren, dass Menschen auch ganz bewusst mit Tieren zusammenleben, ohne eine Gegenleistung oder einen Ertrag zu erwarten. Auf sogenannten Lebenshöfen geht es nicht darum, mit Tieren Profite zu erwirtschaften. Hier soll jedes Tier vor allem ein schönes Leben haben. Das findet nicht jeder gut und es wird auch nicht jeden interessieren, wie die Autorin und Tierhofbäuerin Hilal Sezgin meint. Doch stell dir nur einmal vor, was eine Veränderung unserer Einstellung bewirken könnte? Was wäre, wenn nicht nur ein kleiner Teil, sondern die Mehrheit der Menschen ihre Liebe zu ihrem Smartphone, ihrem Auto oder ihrem Mixer auf ein unbekanntes Tier, eines dieser einzigartigen Wesen, übertragen würde? Zum Beispiel auf eines jener Lebewesen, das in diesem Augenblick in einem der Transporter steht und vollkommen entkräftet einer ungewissen Zukunft entgegenfährt. Du musst wirklich kein Vegetarierer oder Veganer sein, um dir das auszumalen. Wenn doch, dann schau doch mal auf die Website Animal Memorial: Hier findest du Porträtfotos von Tieren, die längst schon abtransportiert und tot sind. Schau ihnen ins Gesicht und du wirst alle Produkte ablehnen, die dieses verrückte und grausame System stützen. Oder zumindest nachdenklich werden.

Ob Wild-, Nutz- oder Haustier: Tierschutz fängt bei dir an und er kann sofort beginnen. Es braucht wahrlich keinen großen Aufwand, vielmehr nur ein kleines bisschen Verzicht, der mit etwas Übung und bei näherer Betrachtung gar nicht mal so groß ist. Wenn du zum Beispiel die heimische Tierwelt beleben willst, kannst du dich gleich ans Werk machen und überall in deiner Umgebung Nischen zum Überleben wilder Tiere einrichten. Du kannst deinen Garten, deinen Balkon oder wilde Ecken in deiner Straße so bepflanzen, dass sich Tiere ansiedeln können. Versuche dabei nicht alles zu begradigen, was wild wächst, und verzichte auf Chemie und exotische Pflanzen. Tierische Vielfalt ist das Ergebnis lokaler Aktivitäten. Du kannst Nistkästen und Insektenhotels in deiner Gegend anbringen. Sorge dafür, dass der Ort lebendig wird und beliebt bei Insekten, Vögeln, Schmetterlingen, Igeln, Eichhörnchen und vielen anderen Tieren. Du wirst stolz sein, wenn du beobachtest, wie sie den Ort nach und nach annehmen. Und vielleicht ist das ja der erste Schritt, um dich darüber hinaus bei einer der Tierschutzorganisationen zu engagieren. Wähle am besten eine, die in deiner Nähe aktiv ist oder sich um spezielle Themenschwerpunkte kümmert, die dir ein Anliegen sind. Gründe eine Gruppe bei Facebook oder nutze einen anderen Social-Media-Kanal, um dich mit anderen auszutauschen. Denn dann beginnst du, nicht nur deinen eigenen Garten, deine Straße, deine nähere Umgebung tierfreundlich mitzugestalten – du hast Einfluss auf einen weiteren Umkreis, etwa deine Stadt. Zum Beispiel spielt es eine Rolle, ob du mit dem Auto, dem Fahrrad oder der Bahn fährst. Je nachdem steht etwa den Tieren ein anderer Raum zur Verfügung – aber auch uns Menschen. Was das genau bedeutet und welche Alternativen es zum Auto gibt, erfährst du im folgenden Kapitel zum Thema „Mobilität".

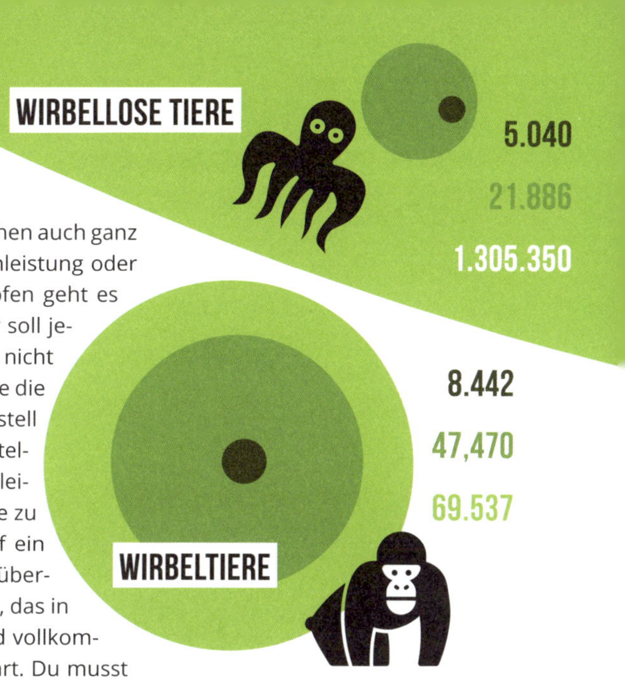

- Geschätzte Zahl der Arten weltweit
- Arten auf der Liste der Weltnaturschutzorganisation
- Als bedroht gelistete Arten

WILDTIERE SCHÜTZEN

ROTE LISTE

Die Rote Liste führt alle bedrohten Tier- und Pflanzenarten auf.
iucnredlist.org

EH-DA-FLÄCHEN

Hier gibt es eine Broschüre für engagierte Bürger, wie sich Flächen, die „eh da" sind, in Rückzugsräume für wilde Tiere verwandeln lassen.
eh-da-flaechen.de

LEXIKON BEDROHTER TIERARTEN

Vom WWF gibt es ein Lexikon der bedrohten Tierarten.
bit.ly/lexikon-wildtiere

HEINZ SIELMANN STIFTUNG

Hier findest du Infos zu wilden Tieren und Termine für Wildwanderungen.
sielmann-stiftung.de

DEUTSCHE WILDTIER STIFTUNG

Infos über den Schutz wilder Tiere und Naturbildung.
deutschewildtierstiftung.de

AKTIONEN

TIERISCH GUT: GIB LEBEN SEINEN RAUM

jetztrettenwirdiewelt.de/tiere

TIERBEOBACHTUNGEN

1 STUNDE · LEICHT

DEN ORT WÄHLEN

Schnapp dir ein Notizbuch und such dir einen schönen Ort in einem Garten, Park oder woanders in der Natur. Gib dir einen Augenblick, um dich umzusehen und die Umgebung zu erfassen.

DAS TIER BEOBACHTEN

Richte deine Aufmerksamkeit nun auf einen Käfer, einen Vogel, eine Biene oder ein anderes Tier. Beobachte es genau: Was hat es vor? Folge ihm und versuche, dich in das Tier hineinzuversetzen.

NOTIZEN MACHEN

Mach dir Notizen über das Tier: Was nimmt es wohl wahr? Wie sieht es aus? Welche Farben, Strukturen und Gerüche fallen dir auf? Nimm dir Zeit. Zeichne oder fotografiere das Tier. Wenn du möchtest, suche dir danach das nächste aus.

WILDE ORTE SCHAFFEN

3 TAGE · MITTEL

Schaffe in deinem Garten oder deiner Umgebung wilde Orte für tierische Zeitgenossen. Hier sind drei Ideen.

IGELHÜTTE

Nimm eine Holzkiste von etwa 40 x 30 x 30 cm Größe, säge einen etwa 10 x 10 cm großen Eingang hinein und platziere das Häuschen im Gebüsch. Bedecke es mit Erde, Blättern oder Rasensoden. Anleitung unter: **bit.ly/igel-haus**

INSEKTENHOTEL

Baue ein Insektenhotel mit vielen verschiedenen Materialien wie Stroh oder Bambus, Hartholzblöcken mit Bohrlöchern, alten Ästen oder mit Stroh gefüllten Tonrohren. Eine Anleitung gibt's unter: **m.kosmos.de/13456/tb7**

SCHMETTERLINGSHAUFEN

Schichte in einer sonnenbeschienenen Ecke Holzscheite auf. Die Ritzen nutzen zum Beispiel Schmetterlinge gerne. Stelle zudem gut sichtbar eine flache Schale mit Wasser als Tränke auf.

TIPP: DIE NATUR-DETEKTIVE

Willst du gemeinsam mit deinen Kindern die Welt der wilden Lebewesen entdecken? Dann schau doch mal bei den Natur-Detektiven vorbei. Jeden Monat gibt es hier einen spannenden Detektivauftrag für Kinder. **naturdetektive.de**

BIENEN SCHÜTZEN

1 MONAT MITTEL

Seit Jahren sterben die Bienen in großer Anzahl. Dabei sind sie für unser Ökosystem von ganz zentraler Bedeutung. Mit dieser Aktion kannst du in vier Schritten mithelfen, Bienen zu schützen.

WOCHE 1: FILM-ABEND MIT FREUNDEN

Lade Familie oder Freunde ein und schaut euch gemeinsam den Film „More Than Honey" an, der über die Ursachen des weltweiten Bienensterbens berichtet. Diskutiert das Thema.

WOCHE 2: BIENENFREUNDLICH EINKAUFEN

Wenn du konsequent Bio-Produkte einkaufst, schützt du Bienen schon mal. Zudem kannst du Ausschau halten nach dem „Certified Bee Friendly Label", das künftig immer mehr bienenfreundliche Produkte ausweisen soll.
certifiedbeefriendly.org

WOCHE 3: VEGANE ALTERNATIVEN

Die Biene liefert uns viele Produkte. Bekannt ist natürlich der Honig, das Wachs und das Gelee Royal. Veganer nutzen Alternativen, etwa Sirup statt Honig. Was könntest du umstellen?

WOCHE 4: BIENEN FÖRDERN

Kauf dir Samenmischungen für Blumen, die Bienen viel Nahrung liefern. Mach daraus Samenbomben und verteile sie in deinem Garten oder deiner Umgebung. Die Aktion für Samenbomben findest du im Kapitel „Grünes".

TIPP: IMKERN IN DER STADT

Imkern ist gar nicht so schwer. Und in der Stadt haben Bienen sogar mittlerweile bessere Überlebenschancen, weil hier nicht so viele Pestizide sind. Vor dem Start solltest du jedoch einen Kurs machen. Infos gibt's hier: **stadtbienen.org**

PETITIONSMARATHON

2 STUNDEN LEICHT

Werde aktiv und mach einen Petitionsmarathon, bei dem du mindestens 12 Online-Petitionen zum Wohl von Tieren unterzeichnest.

1. PETITIONEN FINDEN

Suche auf Online-Petitionsplattformen wie change.org, openpetition.de oder der des Deutschen Bundestages nach Tierschutzaktionen, die du unterstützen möchtest.

2. UNTERZEICHNEN

Melde dich bei der entsprechenden Plattform an und unterzeichne mindestens 12 Aktionen. Entscheide, ob du per E-Mail auf dem Laufenden gehalten werden willst.

3. TEILEN

Teile die Petitionen per Mail oder Social Media. Achte darauf, dass die Plattform deine Daten schützt. Nutze daher eher nicht die automatische Teilen-Funktion.

TIPP: STARTE SELBST EINE PETITION

Über die Online-Plattformen kannst du übrigens auch selbst eine Petition einrichten. Gibt es ein Thema, das dir am Herzen liegt?

MIT 1 TONNE

CO_2 kannst du rund 32.258 km mit dem Reisebus, 21.739 km mit der Bahn oder 2.809 km mit dem Flugzeug reisen.

2,2 TONNEN

CO_2 verbraucht ein PKW mit durchschnittlicher Fahrleistung pro Jahr.

85 MIO. TONNEN

CO_2 stammen in Deutschland jährlich vom Autoverkehr.

2 TONNEN

CO_2 können wir pro Kopf im Jahr verbrauchen, wenn wir das Klima schonen und die Emissionen weltweit gerecht verteilen wollen.

5 PRIVAT-PKWS

ersetzt ein Carsharing-Auto. Finanziell lohnt sich Carsharing, wenn du weniger als 10.000 km mit dem Auto und nicht täglich fährst.

25 MIO. MENSCHEN

kommen jährlich in Deutschland mit öffentlichen Verkehrsmitteln ans Ziel.

6.700 EURO

kostet ein Kompaktklasse-Auto pro Jahr. Das ist zehnmal mehr als eine Jahreskarte für den ÖPNV.

1,5 PERSONEN

sitzen im Durchschnitt in einem Auto.

23 STUNDEN

steht ein Auto durchschnittlich jeden Tag herum.

2,5 MIO. TONNEN

CO_2 könnten wir vermeiden, wenn wir jede Autofahrt, die kürzer als 1 km ist, zu Fuß oder mit dem Rad zurücklegen würden. Das ist im Schnitt jede 20. Autofahrt.

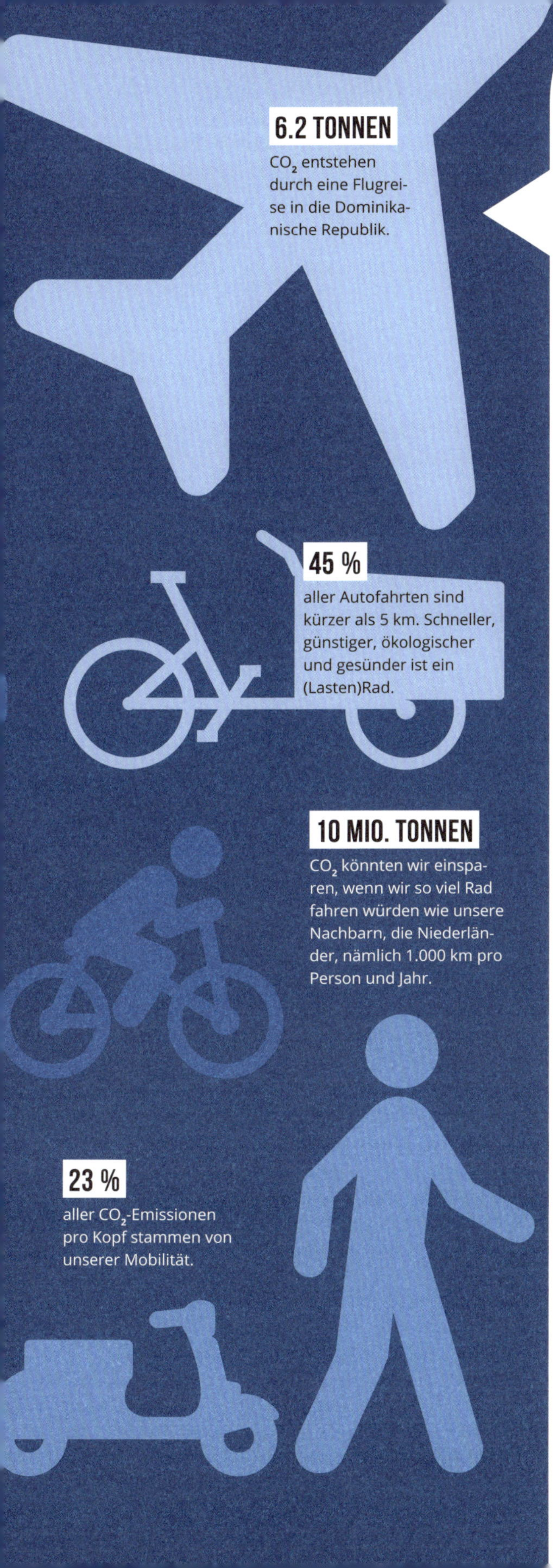

HIN UND WEG

VOM VERKEHRSKOLLAPS ZUR SOLIDARISCHEN MOBILITÄT

Wir haben kein Auto. Nicht, weil wir uns keins leisten könnten, sondern weil wir es so wollen. Für kleinere Touren, wie für den wöchentlichen Einkauf, nutzen wir ein Fahrrad mit Anhänger. Für etwas längere Fahrten den Bus oder die Bahn. Manchmal nehmen uns Freunde oder Verwandte mit. Und als wir unseren Hund Bella abholten, haben wir uns einen Wagen in der Familie geliehen. Aber sonst sind wir unser ganzes Leben auch sehr gut ohne Auto ausgekommen. Und wir haben es nicht vermisst und fühlen uns genauso mobil, wie wir es wollen.

Natürlich geht das nur deshalb so gut, weil wir in einer Großstadt leben, die über ein hervorragendes Netz öffentlicher Verkehrsmittel verfügt. Auf dem Land wäre es vielleicht anders. Und natürlich wissen wir, dass es viele gute Gründe für ein eigenes Auto gibt und wir zu einer autolosen Minderheit gehören, die manch einer kurios finden mag. Und dennoch fragen wir uns: Müssen es wirklich so viele Autos sein? Wie haben uns mal an den Rand der nächsten Hauptstraße gestellt und dort die Autos beobachtet. In einem endlosen, rauschenden Band zogen zur Rush-Hour Autos an uns vorüber – und fast immer saß da nur eine einzige Person drin. Das addiert sich deutschlandweit auf über 64 Millionen Kraftfahrzeuge, davon 47,1 Millionen PKWs. Das heißt, auf 1.000 Einwohner kommen 723 Fahrzeuge. Und genau in diesen riesigen Dimensionen schlummern ökologische und soziale Probleme, die unser Stadtbild schon seit Jahren massiv verändern.

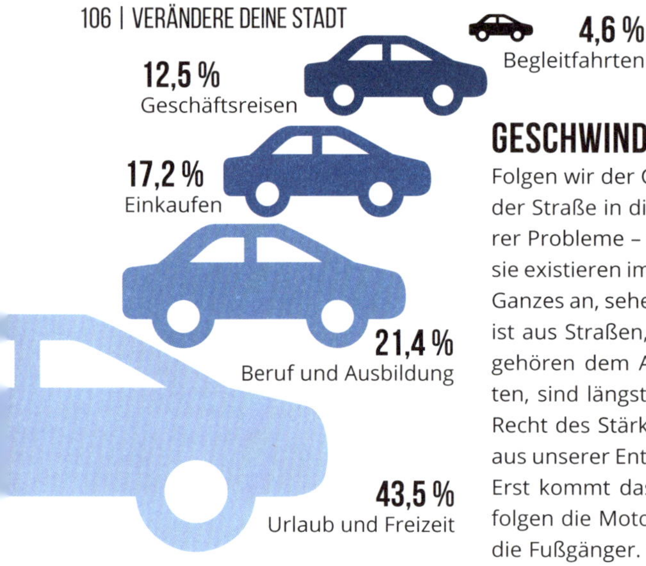

Warum sind wir unterwegs? Der größte Anteil der 1.142 Milliarden Personenkilometer geht für Urlaub und Freizeit drauf.

WENIGER AUTOS

AUTOFASTEN

Die Aktion der evangelischen und katholischen Kirchen ruft dazu auf, das Auto in der Fastenzeit stehen zu lassen. **autofasten.de**

MITFAHRGELEGENHEITEN

Es gibt mehrere Plattformen, über die du Mitfahrgelegenheiten anbieten oder finden kannst. Zum Beispiel:
fahrgemeinschaft.de
bessermitfahren.de
mitfahren.de
mifaz.de (Für Pendler)

BAHN SPAREN

Mit anderen gemeinsam ein Ticket teilen? Das geht über diese Seite.
bahnsparen.de

ÖFFI

Diese App zeigt dir die offiziellen Fahrplan- und Verbindungsdaten des Öffentlichen Personennahverkehrs für viele Länder und Städte. Störungen siehst du, sobald sie erfasst sind.
oeffi.schildbach.de

GESCHWINDIGKEIT IST DOCH HEXEREI

Folgen wir der Grundidee von Laotses Spruch, gelangen wir nun von der Straße in die Stadt. Dabei bemerken wir, dass die meisten unserer Probleme – sowie auch deren Lösungen – fraktal sind. Das heißt, sie existieren im Kleinen wie im Großen. Schauen wir uns die Stadt als Ganzes an, sehen wir zuallererst einmal, dass sie ein riesiges Geflecht ist aus Straßen, Alleen, Gassen und Wegen. Und die meisten davon gehören dem Auto. Die Zeiten, als hier noch Kinder spielen konnten, sind längst vorbei – zumindest in den meisten Straßen gilt das Recht des Stärkeren. Wir erleben nun das Kräfteverhältnis, das sich aus unserer Entscheidung für eine autofreundliche Welt ergeben hat: Erst kommt das Auto, dann kommt eine ganze Weile nichts. Dann folgen die Motorräder, danach die Fahrräder und ganz zum Schluss die Fußgänger. So haben wir ganze Wohnviertel und Städte geplant. Und dennoch hat sich die tatsächliche Mobilität in den letzten Jahrzehnten nicht wesentlich verbessert. 1929, als Kinder mit Murmeln und Springtau noch auf den Straßen spielen konnten, machten die Menschen genauso viele Gänge wie heute, wie Bernhard Knierim in seinem Buch „Essen im Tank" beschreibt: Damals wie heute legen wir im Schnitt genau drei Wege pro Tag zurück und brauchen dafür rund eineinviertel Stunden. Nur – und da wird es spannend – die Distanzen haben sich verzehnfacht. Wo wir uns Ende der 1920er Jahren gerade einmal 4 km fortbewegten, waren es in den 1970er Jahren schon 25 Kilometer und in den 1980ern über 30 km. Heute sind es sage und schreibe durchschnittlich 40 km. Das bedeutet: Wir tun dasselbe in der gleichen Zeit – wir legen nur längere Strecken zurück. Doch mal ehrlich: Wie viel Spaß bringt es, jeden Tag in dieser autofreundlichen Welt unterwegs zu sein, im Autokorso vor der roten Ampel zu stehen oder grummelnd darauf zu warten, dass wir im Stop-and-Go der täglichen Kolonne wieder einen Meter weiterkommen?

Und wofür das Ganze? 2018 waren allein in Deutschland 54 Milliarden Menschen im motorisierten Individualverkehr, 2,8 Milliarden auf der Schiene, 223 Millionen in der Luft und 9,5 Milliarden mit Bussen und Straßenbahnen unterwegs. Im selben Jahr wurden über vier Millionen Kraftfahrzeuge zugelassen. Das hat Konsequenzen. So steht der Verkehr mit 23 % gleich an zweiter Stelle bei den CO_2-Emissionen aus der Verbreitung fossiler Brennstoffe. Oder anders gesagt: Der Individualverkehr, den die meisten als ihr gutes Recht empfinden, ist alles andere als umweltverträglich. Das ändert auch der Einsatz von Biosprit sowie die wachsende Zahl der Elektroautos nicht. Vielmehr ergeben sich dadurch weitere Probleme. Das wird am Beispiel Biosprit deutlich: Der trägt kaum zum Klimaschutz bei, fordert dafür aber hohe ökonomische und soziale Kosten, was ihm auch den Namen „Agrosprit" eingebracht hat. Sein Anbau braucht erhebliche Flächen, die für die Lebensmittelproduktion oder als Lebensraum von Menschen, Tieren und Pflanzen verloren gehen. Dazu kommen die Ausbeutung natürlicher Ressourcen und der Einsatz von Risikotechnologien, wie etwa die Gentechnik oder synthetisch-biologische Systeme. Laut Bernhard Knierim hat der Agrosprit damit keineswegs das Potenzial, fossile Kraftstoffe zu ersetzen.

ES GEHT UM GERECHTIGKEIT

VERMEIDEN, VERLAGERN, VERBESSERN: WIR BRAUCHEN EINE MOBILITÄTSWENDE

Im Moment verbraucht unsere Mobilität so viele Ressourcen, dass die bald acht Milliarden Menschen auf dieser Erde unmöglich auf diese Weise mobil sein können. Der Verkehr ist der einzige Sektor, in dem die CO_2-Emissionen steigen, während sie in der Industrie, beim Heizen und anderswo langsam zurückgehen. Aus ökologischer Sicht kommt hinzu, dass wir die Umwelt zerstören und Naturflächen verbrauchen, um neue Verkehrswege zu bauen.

Doch auch aus sozialer Sicht sind die Auswirkungen auf den Menschen groß. Unser stark autobasiertes Verkehrssystem schließt zum einen immer mehr Menschen von der Mobilität aus: alte Menschen, die nicht mehr Auto fahren können, Minderjährige, die es noch nicht dürfen und Menschen mit Behinderungen. In vielen Regionen können sie nicht selbstständig entscheiden, wann sie wohin fahren möchten, weil nur zweimal am Tag ein Bus fährt, wenn überhaupt. Zum anderen entstehen Ungerechtigkeiten: Menschen mit höherem Einkommen leisten sich ihr Häuschen im Grünen und fahren mit dem Auto jeden Tag zur Arbeit in die Stadt. Menschen mit höherem Einkommen fahren mehr als doppelt so viel und stoßen entsprechend mehr CO_2 aus. Doch die Menschen mit geringerem Einkommen müssen an den Ausfallstraßen oder Stadtautobahnen leben und die gesundheitlichen Folgen tragen. Und schließlich kommt es zur Zerstörung der Städte, weil alles nur noch auf Straßen und Parkflächen ausgelegt ist. Die Stadt als sozialer Raum geht dabei verloren.

Daher brauchen wir eine Mobilitätswende, eine Politik der drei Vs: An erster Stelle kommt die Vermeidung, also Strukturen, die weniger Verkehr verursachen. Als Zweites benötigen wir das Verlagern auf ökologischere Systeme: Fuß- und Fahrradverkehr, öffentlicher Nahverkehr oder Bahn. Erst an dritter Stelle kommt das, was heute im Fokus steht: das Verbessern, etwa in Form von Effizienzsteigerungen bei Motoren. Das ist nicht falsch, aber das alleine wird uns nicht retten. Man kann technische Probleme nicht immer nur technisch lösen.

Dr. Bernhard Knierim ist Biophysiker und Politikwissenschaftler. Er hat alternative Kraftstoffe erforscht und sich in seinen Büchern „Essen im Tank“ und „Ohne Auto leben“ mit der Mobilitätswende auseinandergesetzt. **mobilitaetswen.de**

FAIRER FAHREN

BÜNDNIS BAHN FÜR ALLE

Das Netzwerk aus 20 Organisationen will die Bahn wieder in die öffentliche Hand bringen. **bahn-fuer-alle.de**

FREE PUBLIC TRANSPORT

Hier findest du weltweit Städte mit vollständig oder teilweise kostenfreiem Nahverkehr: **freepublictransport.info**

WHEELMAP

Die Online-Karte zeigt rollstuhlgerechte Orte in aller Welt. Wenn ein Ort, den du kennst, noch nicht kartografiert ist, kannst du dich anmelden und mitmachen. **wheelmap.org**

Dipl.-Ing. Katalin Saary ist Bauingenieurin und arbeitet seit 25 Jahren als Verkehrsplanerin. Sie engagiert sich auch in der Vereinigung für Stadt-, Regional- und Landesplanung und für das Projekt Shared Space.
netzwerk-sharedspace.de

Auch Elektroautos sind keine echte Lösung. Zum einen handelt es sich auch hier um Fahrzeuge, die mit einem großen Energieaufwand entstehen. Zum anderen sind wir noch weit davon entfernt, sie zu 100 % mit regenerativen Energien zu versorgen. Strom aus Kohle- oder Atomkraftwerken ist sicherlich nicht wesentlich umweltfreundlicher und gesünder als ein Diesel- oder Benzinmotor. Weltweit beschäftigen sich etliche Wissenschaftler damit, unser gigantisches Mobilitätsproblem technisch zu lösen. Doch uns kommen während unserer Recherchen Zweifel auf, dass es hierbei tatsächlich um ein technisches Problem geht.

AUTOS SIND NICHT SOZIAL

In Deutschland ist das eigene Auto fast der heilige Gral. Auch wenn sich das bei den jungen Menschen ein wenig ändert, so ist die freie Fahrt immer noch so eine Art Anrecht und Ausdruck des freien Bürgers, die Vorfahrt schon fast politische Doktrin. Bereits 77 % der deutschen Haushalte besitzen mindestens ein Auto. Doch wer den Planeten als Ganzes betrachtet, sieht, dass unsere Erde das nicht verkraftet. Angesichts der ökologischen und sozialen Folgen kann sich jeder selbst ausmalen, was geschähe, wenn sich diese Zahl wesentlich vergrößern würde: Viele Städte versinken jetzt schon im Smog und Verkehrschaos, die fossilen Brennstoffe sind endlich, ebenso wie die anderen natürlichen Ressourcen. Doch unsere Mobilität wirft nicht nur ökologische Probleme auf, sondern auch soziale: Einerseits hat sie das Gesicht unserer Städte verändert. Die Wege wurden wei-

SHARED SPACE

DIE STADT DER KURZEN WEGE

Der Shared Space ist eine Planungsphilosophie, die die Stadt der kurzen Wege kultiviert. Einerseits verzichtet sie soweit es geht auf verkehrsrechtliche Regelungen wie Verkehrszeichen, Signalanlagen oder Fahrbahnmarkierungen. Andererseits wandelt sie den Verkehrsraum wieder in einen Begegnungsraum für alle um. Alle Verkehrsteilnehmerinnen und -teilnehmer sind hier gleichberechtigt. Das Zufußgehen, das Sitzen und Verweilen, das Radfahren und Parken – und natürlich auch der Autoverkehr. In einem Shared Space ist egal, mit welchem Verkehrsmittel jemand unterwegs ist: Es muss für alle gleichermaßen bequem sein. In Shared Spaces entsteht eine gewisse Verunsicherung. Das führt dazu, dass sich vor allem die Geschwindigkeit von Kraftfahrzeugen verringert und so die Sicherheit insgesamt steigt. Wer langsamer fährt, kann besser wahrnehmen, was um sie oder ihn herum geschieht. Dadurch nimmt die gegenseitige Rücksichtnahme insgesamt zu, wie die Praxisbeispiele in vielen Ländern zeigen.

Doch auch die Qualität des Raumes steigt. Gut umgestaltete Ortskerne animieren die Menschen dazu, zu Fuß zu gehen. Klar, wer mit dem Auto kommt, parkt lieber außerhalb. Viele fahren dann aber auch erst gar nicht mit dem Auto, sondern laufen gleich. Natürlich geht ein Shared Space nicht überall, etwa bei Straßen mit Erschließungsfunktion wie Hauptverkehrsstraßen. Da hat nun mal das Auto Priorität. Doch es gibt genauso viele Straßen, die heute vor allen Dingen für Autos da sind, obwohl das gar nicht notwendig ist. Zum Beispiel die Straßen, in denen Menschen wohnen und es viele Geschäfte gibt oder bei engen Ortsdurchfahrten. Sie haben nun mal auch andere Funktionen. Und hier müssen wir uns fragen: Wie können wir unsere Straßen und Flächen so planen, dass sich alle wohlfühlen?

ter, die kleinen Läden um die Ecke verschwanden. Das ist in der Stadt nervig, auf dem Land aber teilweise ein echtes Problem. Denn wer zu alt, zu jung oder aus anderen Gründen verhindert ist, ein Auto zu fahren, ist aufgeschmissen. Bei uns in Hamburg sind die Fahrten mit Bus und Bahn nicht gerade billig. Für manche Menschen ist das nicht bezahlbar. Nicht umsonst setzen sich Organisationen dafür ein, den öffentlichen Personennahverkehr – ähnlich wie andere Bereiche der öffentlichen Versorgung – kostenlos zu machen.

Unser heutiges Verkehrsverhalten scheint geradezu ein Abbild unseres Gesellschaftssystems zu sein, eine zu Straßen gewordene Weltanschauung. Oder zieht die mobile Hackordnung ein entsprechend rücksichtsloses Verhalten nach sich? Wo der stärkste Verkehrsteilnehmer Vorrang hat, den größten Raum einnimmt und alle Mobilitätsprivilegien in Anspruch nimmt, bleibt die Rücksicht auf die Schwächsten im wahrsten Sinne des Wortes auf der Strecke. Ihnen bleibt es überlassen, ständig achtsam zu sein, um nicht überrollt zu werden, Platz zu machen und den Ablauf nicht zu stören. Muße, Durchschnaufen und Innehalten sind dabei nun mal nicht gefragt. Dem Fußgänger – oder sagen wir doch: dem Menschen – bleiben Lautstärke, Luftverschmutzung und ständige Bewegung. Wir wollen möglichst schnell von A nach B, mehr wollen wir nicht. Doch wäre es wohl langsam besser, einmal unser Gehirn in Bewegung zu setzen.

DER AUSWEG BEGINNT IM KOPF

Autofreundlich sind unsere Städte, weil sich mit einem Auto nun mal mehr Geld verdienen lässt als mit Fußgängern oder Radfahrern. Das leuchtet ein, reicht aber nicht als Argument. Warum müssen Autos im Mittelpunkt aller Planungen und Überlegungen stehen, wo wir doch wissen, dass diese so erhebliche Nachteile für andere Verkehrsteilnehmer und die Umwelt bringen? Über diese Frage denkt zum Beispiel die Verkehrsplanerin Katalin Saary nach. Sie sieht nicht ein, dass Autos unser Straßenbild dominieren. Und schon gar nicht dort, wo es vor allem um die Menschen geht – in Wohnstraßen zum Beispiel. Ein Auto nennt sie außerdem viel lieber ein Stehzeug als ein Fahrzeug, weil es ohnehin die meiste Zeit des Tages nur herumsteht. Zum blanken Wahnsinn wird das Ganze dadurch, dass ein im Schnitt 1 bis 3 Tonnen schweres Auto meist nur eine Person von durchschnittlich 70 bis 80 kg durch die Gegend fährt.

Katalin Saary befürwortet deshalb das Konzept des sogenannten „Shared Space". Hier gibt es keinen klaren Grenzverlauf mehr zwischen den Verkehrsarten. Das fordert die Rücksichtnahme aller Verkehrsteilnehmerinnen und Verkehrsteilnehmer ein. Zugleich schafft es neue Räume für die sonst beiseitegedrängten Fußgänger und Radfahrer. Shared Spaces – oder auch Begegnungsstraßen, wie sie manchmal in Deutschland genannt werden – funktionieren sicherlich nicht überall. Doch sie geben einen wichtigen Impuls zum Umdenken. Denn solange wir überhaupt gar nicht merken, dass wir ein Mobilitätsproblem haben, unter dem Menschen zunehmend leiden, wird sich auch nichts ändern. Zumindest nicht zum Guten. Die Besserung beginnt im Kopf. Zu den drei Vs – dem Vermeiden, Verlagern

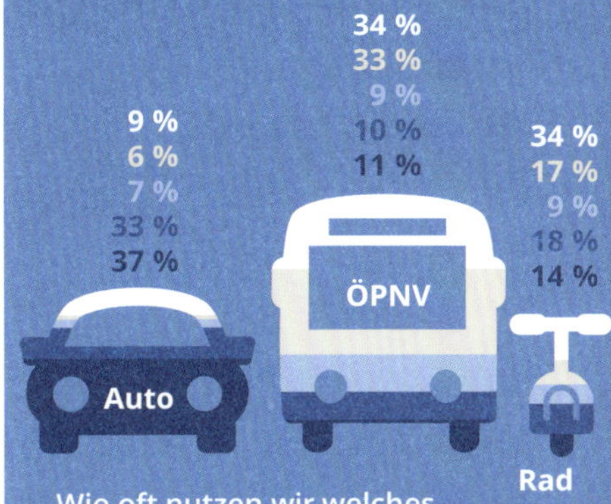

Wie oft nutzen wir welches Fortbewegungsmittel?

- Gar nicht
- Bis einmal pro Monat
- Mehrmals pro Monat
- Mehrmals pro Woche
- Täglich

VERKEHR DER ZUKUNFT

VERKEHRSCLUB

Hier findest du Infos rund um Räder, Lastenräder, E-Bikes und die Mobilität der Zukunft.
vcd.org

MOBILITÄT DER ZUKUNFT

Wie werden wir in Zukunft unterwegs sein? Die Website liefert Infos und Forschungsergebnisse.
bit.ly/mobilitaet-zukunft

MOBILOGISCH

Die Website der Zeitschrift hat ein proppevolles Archiv an Beiträgen zu diversen spannenden Verkehrsthemen.
mobilogisch.de

FUSS E.V.

Die Interessenvertretung liefert Infos zu Fußverkehrsstrategien.
fuss-ev.de

AUTOFREI

Autofrei leben, wie geht denn das? Hier findest du viele Tipps, Praxisbeispiele und spaßige Aktionen. **autofrei.de** und Verbessern – kommt so noch ein viertes V: das Verstehen, das den anderen dreien vorangehen muss.

Wenn wir zu Büchern greifen, die sich mit der Zukunft der Mobilität beschäftigen, steht darin oft nur scheinbar Neues. In Wirklichkeit geht es darum, dasselbe Prinzip weiter zu verfolgen – nur viel besser eben, irgendwie effizienter und nachhaltiger. Selten setzen die Gedankengänge da an, wo unser Bedarf an Mobilität entspringt, an der Quelle. Auch wenn die Visionen futuristischer Fahrzeuge, intelligenter Straßen und neuartiger Materialien und Antriebsformen natürlich spannend sind. Am Anfang steht die Erkenntnis, dass die Lösung nicht so sehr in einem Mehr an neuer Technik liegt, sondern im Umdenken und Vermeiden. Doch bis das denkbar ist, müssen sicherlich erst einmal eine ganze Reihe von Vorurteilen weichen.

DIE LOKALE RENAISSANCE

Eigentlich ist die Wahl gar nicht so schwer: Wir können so weitermachen und versuchen, bessere Fahrzeuge zu entwickeln. Solange wir nicht unsere hochgeschraubten Ansprüche infrage stellen, gibt es wohl kaum eine echte Lösung. Denn was bringt es, wenn ein Auto weniger Sprit verbraucht, dafür aber schwerer ist? Nichts ist gewonnen, wenn sich jemand ein umweltfreundliches Auto kauft, sich dafür aber auch längere Fahrten „gönnt". Wir brauchen also nicht noch mehr Autos auf den Straßen, selbst wenn diese besser sind, sondern weniger. Wer am Autoverkehr verdient, dürfte sich schwertun mit dem Verständnis. Doch eine echte Alternative sieht anders aus: Die lokalen Strukturen, die wir bereits im Kapitel „Nachbarschaft" gesehen haben, begegnen uns hier wieder. Wenn wir es irgendwie schaffen, sie neu zu beleben und unseren Alltag anders zu organisieren, dann haben wir gute Chancen, tatsächlich die Umwelt zu schützen und für eine sozial gerechte Mobilität zu sorgen. Am Ende wird sich zeigen, was uns wichtiger ist: der volkswirtschaftliche Nutzen oder unsere Lebensqualität.

Zu der Stärkung lokaler Strukturen gehört es, den kleinen, inhabergeführten Laden an der Ecke zu unterstützen und dadurch auch auf längere Einkaufswege zu verzichten. Dazu gehört außerdem, dass wir uns Fahrzeuge – Autos, aber auch Lastenräder – mit unseren Nachbarn teilen. Dazu gehört, dass wir Einkaufsgemeinschaften bilden und somit auch diejenigen einbeziehen, die nicht so mobil sind. Viele dieser Beispiele können einiges verändern. All diese Maßnahmen könnten die Massen an Individualverkehr verringern. Und am Ende würde sich das Ganze womöglich sogar noch rechnen, denn Teilen spart Geld. Doch zum Vermeiden kommt das Verlagern: Tom Hansing, Gründer der Lastenradplattform Velogistics, sieht im Lastenrad eine echte Alternative – nicht nur zum Individualverkehr, sondern auch zum Gütertransport, der dank Online-Shopping ständig steigt. Denn für die lokale Versorgung hat ein Lastenrad gegenüber einem Auto oder LKW viele Vorteile: es ist wendig, schont die Umwelt und kann mittlerweile große Mengen transportieren. Und stell dir nur mal vor, wie sich unser Straßenbild verändern würde, wenn Lastenräder viele der LKWs und Autos ersetzen würden. Die Idee

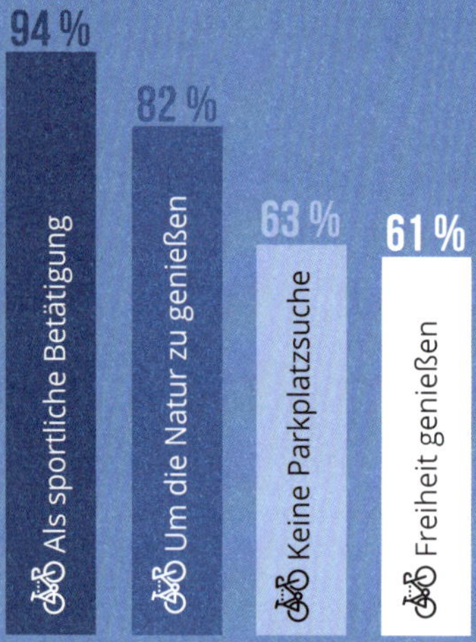

WARUM RAD FAHREN ...
Was schätzen die Radfahrerinnen und Radfahrer am Radeln?

MEHR RADELN

MIT DEM RAD ZUR ARBEIT
Die bundesweite Kampagne bietet Infos, Tipps und eine App.
mit-dem-rad-zur-arbeit.de

ADFC
Beim Allgemeinen Deutschen Fahrrad-Club findest du Infos, etwa den Fahrradklimatest.
adfc.de

CALL A BIKE
Mit dem Service der Deutschen Bahn kannst du in vielen Städten günstig ein Rad ausleihen.
callabike-interaktiv.de

LASTENRÄDER
Willst du auch ein freies Lastenrad oder eines selbst bauen? Dann gibt es hier die Infos.
dein-lastenrad.de
werkstatt-lastenrad.de

CRITICAL MASS
In vielen Städten treffen sich Menschen zum kritischen Massenradeln. Wo, erfährst du hier:
criticalmass.de

klingt für uns zumindest verlockend. Allein die Ruhe ... Zwei Drittel aller Deutschen fühlen sich von Lärm belästigt und der Verkehr ist eine der Hauptlärmquellen, wie das Umweltbundesamt herausfand.

In Verbindung mit einem Konzept der nachbarschaftlichen Selbstverwaltung von Mobilität, wie es Tom Hansing vorschlägt, haben wir schon fast wieder das Bild der Kinder im Kopf, die auf der Straße spielen. Eine solche Renaissance hätte große Wirkung, vom Kleinen ins Große. Sie könnte unsere ganze Stadt verändern, ja sogar unser Land. Doch die Einschnitte in unsere Lebensweise gingen tief. Um so eine Mobilitätswende zu schaffen, bräuchten wir große Anstrengungen, smarte Ideen und müssten vieles bedenken. Als Erstes können wir aber jetzt schon dort ansetzen, wo wir Handlungsfreiheit haben: bei Urlaubs- und Freizeitfahrten, die immerhin fast die Hälfte des Individualverkehrs und damit den größten Teil ausmachen. Dass sich das aus mehrfacher Sicht lohnt, erfährst du im Kapitel „Reisen". Direkt nach den Freizeitfahrten kommen der Berufsverkehr (20,5 %) und die Einkaufsfahrten (15,8 %). Das zeigt, wie sehr unser Leben doch von Arbeit und Konsum geprägt ist. Um unsere Welt zu retten, brauchen wir auf jeden Fall mehr als neue Autos – und auch mehr als neue Mobilitätskonzepte. Wir brauchen darüber hinaus auch ein neues Verhältnis zu unserer Arbeit und Freizeit, zu Geld, Prestige und Konsum. Deswegen geht unser Weg weiter. Im nächsten Kapitel kannst du lesen, wie du durch ein anderes Verhältnis zur Arbeit dein ganzes Leben neu ausrichten und mit mehr Sinn erfüllen kannst.

Tom Hansing arbeitet für die Stiftung anstiftung aus München und ist Initiator der Lastenrad-Leihplattform Velogistics. **velogistics.net**

VELOGISTICS

EINFACH MAL IN DIE PEDALE TRETEN

Die ideale Mobilität der Zukunft stellt alle Formen der Beweglichkeit zur Verfügung. Mobilität bedeutet, dass sich Menschen und Güter von A nach B bewegen wollen. Mal über kurze, mal über lange Strecken. Dabei brauchen wir nicht in Business-Modellen zu denken, sondern uns nur die Frage zu stellen: Was genau wollen wir erreichen? Der Zugang zu den notwendigen Kapazitäten muss nicht immer über Geld laufen. Anstatt in Form von Privateigentum, kann es auch über Infrastruktur-Commons, also als Gemeingut, funktionieren. Frei verfügbare Fahrräder und Lastenräder ergänzen dabei die öffentlichen Verkehrsmittel wie die U- oder S-Bahn für tägliche Transporte. Diese Logistik- und Mobilitätslösung zielt darauf ab, den Menschen das zugänglich zu machen, was sie brauchen – und zwar, ohne dass sie die Dinge unbedingt besitzen müssen. Eine Alternative ist zum Beispiel die Plattform velogistics.net, über die jeder Lastenräder kostenlos, gegen eine Spende oder eine Nutzungsgebühr ver- oder entleihen kann. Seit ungefähr 2013 gibt es eine regelrechte Bewegung der Freien Lastenräder in Deutschland. Gruppen sammeln Gelder ein, um ein Rad anzuschaffen und es kostenfrei an wechselnden Orten zur Verfügung zu stellen. Hier sind nicht mehr Einzelne dafür verantwortlich, es zu warten und zu verleihen, sondern es wandert etwa von einer WG über ein Café, eine Bibliothek, eine Schule und eine Kita zu einem Bioladen. Jeder kümmert sich eine Zeit lang um das Rad. Wer die Anlaufstelle für ein frei verfügbares, kostenloses Lastenrad ist, hat als Anziehungspunkt auch etwas davon. In dieser Aufsplittung der Verantwortung in kleine, miteinander verbundene Einheiten steckt eine transformative Kraft. Wissen zum Aufbau und Betrieb eines Verleihprojektes teilen über 90 solcher Initiativen, die auf der Website dein-lastenrad.de verzeichnet sind.

AKTIONEN

SETZ DICH IN BEWEGUNG: FAIR UND ÖKOLOGISCH

jetzttrettenwirdiewelt.de/mobilitaet

MOBILITÄTSCHECK

1 MONAT MITTEL

SCHRITT 1: ANALYSE

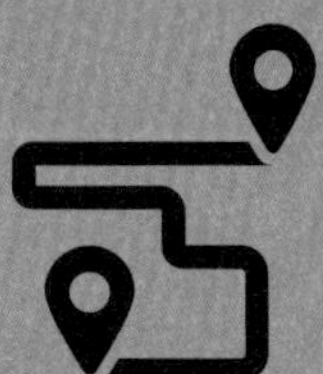

Dein Verkehrsverhalten hat eine große Wirkung auf dich und die Umwelt. Notiere dir vier Wochen die Strecken, die Zeit und das Verkehrsmittel, das du benutzt, und was du dafür bezahlst.

SCHRITT 2: AUSWERTUNG

Rechne die Strecken, die Zeit und die Kosten zusammen. Ermittle zudem den CO_2-Fußabdruck deiner Autofahrten, etwa über **myclimate.org** oder **klimaohnegrenzen.de**

SCHRITT 3: WIRKUNG ERZIELEN

Wie könntest du umweltfreundlicher mobil sein? Wo könntest du das Auto durch öffentliche Verkehrsmittel, Radfahren oder Zufußgehen ersetzen? Experimentiere und probiere über einen begrenzten Zeitraum, wie es anders geht.

AUTOFREI LEBEN

4 WOCHEN MITTEL

Spare einen Monat lang so viele Auto-Kilometer wie möglich. Zähle sie zusammen und ermittle, wie viel CO_2-Emissionen du so vermieden hast.

GUT ZU FUSS

Gehe kurze Strecken zu Fuß. Das tut auch deiner Gesundheit gut: Für die solltest du 10.000 Schritte am Tag tun.

FAHRRAD

Steig für den Weg zur Arbeit oder zum Einkaufen aufs Rad um. Mach größere Besorgungen mit einem Lastenrad, das du dir leihst. Bei Strecken bis zu fünf Kilometern ist das Rad am schnellsten. Übrigens: E-Bikes sind nicht unbedingt umweltfreundlich.

ÖFFENTLICHER NAHVERKEHR

Öffentliche Verkehrsmittel sind vor allem dann umweltfreundlicher, wenn sie voll sind und das Auto sonst leer ist. Und das ist meist der Fall: Busse sind etwa im Schnitt zu 42 % besetzt, ein Auto dagegen nur mit 1,5 Personen. Die Alternative sind daher Fahrgemeinschaften.

TIPP: PREIS-LEISTUNGS-VERHÄLTNIS

Der Deutsche Verkehrsverbund hat untersucht, wie verschiedene Verkehrsmittel auf Kurz- und Mittelstrecken abschneiden. Das Auto ist im Vergleich zu Bussen, Bahnen und Rad langsamer und teurer. Auf einer kurzen Strecke ist das Fahrrad etwa doppelt so schnell und kostet nur 10 % dessen, was ein Auto kostet. Bei längeren Strecken ist die Bahn schneller, umweltfreundlicher und oft auch günstiger. **vcd.org**

LASTENRAD BAUEN

2 WOCHEN SCHWER

WAS IST DEIN BEDARF?

Was für ein Lastenrad brauchst du? Wofür willst du es nutzen? Informiere dich im Internet und nimm Kontakt zu Lastenrad-Initiativen in deiner Nähe auf.

MATERIAL BESORGEN

Im Internet findest du jede Menge Bauanleitungen für Lastenräder. Wenn du das richtige Objekt gefunden hast, besorge alle notwendigen Materialien und Werkzeuge. Manche bieten auch sogenannte Musterkisten an, die du dir ausleihen und so die Bauteile vergleichen kannst.

DIE WERKZEUGE

Um ein Lastenrad zu bauen, brauchst du oft richtig schweres Gerät, etwa ein Schweißgerät oder eine Ständerbohrmaschine. Das hat nicht jeder zu Hause. Schau dich bei Bedarf nach offenen Werkstätten oder Fablabs in deiner Gegend um.

TIPP: OFFENE NUTZUNG

Überlege doch mal, ob du dein Lastenrad auch anderen zur Verfügung stellen willst. Das kann schon im Vorfeld das Konzept sein – dann teilst du dir auch mit anderen die Kosten und baust es mit ihnen zusammen. Du kannst dein Lastenrad aber zum Beispiel auch über Sharing-Plattformen wie **Velogistics.de** zur Verfügung stellen, wenn du es selbst mal nicht brauchst.

FAHRGEMEINSCHAFT

1 WOCHE MITTEL

WOHIN UND MIT WEM?

Fahrgemeinschaften haben viele Vorteile: Sie schützen die Umwelt, sparen Geld, bringen Spaß und reduzieren den Stress. Wo könntest du eine bilden: auf dem Weg zur Arbeit, zum Kindergarten oder zum Einkaufen? Mitfahrer kannst du übrigens auch über Internet-Plattformen für Mitfahrgelegenheiten finden.

RECHT UND STEUERN

Klärt die Haftungsfragen. Einen Standardvertrag gibt es unter **vcd.org**

Übrigens: jeder Mitfahrer kann die Entfernungspauschale steuerlich geltend machen.

ODER GEMEINSAM IN DER BAHN?

Du kannst übrigens nicht nur deine Autofahrten mit anderen teilen, sondern auch deine U-Bahn-, S-Bahn- und Bahnfahrten. Dafür tritt zum Beispiel die Aktion **Ticketteilen.org** der Naturfreunde Deutschland ein. Du kannst dich natürlich mit Freunden zu Gruppenfahrten verabreden. Über Portale wie **Bahnsparen.de** findest du auch Mitreisende, die du noch nicht kennst.

Abbildung (Lastenrad rechts oben): Joky | Openclipart.org

SCHON IMMER
Manche Kulturen haben kein Wort für Arbeit. In Australien hat ein indigenes Volk etwa nur ein Wort für Arbeit und Spiel, in Mali nur eines für Ackerbau und Tanz.

MITTELALTER
Bis ins Mittelalter war Arbeit eine lästige Pflicht. Habgier und Gewinnstreben galten als Laster, materieller Wohlstand als Ausdruck der Sünde. Es gab bis zu 100 Feiertage pro Jahr.

REFORMATION
Martin Luther machte die Arbeit zum Ideal und den Müßiggang zur Sünde. Arbeit verbindet sich nun mit Begriffen wie Verpflichtung, Notwendigkeit, Mühsal und Beharrlichkeit. Das gilt bis heute.

17. JAHRHUNDERT
Mit der Aufklärung wird Arbeit zu etwas Schöpferischem und Kreativem. Sie ist die Basis für Wohlstand und die Selbstverwirklichung als Mensch.

18. JAHRHUNDERT
Die Industrialisierung beginnt. Die Menschen ziehen in die Städte, aus Bauern werden Arbeiter. Erst jetzt wird die heutige Form der Erwerbsarbeit üblich.

MITTE 19. JAHRHUNDERT
Die Uhren gehen genauer und Arbeitszeiten werden strikter. Arbeitslosigkeit wird erstmals als Problem erkannt. Die Arbeiterbewegung wird zur wohl größten Protest- und Emanzipationsbewegung des Jahrhunderts.

ENDE 19. JAHRHUNDERT
Otto von Bismarck knüpft das Sozialsystem an die Erwerbsarbeit und legt so den Grundstein für die soziale Ausgrenzung von Arbeitslosen.

0 | 500 | 1000

FROHES SCHAFFEN

FROH SCHAFFEN STATT SCHWER SCHUFTEN

Die Messehalle B7 in Hamburg. Seit Mitte August 2015 ist sie ein riesiges Lager an Kleidung, Zahnpasta, Schuhen und Kinderspielsachen. Seit Tausende von Geflüchteten in der Hansestadt eintreffen, kommen hier jeden Tag Tonnen an Sachspenden an. Mehr als 1.000 Geflüchtete wohnen gleich nebenan in Halle B6. Sie haben nichts. Sie brauchen alles: Schuhe, Kleidung, Waschzeug – das Nötigste. Angefangen hat alles mit vier Leuten und einem Berg Klamotten. Innerhalb von einer Woche hat sich ein kleines – nun, wäre es profitorientiert, würde man sagen – Unternehmen wie von selbst gegründet. Hunderte von Menschen schleppen Kisten, sorgen für die Logistik, sortieren Kleidung und ackern an der Ausgabe. Nur Chefs gibt es keine, denn die Menschen organisieren sich selbst: Wer Lust hat, kommt vorbei. Und wer vorbeikommt, der quatscht nicht lange, sondern packt mit an. Getan wird, was augenscheinlich sinnvoll ist.

Die Leute sind hier, weil sie helfen wollen, weil es notwendig ist. Hier gibt es einen echten Bedarf, und ihn zu decken, ist eine echte Genugtuung. Nicht wegen des Geldes, sondern wegen der Menschlichkeit. Einer von ihnen ist Dominik. Der DJ ist von Anfang an dabei und quasi rund um die Uhr hier. Er hat sein „normales" Leben hinter sich gelassen. Wobei: Das hier fühlt sich für ihn mittlerweile viel echter an. Arbeit, Haus kaufen, in Urlaub fahren – all die Insignien einer normalen Erwerbsbio-

ARBEIT UND LEBEN

Wie oft kommt es vor, dass du nach der Arbeit zu erschöpft bist, um dich noch um private Angelegenheiten zu kümmern? Die Grafik oben zeigt, wie die Deutschen im Schnitt diese Frage beantworteten. Und wie sieht es bei dir aus?

GUTE ARBEIT

NANK

Das Netzwerk „Neue Arbeit, neue Kultur" sucht auf Basis der Ideen des Philosophen Friedhjof Bergmann selbstbestimmte Formen der Arbeit. **neuearbeit-neuekultur.de**

AUGENHÖHE

Zwei Dokumentarfilme und jede Menge Info-Material darüber, wie Arbeit noch aussehen kann. **augenhoehe-film.de**

DGB-INDEX GUTE ARBEIT

Der Index erhebt die Qualität der Arbeit aus Sicht der Arbeitnehmerinnen und Arbeitnehmer. Hier kannst du auch die Qualität deiner Arbeit ermitteln. **index-gute-arbeit.dgb.de**

grafie verblassen daneben. Und wenn er ganz ehrlich ist, meint er, dann macht er das Ganze für sich selbst. Denn das hier hat einen echten Sinn. Und der überträgt sich auf ihn, sein Tun, sein Leben. Klar, wir alle können umweltbewusst und fair einkaufen, Ressourcen sparen, für den guten Zweck spenden, Petitionen unterzeichnen und vielleicht sogar mal auf die ein oder andere Demo gehen. Doch wenn du erstmal damit anfängst, darüber nachzudenken, was du so alles verändern möchtest in dieser Welt, dann kommst du irgendwann an den Punkt, an dem du dich fragst: Wieso muss ich die meiste Zeit meines Tages mit Dingen verbringen, die ich als nicht wesentlich empfinde – weder für meine persönliche Entwicklung, noch für das Gemeinwohl und schon gar nicht für die Natur? Und so wie uns geht es anscheinend noch mehr Menschen. Eine Studie des Bundesministeriums für Arbeit zeigt, dass 45 % der Menschen ihre Arbeit heute weit von ihrem Ideal entfernt sehen. Dabei gibt es so viele Aufgaben, die dringend angegangen und gelöst werden wollen. Auch wir beide wollten nicht mehr warten, bis uns jemand einen sinnvollen Job auf dem Tablett serviert. Wir machten uns auf die Suche nach einer anderen, einer besseren Arbeit. Was wir fanden, war weit mehr, als das, was wir erhofft hatten. Aber fangen wir vorne an …

INDUSTRIE 4.0 UND DER SINN DES LEBENS

Wer sich die heutige Arbeitswelt ansieht, stößt auf erstaunliche Widersprüche. Denn natürlich wollen die Menschen eine Arbeit, die sie für sinnvoll und wichtig halten. Viele Unternehmen müssen sich auch ziemlich ins Zeug legen, um gute Mitarbeiter anzuwerben und zu halten – zumindest wenn es um die berühmten „hochqualifizierten Fachkräfte" geht. Dennoch gibt es anscheinend flächendeckend die Vorstellung, dass Arbeit so etwas wie eine leichte Krankheit ist. Nichts Schlimmes, nur so schlimm, dass man sich Mitte der Woche denkt: „Zum Glück ist es in zwei Tagen rum", wie der Philosoph und New-Work-Begründer Friedhjof Bergmann meint.

Dabei könnten wir es uns eigentlich leisten, viel wählerischer mit unserer Arbeitskraft umzugehen: Unter dem Begriff „Industrie 4.0" vollzieht sich gerade die sogenannte „Vierte Industrielle Revolution". Das bedeutet nicht weniger, als dass die meisten Arbeitsplätze künftig mit künstlicher Intelligenz besetzt sein werden. Vorbei die Zeit der Roboter, die auf unsere Anweisungen warten. Künftig sollen sie so intelligent sein, dass wir ihre Anweisungen befolgen. Noch sind sich die Wissenschaftler nicht einig, wie viele Arbeitsplätze dadurch wegfallen. 47 % könnten es etwa in den USA schon sein, meinten 2013 die beiden Oxford-Wissenschaftler Carl Frey und Michael Osborne in ihrer Studie „Future of Employment". Wir könnten in Zukunft also die Arbeit den Maschinen überlassen und uns dem widmen, was wir für wirklich erfüllend und sinnvoll in unserem Leben halten. Doch freuen wir uns, weil wir uns nun den schönen Dingen des Lebens zuwenden können? Nein! Stattdessen geht das Gespenst der Angst um den Arbeitsplatz um, den wir doch mehrheitlich gar nicht so sehr lieben …

ZEITWOHLSTAND

ÜBER ENTSCHLEUNIGUNG UND ZEITPIONIERE

Zeitwohlstand ist mehr als einfach nur Arbeitszeitverkürzung, es geht dabei vor allem um die Qualität der Zeit. Die Frage ist, ob und wie wir auch während der Arbeit entschleunigen und Muße finden können? Die temporale Krise unserer Zeit hat viel mit der Beschleunigung der Prozesse zu tun, aber auch mit dem Sozialabbau, den wir in den letzten Jahrzehnten erlebten. Unsere Generation findet meist nur noch Stellen, die auf zwei Jahre befristet sind. Danach droht oft Hartz IV. Es gibt keine Rentenabsicherung mehr. Das erzeugt zunehmend den Druck, dass wir uns permanent beweisen und ständig weitergehen müssen. Wir haben das Gefühl, dass wir aus dem System herausfallen und auf einmal alleine dastehen, wenn wir uns auf dem, was wir erreicht haben, einmal ausruhen.

Die Zeitpioniere, denen Zeitwohlstand wichtig ist, reagieren darauf, indem sie sich auch außerhalb des Marktes absichern. Dabei geht es um Subsistenztätigkeiten, also um Selbstversorgung durch Urban-Gardening-Projekte und andere entkommerzialisierte Räume, die uns unabhängiger machen. Die Frage, was ich außerhalb der üblichen Erwerbstätigkeit tue, bekommt dadurch wieder eine neue Bedeutung. In Berlin gibt es schon sehr viele dieser Räume, in denen Menschen ohne Geld ihre Freizeit verbringen und ihr Leben leben können. Ich wohne mittlerweile jedoch in Essen. Hier finde ich viel weniger solcher Räume und bin daher wieder mehr auf Geld, also auch auf Arbeit angewiesen.

Doch es geht nicht nur um die Zeit außerhalb unserer Erwerbsarbeit. Auch in ihr können wir Zeitwohlstand im Sinne einer besseren Zeitqualität gewinnen. Ein Patentrezept gibt es dafür nicht. Wichtig ist vor allem, dass man sich darüber mit den Kolleginnen und Kollegen austauscht. Denn wenn ich der Einzige bin, der pünktlich geht, Bildungsurlaub in Anspruch nimmt oder eine Mittagspause macht, dann kann ich schnell ein Problem bekommen. Der erste wichtige Schritt ist also, sich als Team die Zeit zu nehmen, um über Fragen nachzudenken, wie: War das unser Ziel? Wollten wir so gemeinsam arbeiten? Und ist die Art und Weise, wie wir das machen, eigentlich richtig?

Gerrit von Jorck hat sich nach seinem Wirtschaftsstudium gegen die klassische Karriere und für einen Halbtagsjob entschieden. Heute promoviert er zum Thema „Zeitwohlstand" an der TU Berlin.
postwachstum.de

KONZEPTWERK NEUE ÖKONOMIE

Die Organisation entwirft Konzepte für eine soziale, ökologische und demokratische Wirtschaft. **konzeptwerk-neue-oekonomie.org**

DEUTSCHE GESELLSCHAFT FÜR ZEITPOLITIK

Die Deutsche Gesellschaft für Zeitpolitik (DGfZP) will Impulse geben für einen bewussteren Umgang mit Zeit und Zeitwohlstand. **zeitpolitik.de**

PRIORITÄTEN SETZEN

Der Amerikaner Ryder Caroll hat ein simples System entwickelt, wie du deinen Alltag spielerisch organisierst, deine Prioritäten immer besser kennenlernst und so mehr Zeit für das Wesentliche hast: **bulletjournal.com**

Friedericke Hardering leitet das Projekt „Gesellschaftliche Vorstellungen sinnvoller Arbeit und individuelles Sinnerleben in der Arbeitswelt" an der Goethe-Universität in Frankfurt am Main. **arbeitopia.de**

WARUM NICHT EINFACH KÜNDIGEN?

Dieser nur scheinbar merkwürdige Widerspruch löst sich natürlich schnell auf, wenn wir uns ansehen, warum das so ist: Arbeit, Lebensunterhalt und Ansehen sind in unserer Gesellschaft eng miteinander gekoppelt. Wer viel verdient, gilt automatisch als wertvoller Leistungsträger – auch dann, wenn seine Tätigkeit zerstörerisch und erniedrigend ist. Wer etwas tut, womit sich nur wenig oder gar nichts verdienen lässt, gehört in dieser Logik auch nicht zu den Prestigeträgern. Und zwar auch dann nicht, wenn es sich zum Beispiel um gesellschaftlich so relevante Dinge dreht wie Kinder großziehen, Kranke pflegen, Tiere retten oder Kunst erschaffen. Besonders hart trifft es in diesem Wertgefüge die Arbeitslosen. Sie haben nichts: keine Arbeit, kein Geld und natürlich auch kein Ansehen. Und als wäre das nicht schlimm genug, verbreiten wir noch das Gerücht, sie seien bequem und müssten mit Sanktionen zur Arbeit gebracht werden. Da stellen sich oft auch seelische und körperliche Krankheiten ein.

Dabei driften Arm und Reich auseinander – national und global gesehen. Das sorgt für zusätzlichen Druck. Denn je polarisierter eine Gesellschaft ist, desto stressiger ist das Leben insgesamt, die Angst vor dem sozialen Abstieg drückt die Mehrheit immer mehr. Die psychischen Krankheiten nehmen zu und kosten uns viele Milliarden Euro. Wir sind wie Bittsteller um Arbeitsplätze, denen selbst Dumpinglöhne, ständige Verfügbarkeit und eine Belastung bis zum Burnout keine zu großen Opfer zu sein scheinen. Steuerschlupflöcher und Subventionen in Milliardenhöhe sehen aus wie ein notwendiges Zugeständnis

DER ARBEIT SINN GEBEN

ÜBER SINNQUELLEN UND JOB-CRAFTING

Was gibt einer Arbeit Sinn?

Der Sinn der Arbeit ergibt sich aus mehreren Quellen. Zum einen aus den persönlichen Sinnquellen: Identifiziere ich mich mit meiner Arbeit? Finde ich meine Werte wieder? Habe ich ein gutes soziales Umfeld, Erfolg, Anerkennung, Autonomie, Spaß? Zum anderen gibt der gesellschaftliche Nutzen einer Arbeit Sinn. Dies ist eine gesellschaftliche Bewertung. Ein Müllwerker zieht den Sinn seiner Arbeit also vielleicht eher aus der Tatsache, dass er eine Aufgabe leistet, die für unsere Gesellschaft unentbehrlich ist, als aus der praktischen Tätigkeit selbst. Der DGB-Index „Gute Arbeit" zeigt, dass es hier Unterschiede gibt: Die meisten erleben einen hohen persönlichen Sinn in ihrer Arbeit, den gesellschaftlichen Sinn schätzen die meisten geringer ein.

Wie finde ich den Sinn der Arbeit?

Meine Interviews mit Berufswechslerinnen und Berufswechslern haben gezeigt, dass es wichtig ist, sich Zeit zu nehmen und zu überlegen, was man selbst eigentlich will. Den Rat anderer sollte man nicht ignorieren, aber es kommt vor allem darauf an, auf die eigenen Interessen zu hören sowie die eigenen Prioritäten und Werte zu kennen.

Spannend ist zudem die Erkenntnis, dass wir es sind, die einer Arbeit Sinn zuschreiben, Relevanz setzen und Negatives ausblenden. Bei jeder Arbeit gibt es dabei noch ganz viel Veränderungspotenzial. Oft geraten wir in eine Routine, durch die wir nicht mehr sehen, was wir alles verändern können. Doch durch Job-Crafting kann ich meine Arbeit entlang meiner Ziele und Werte auf mehreren Ebenen verändern: Ich kann meine Überzeugungen und Sichtweisen auf die Arbeit verändern, ich kann meinen Aufgabenzuschnitt verändern und ich kann das soziale Umfeld bei der Arbeit verändern.

an diejenigen, die mit Arbeitsplätzen winken. Gelder, die wir von Kultur-, Pflege-, Bildungs- und Umweltschutzeinrichtungen abzwacken. Selbst Kinder- und Sklavenarbeit oder die vollkommene Zerstörung unseres Planeten scheinen wir in Kauf zu nehmen, solange nur Arbeitsplätze in Aussicht stehen. Es scheint wie ein gemeiner Trick, dass wir die Erwerbsarbeit erst zur physischen und sozialen Existenzfrage erhoben haben – nur damit dann Tausende von Erwerbstätigen all ihre Kreativität und Schaffenskraft darauf richten, genau diese Arbeitsplätze möglichst vollständig wegzurationalisieren. Natürlich immer mit dem Zuckerbrot einer Industrie 4.0 vor Augen und im Duett mit der Peitsche der globalen Arbeitsmarktkonkurrenz. Ist es da nicht nachvollziehbar, dass die Menschen aufgebracht um die eigentlich doch gar nicht so tollen Arbeitsplätze rangeln?

Uns scheint es jedoch gar nicht darum zu gehen, die Menschen grundsätzlich von Arbeit zu befreien, also möglichst viel Freizeit zu bekommen. Nein, wir brauchen eine neue Vorstellung von dem, was Arbeit ist. Das erkannte der Philosoph Friedhjof Bergmann auch schon in den 1980er Jahren. Seitdem versucht er in zahlreichen Projekten praktisch, diese „Neue Arbeit“ umzusetzen. Ob er dabei mit Managern, Mitarbeitern aus großen Konzernen oder kleinen Unternehmen, Beamten, Langszeitarbeitslosen, Obdachlosen oder Jugendlichen, Menschen in Amerika, Europa oder Afrika zusammenarbeitete – immer wieder zeigte sich eines: „Was die Menschen wirklich aufbaute, nicht nur materiell, sondern als menschliche Wesen, das war die Möglichkeit, eine Arbeit zu leisten, die sie schätzten, die sie interessant fanden und auf die sie stolz sein konnten. Es hob ihre Stimmung, gab ihnen Kraft, machte sie mutiger und ganz erstaunlich lebendiger“, erklärt er. Diese Erfahrung, meint Bergmann, können alle Menschen aus eigener Kraft machen – egal, ob sie in Wohlstand, Sicherheit und Fülle leben oder in Armut und Elend. Was also sind deine Alternativen? So leid es uns tut: das muss jeder selbst herausfinden. Doch nicht immer verlangt die Suche nach einem sinnvolleren und erfüllenderen Job, dass du gleich deine Arbeitsstelle wechseln oder dein Leben komplett umwerfen musst. Gemäß dem „Job-Crafting“ können viele ihren Arbeitsplatz und Aufgabenbereich aktiver mitgestalten, als sie sich vorstellen (mehr dazu auf Seite 122). Alternativ kannst du mittlerweile über etliche ethische Job-Börsen gezielt nach den Stellen suchen, die öko-sozial ambitionierte Unternehmen und Organisationen ausschreiben. Und wenn es dort auch nicht das Richtige für dich gibt – nun, dann war es noch nie so leicht, deine Träume selbst zu verwirklichen. Das meint jedenfalls der Professor für Entrepreneurship Günter Faltin. Denn genau die Digitalisierung, die uns in der Industrie 4.0 die Arbeitsplätze kosten könnte, kann sich hier als unser großes Glück erweisen. Dann nämlich, wenn sich das Arbeitsplatzbereitstellungsmonopol auflöst – einfach dadurch, dass durch die Vernetzung quasi jeder von der Bettkante aus zum Unternehmer oder zur Unternehmerin werden, Produkte herstellen oder Dienstleistungen erbringen kann. Faltin nennt das Komponentengründung. Andere haben dafür Bezeichnungen wie Solopreneurship und andere gefunden. Wir beschreiben in unserem Buch „Faironomics“, wie das geht.

30 % SORGENFREIHEIT
Von Arbeit sorglos leben können

15 % LEISTUNG
Den Wohlstand hart erarbeiten

14 % WORK-LIFE-BALANCE
Eine gute Balance zwischen Leben und Arbeiten finden

13 % SINN
Den Sinn außerhalb der Erwerbsarbeit suchen

11 % HERAUSFORDERUNG
Engagiert Höchstleistungen erzielen

10 % SELBSTVERWIRKLICHUNG
Sich in der Arbeit verwirklichen

9 % SOLIDARITÄT
In starker Gemeinschaft arbeiten

ARBEIT 4.0

Worauf kommt es dir bei deiner Arbeit an? Sieben Wertewelten hat die Studie „Arbeiten 4.0“ ermittelt. Auf der Website kannst du auch testen, was dir wichtig ist. **arbeitenviernull.de**

ETHISCHE JOB-BÖRSEN

Ethisch sinnvolle Arbeit findest du natürlich auch auf normalen Job-Börsen. Es gibt aber auch ein paar spezialisierte Plattformen:
jobverde.de
greenjobs.de
wila-arbeitsmarkt.de
talents4good.org
sneep.info
thechanger.org
goodimpact.org
biojob-boerse.de

(UN)BEZAHLTE ARBEIT

So viel unbezahlte (oben) und bezahlte Arbeit (unten) leisten wir pro Woche in Stunden und Minuten.

SELBER GRÜNDEN

ASHOKA

Bei dem weltweiten Netzwerk finden Social Entrepreneure Kontakte und Unterstützung. **ashoka.org**

WIR SIND DAS KAPITAL

Website zum Buch des Entrepreneurs und Professors Günther Faltin mit Tipps zum Gründen. **wir-sind-das-kapital.de**

SOCIAL STARTUPS

Hier findest du Hintergrundinformationen zu spannenden Projekten, Finanzierungsmöglichkeiten, offenen Stellen und vielem mehr: **social-startups.de**

FAIRONOMICS

Wie können wir Projekte so verwirklichen, dass sie eine faire, ökologische und solidarische Ökonomie fördern? Auf der Website zum Buch findest du Infos: **faironomics.de**

SOCIAL IMPACT LAB

Das deutschlandweite Netzwerk bietet Co-Working-Spaces und Coaching für angehende Social Entrepreneure. **socialimpact.eu**

WIR SIND DAS KAPITAL

Nun magst du dich vielleicht nicht in die Reihe der Unternehmerinnen und Unternehmer einreihen, die den Profit über alles andere stellen. Doch das musst du auch gar nicht. Denn immer mehr Menschen suchen nach öko-sozialen Unternehmen und Angeboten. Deshalb ist es unserer Meinung nach sogar ein Vorteil, wenn du authentisch, sozial und ökologisch an die Sache rangehst. Und das ist eine enorme Chance. Denn so können wir die Produkte, Dienstleistungen und Lösungen, die wir uns für eine bessere Welt wünschen, ganz einfach selbst machen. Wir müssen auf niemanden warten! Tatsächlich ist dieses Experiment auch schon in vollem Gange: Menschen gründen überall Unternehmen, die nicht nur öko-soziale Produkte bieten, sondern auch neue Formen der Zusammenarbeit und Besitzverhältnisse ausprobieren. Das Unternehmen Premium Cola ist nur eines von ganz vielen Beispielen, die zeigen, dass es auch anders geht: Alle Kunden können sich an allen unternehmerischen Entscheidungen beteiligen. Alle Mitarbeiter, Lieferanten und Vertiebspartner ebenfalls. Die gesamte Produktion und der Vertrieb sind dezentral im Netzwerk organisiert. Verträge gibt es keine. Chefs auch nicht. Dafür eine echte Gemeinschaft, die Gründer Uwe Lübbermann auch dann noch treu ist, wenn das Unternehmen mal schwierige Phasen durchmacht. Das Ganze funktioniert so gut, dass Premium Cola mittlerweile entschieden hat, langsamer zu wachsen als möglich. Unter Begriffen wie Gemeinwohlökonimie, OpenSource und Ecommony oder auch solidarische Ökonomie entstehen derzeit viele weitere vielschichtige Konzepte und Prototypen, die ineinanderfließen, sich inspirieren und gegenseitig ergänzen – in jedem Fall aber einen unglaublich spannenden Ausblick auf die Zukunft geben.

DOCH WOMIT GELD VERDIENEN?

So schön das alles klingt: Fakt ist für die meisten, die sich an Alternativen heranwagen, immer noch die bange Frage, wie sich neben all den Experimenten nun auch noch der Lebensunterhalt erwirtschaften lässt. Ja, die allermeisten Menschen mit guten Ideen starten wahrscheinlich gar nicht erst, aus Angst vor dem Scheitern. Michael Bohmeyer kennt das aus eigener Erfahrung. Zwar hat er mehrere Startups gegründet und hielt sich auch eigentlich für einen risikofreudigen Unternehmer. Doch dass ihn Existenzängste unbewusst immer noch von dem abhielten, was er für eigentlich sinnvoll hielt, merkte er erst, nachdem er sich selbst ein Bedingungsloses Grundeinkommen (BGE) verordnet hatte: Aus einer Gewinnbeteiligung an einem der von ihm gegründeten Startups bezog er ein Monatseinkommen von Tausend Euro. Genug, um in Berlin davon zu leben. Zwei Monate verbrachte er zunächst in einer Identitätskrise und spürte am eigenen Leib, wie stark wir uns über unsere Erwerbsarbeit definieren. Dann erlebte er einen unheimlich kreativen Schub. Heute ist er bekannt als Gründer der Plattform „Mein Grundeinkommen" sowie als Co-Initiator der Website „Sanktionsfrei". Die Vertreterinnen und Vertreter des Bedingungslosen Grundeinkommens skandieren ja bereits seit Jahren, dass wir die finanzielle Existenzsicherung von der Arbeit entkoppeln müssen – eben um jene verhängnisvolle Konstellation zu durchbrechen, die wir oben beschrieben haben. Dass sich das finanzieren lässt, haben schon etliche Experten ausgerechnet. Welche Auswirkungen so ein gesellschaftliches Experiment hätte, darüber lässt sich bloß spekulieren. Die Hoffnung besteht, dass sich gesamtgesellschaftlich ein ähnlich kreativer Paukenschlag einstellt wie bei Michael Bohmeyer. Dass die Menschen dann nicht mehr arbeiten und nur noch faul in der Hängematte liegen, ist jedenfalls nicht zu befürchten: Schon heute arbeiten die Menschen zu einem großen Teil unentgeltlich, wie die Grafik links zeigt.

Leider gibt es noch kein BGE. Deshalb standen wir beide vor einigen Jahren, als wir uns dafür entschieden, uns auf das zu konzentrieren, was uns wirklich, wirklich wichtig schien, natürlich vor der Frage, wie wir denn nun Sinn, Arbeit und Lebensunterhalt unter einen Hut bringen sollten. Unsere praktische Lösung hieß: weniger Geld und dafür mehr Zeit für die Projekte, die uns Zufriedenheit und Weltrettung versprechen. Damit das hinhaut, brauchte es flankierende Maßnahmen: Wir haben gelernt, weniger zu konsumieren, mehr selber zu machen und die Synergie der Gemeinschaft zu nutzen. Das hat den positiven Nebeneffekt, dass unser geringerer Verbrauch der Umwelt zugutekommt, uns das alles mehr Spaß macht und wir so die Welt insgesamt bereichern können. Wie das übertragen auf unsere gesamte Gesellschaft aussehen könnte, welche Vorteile das für alle hätte und warum das gar nicht so einfach ist, das erfährst du im nächsten Kapitel über Konsum.

Michael Bohmeyer hat „Mein Grundeinkommen“ initiiert. Jede und jeder kann hier an der Verlosung eines einjährigen, bedingungslosen Grundeinkommens teilnehmen, das über Crowdfunding finanziert wird.
mein-grundeinkommen.de

MEIN GRUNDEINKOMMEN

ÜBER DIE FREIHEIT, NEIN ZU SAGEN

Ich habe mehrere Internet-Startups gegründet und hatte durch Gewinnbeteiligungen eine Art Bedingungsloses Grundeinkommen (BGE) von 1.000 Euro im Monat. Davon kann man in Berlin ganz gut leben. Dennoch hat mich die Entscheidung, keiner Erwerbsarbeit mehr nachzugehen, in eine ganz schöne Krise gestürzt. Ich fand es schwer, mit dieser neuen Freiheit umzugehen, mir fehlten die Strukturen, die mir die Arbeit immer gegeben hatte, und ich habe mir selbst sehr viel Druck gemacht. Doch irgendwann war mein schlechtes Gewissen weg und auf einmal habe ich aus meiner Freiheit total viel Kreativität geschöpft. Ein halbes Jahr später habe ich das Projekt „Mein Grundeinkommen“ gestartet. Mein Ziel war es, anderen Menschen ebenfalls die Chance auf ein Bedingungsloses Grundeinkommen zu geben. Mittlerweile sind so schon sehr viele BGE zusammengekommen. Sie gingen an Babys, Kinder, Studierende, Erwerbstätige, Arbeitslose und Rentner – es ist wirklich alles dabei. Und alle Erwachsenen sagten uns, dass sie ruhiger schlafen. Die Leute haben nicht reihenweise ihre Jobs gekündigt, sondern haben die Chance meist für eine Weiterbildung genutzt. Keiner weiß, wie sich ein BGE flächendeckend auswirken würde. Aber ich weiß nun, dass es das gesamte Lebensgefühl verändert. Ich war nie ein ängstlicher Mensch und wusste, bevor ich mein BGE hatte, gar nicht, wie viele Existenzsorgen ich tatsächlich hatte und wie viel Druck Arbeit bei mir ausgelöst hat. Jetzt kenne ich die Freiheit, „Nein“ zu sagen. Ein BGE stellt dir schlicht die Frage: Was willst du eigentlich wirklich mit deinem Leben machen? Wir Menschen haben erstmals in unserer Geschichte die Möglichkeit, „Nein“ zu sagen und trotzdem gut zu leben. Mit dieser Freiheit könnten wir uns gemeinsam noch einmal genau überlegen, wie wir unsere Gesellschaft eigentlich gestalten wollen.

AKTIONEN

FÜR ARBEITSGLÜCK UND ZEITWOHLSTAND

jetztrettenwirdiewelt.de/arbeit

SCHÖNER ARBEITEN

3 STUNDEN · MITTEL

Es gibt ein paar kleine Kniffe, mit denen du deinen Arbeitsalltag einfach schöner und angenehmer gestalten kannst.

LOB-BOX

Leg dir einen Ordner oder eine Box an, in der du alle positiven Rückmeldungen auf deine Arbeit sammelst. Wenn du mal schlecht drauf bist, schaust du einfach rein.

KLEINE SCHRITTE

Teile schwierige oder langweilige Aufgaben in kleine Häppchen auf und feiere jedesmal, wenn du fertig bist.

ARBEITSRHYTHMIK

Schaff dir einen Arbeitsrhythmus. Als sinnvoll haben sich 20 bis 25 Minuten Arbeit gefolgt von einer 5- bis 10-minütigen Pause erwiesen.

KOMMUNIKATIONS-DISZIPLIN

Beschränke deine Kommunikationsroutinen, wie etwa E-Mails checken, auf maximal dreimal 30 Minuten pro Tag.

JOB-CRAFTING

4 WOCHEN · SCHWER

Unzufrieden mit deiner Arbeit? Dann musst du nicht gleich kündigen. Überlege stattdessen, wie du deinen Job ein Stückchen an deine Wünsche anpassen kannst.

PERSÖNLICHER SINN

Welchen Sinn hat deine Arbeit für dich persönlich? Warum identifizierst du dich mit ihr? Welche deiner Werte kannst du verwirklichen? Warum schenkt sie dir Zufriedenheit?

GESELLSCHAFTLICHER SINN

Für wen ist deine Arbeit wichtig? Wie verändert es deren Leben, wenn du deine Arbeit gut machst?

GRENZEN VERSCHIEBEN

Welche Tätigkeiten deiner Arbeit sind dir besonders wichtig? Was kannst du besonders gut? Dann verschiebe die Grenzen deines Aufgabenbereiches und mach mehr von diesen Dingen.

SCHULTERSCHLUSS FINDEN

Welche deiner Kolleginnen und Kollegen teilen deine Interessen und Werte? Versuche, enger und öfter mit ihnen zusammenzuarbeiten.

DEIN TRAUMPLAN

6–12 MONATE SCHWER

Fast jeder hat noch nicht verwirklichte Träume. Du auch? Dann frag dich doch mal, was du tun würdest, wenn Geld keine Rolle mehr spielte?

WAS WILL ICH HABEN?

Schreib alles auf, auch wenn es albern ist. Die Frage bezieht sich nicht nur auf Materielles.

WER WILL ICH SEIN?

Wärst du gern ein toller Redner, Weltreisender oder Künstler? Was musst du tun, um das zu sein?

WAS WILL ICH TUN?

Woran würdest du dich dein Leben lang erinnern? Was willst du auf jeden Fall tun, bevor du stirbst?

WAS VERÄNDERT DEIN LEBEN?

Such dir nun die drei bis fünf Träume aus, die besonders bedeutend sind. Was kannst du in den nächsten 6–12 Monaten verwirklichen? Was sind die nächsten drei bis vier Schritte, die du in jeweils rund fünf Minuten erledigen kannst? Mache den ersten jetzt und die beiden anderen in den nächsten zwei Tagen.

TIPP: ES MUSS NICHT IMMER ARBEIT SEIN

Deine Träume musst du nicht immer über deine Erwerbsarbeit verwirklichen. Vielleicht findest du deinen Traumjob. Vielleicht gründest du dein eigenes Unternehmen, mit dem du die Welt veränderst. Oder vielleicht reduzierst du deine Erwerbsarbeit, um daneben das zu tun, was deinem Leben Sinn gibt.

ENTSCHLEUNIGEN

TÄGLICH 5 MINUTEN MITTEL

SCHLUSS MIT ZEITSPAREN

Höre ab sofort auf, Zeit zu sparen. Wie du in dem Roman „Momo" von Michael Ende erfahren kannst, führt Zeitsparen nur zu dem inneren Druck, noch mehr Zeit sparen zu müssen (denn wozu hättest du sie sonst gespart?).

FINDE DEINE ZEITSTRESS-QUELLEN

Beobachte in deinem Alltag, wann du unter Zeitdruck oder gar in Zeitnot gerätst. Erkennst du Muster? Kannst du mehr Zeit einplanen? Oder kannst du in diesen Situationen etwas tun, um lockerzulassen?

MACH NICHTS

Schick dir über eine Meditations-App oder eine Uhr mindestens dreimal am Tag ein Zeichen für eine ein- bis fünfminütige Pause, in der du einfach mal nichts tust. Ja: gar nichts!

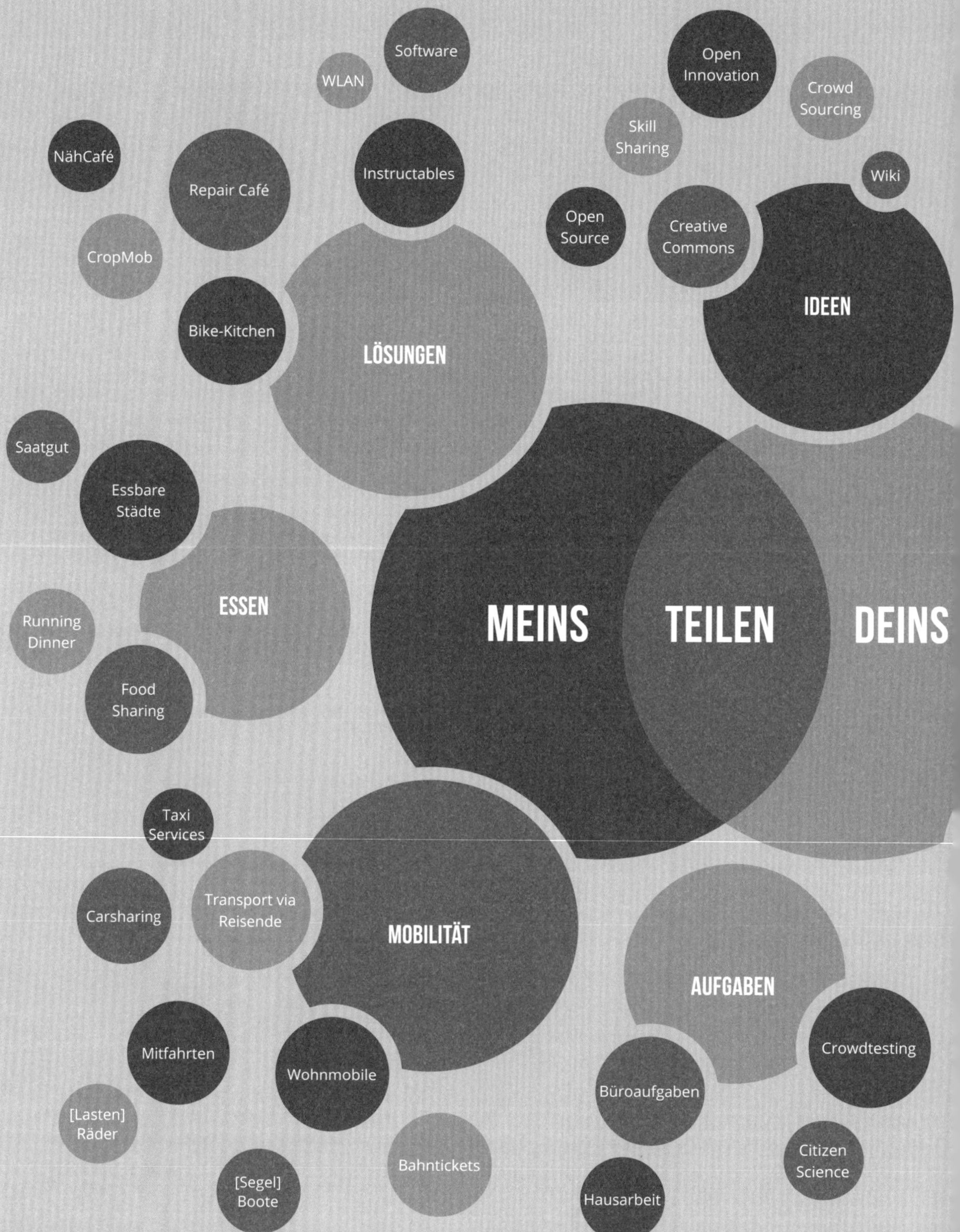
Software
WLAN
Open Innovation
Crowd Sourcing
NähCafé
Repair Café
Instructables
Skill Sharing
Wiki
CropMob
Open Source
Creative Commons
IDEEN
Bike-Kitchen
LÖSUNGEN
Saatgut
Essbare Städte
ESSEN
Running Dinner
Food Sharing
MEINS
TEILEN
DEINS
Taxi Services
Carsharing
Transport via Reisende
MOBILITÄT
AUFGABEN
Mitfahrten
Wohnmobile
Crowdtesting
Büroaufgaben
[Lasten] Räder
Bahntickets
Citizen Science
[Segel] Boote
Hausarbeit

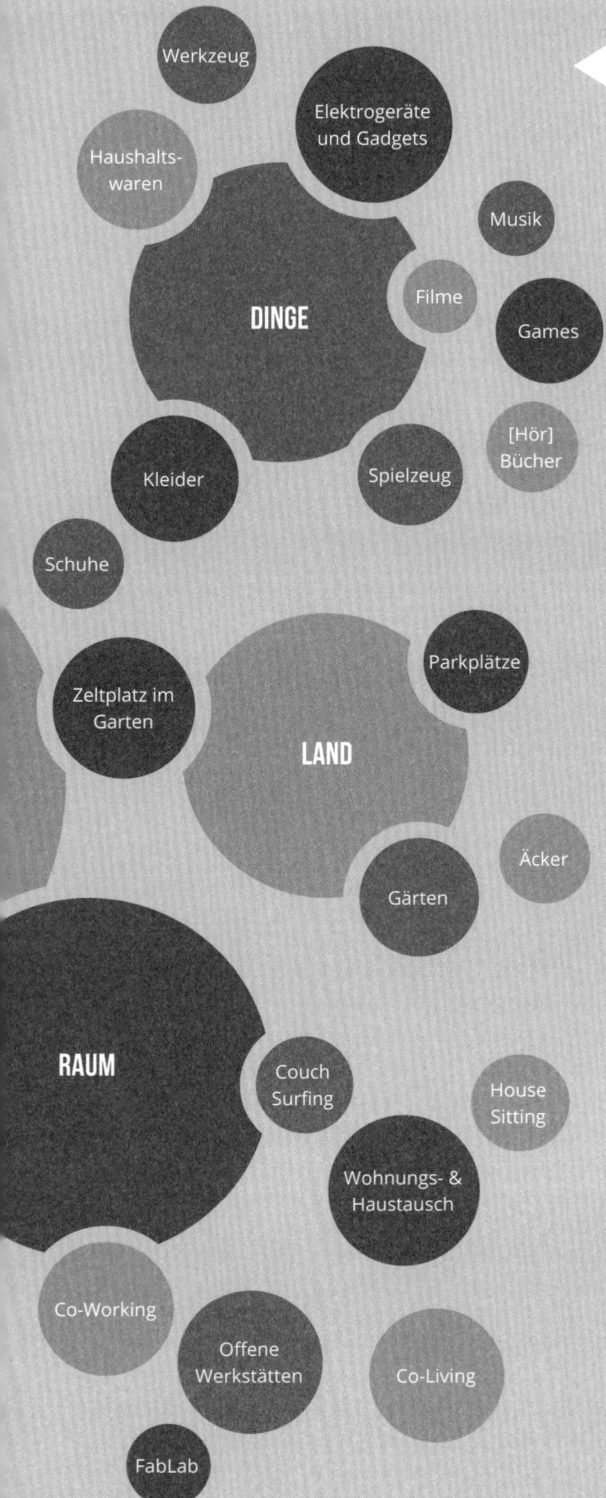

KONSUM

ES IST GENUG FÜR ALLE DA!

CO-KONSUM: WER TEILT, HAT MEHR VOM LEBEN

Worauf kommt es an im Leben? Wer will ich sein? Was will ich tun? Derlei essenzielle Fragen beantworten wir uns viel zu oft viel zu unbewusst: Wir haben Angst, abgehängt zu werden, wenn wir nicht den Anforderungen des Arbeitsmarktes entsprechen. Also strengen wir uns an, bilden uns weiter, arbeiten hart. Über die Medien erfahren wir, wie wir sein sollten, um liebenswert und glücklich zu sein. Also kaufen wir die neuesten Kleider und optimieren unser Äußeres mit diversen Mitteln und Methoden. Wir lesen in Blogs, Zeitschriften und Ratgebern, welche Formen von Sport- und Entspannungstechniken uns noch leistungsfähiger, stressresistenter und ausgeglichener machen. Rund um die Uhr beliefern uns Unterhaltungsindustrie und Werbung mit Geschichten, die unser Weltbild bestimmen: Was bedeutet Erfolg? Was kann ich in dieser Welt erwarten? Und wer bin ich überhaupt?

Nur selten finden wir die Ruhe, uns ernsthaft zu fragen, was uns wirklich wichtig ist. Was wir uns vom Leben wünschen und worauf es uns ankommt. Für uns kam dieser Zeitpunkt, als wir uns nach vielen Jahren des Zauderns ein Herz fassten, unsere Jobs kündigten und uns ein Jahr Auszeit schenkten. Nun hatten wir auf einmal nicht nur viel Zeit, wir mussten auch mit wesentlich weniger Geld auskommen. Und das war für uns ein großes Glück. Denn wir mussten uns fragen, was wir wirklich brauchen, um zufrieden zu sein. Und

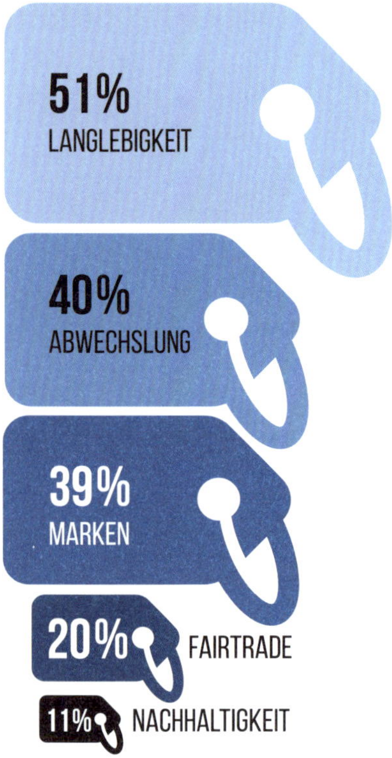

Das nennen die Menschen in Deutschland als Kriterien für ihre Kaufentscheidung. Und was ist dir wichtig?

PINK STINKS

Die junge Organisation tritt gegen die „Pinkifizierung" von Mädchen und Jungen durch Produkte, Werbe- und Medieninhalte ein.
pinkstinks.de

SLAVERY FOOTPRINT

Heute gibt es weltweit geschätzt 21 Millionen moderne Sklaven, ein Fünftel davon Kinder. Auf Slavery Footprint kannst du testen, wie viele Sklaven für dich arbeiten.
slaveryfootprint.org

ADBUSTERS

Adbusters ist eine Bewegung, deren Mitglieder Werbung im öffentlichen Raum so verfremden, dass die Botschaft eine kritische Auseinandersetzung mit dem Konsum anstößt.
adbusters.org

dabei zeigte sich (und das soll angeblich Buddha gesagt haben): „Auf etwas zu verzichten, was du nicht brauchst, macht dich nicht ärmer, sondern freier."

ICH KAUFE, ALSO BIN ICH

Die Zufriedenheits- und Glücksforschung hat längst bestätigt, dass unser materieller Lebensstil und unsere Fixierung auf Konsum und Besitz uns nicht glücklich machen, sondern sogar unzufrieden und krank. Was nicht gerade selten dazu führt, dass wir uns trösten, indem wir etwas kaufen. Dass dieser Teufelskreis suchtähnliche Züge trägt, liegt an dem Gehirnbotenstoff Dopamin. Er löst in uns ein Gefühl von Zufriedenheit, Freude und Glück aus und soll auch die Emotionen simulieren können, die aufkommen, nachdem wir eine Entscheidung für oder gegen etwas getroffen haben. Dieses sogenannte Belohnungssystem ist an sich ganz praktisch – wenn es nicht dafür sorgt, dass wir uns in einem Belohnungskreislauf verheddern. Und der geht so: Wir kaufen Sachen, um uns Wohlbefinden durch Anerkennung, Macht und scheinbare Sicherheit zu verschaffen. Wir kaufen Dinge, weil sie uns vermeintlich guttun, wir andere beeindrucken und zeigen wollen, dass wir dazugehören. Nun geht es beim Statuskonsum, laut der Soziologie-Professorin am Boston College Juliet B. Schor, aber immer auch um Ausgrenzung, Wettbewerb und Konkurrenz. Und das erzeugt in uns die Angst, nicht mithalten zu können. Daher arbeiten wir mehr als nötig und haben weniger Zeit für Freunde und Familie. Dadurch fühlen wir uns einsam und konsumieren mehr, um uns kurzfristig besser zu fühlen. Langsam, aber sicher schaffen wir so die Grundlage für Depressionen, Bluthochdruck und Burn-Out. Wie Schor herausfand, sind bereits Kinder zwischen 10 und 13 Jahren wesentlich ungesünder und haben ein deutlich schlechteres Selbstbild, je mehr sie mit Konsum in Berührung kommen.

Das klingt nach ziemlich miesen Nachrichten? Okay, hier sind die guten: Neben unserem Belohnungssystem gibt es in unserem Gehirn etwas, das sich vordere Stirnhirnrinde, präfrontaler Cortex oder auch schlicht Vernunft nennt. Wir sind unseren Ich-will-aber-haben-Wünschen nicht machtlos ausgeliefert. Wir haben es selbst in der Hand zu entscheiden, was uns in unserem Leben wirklich wichtig ist, was wir brauchen und was wir tun wollen. Als wir beide uns damit beschäftigt haben, wie wir denn nun mit weniger Konsum genauso glücklich oder vielleicht sogar glücklicher leben können, sind wir einem weitverbreiteten Glaubenssatz auf die Spur gekommen: Der tief sitzenden Überzeugung nämlich, dass nicht genug für alle da ist und dass wir deshalb aufpassen müssen, nicht zu kurz zu kommen. Dabei ist es doch mehr als offensichtlich, dass es wahrlich genug Essen, Kleidung, Turnschuhe, Schreibwaren, Bücher, Smartphones, Bettwäsche, Sofas, Kochtöpfe, Putzlappen und Shampoos für alle gibt. Wir haben wirklich alles im Überfluss. Was die Dinge knapp macht, ist vielmehr unser Konzept von Besitz – also genauer gesagt die Vorstellung, dass wir dafür sorgen müssen, dass etwas, was wir zwar besitzen, im Moment aber nicht benutzen, auch von niemand anderem verwendet werden soll.

DAS KONKURRENZPARADOXON

ÜBER RELATIVE BEDÜRFNISSE, WERBUNG UND DIE ZUFRIEDENHEITSFORSCHUNG

Bei Konsum müssen wir unterscheiden zwischen dem Notwendigen – wie Medikamenten, Essen oder Kleidung, den absoluten Bedürfnissen, wie der Ökonom Keynes sie nannte – und den relativen Bedürfnissen, die aus dem sozialen Vergleich entstehen: Hat jemand etwas Schöneres, Teureres, Besseres, will ich das unbedingt auch. Oder sogar noch etwas Schöneres, Teureres und Besseres, um den anderen kurzfristig zu übertrumpfen. Das führt zu einem Konkurrenzparadoxon: Keiner hat etwas davon, alle überholen sich gegenseitig – und alle müssen insgesamt immer mehr Geld ausgeben.

Dazu kommt, dass wir täglich schätzungsweise rund 3.000 Marketingbotschaften ausgesetzt sind. Sie funktionieren auf einer unterschwelligen Ebene. Werbung hat ihre Legitimation, wo sie Menschen informiert. Doch die derzeitige Indoktrination hat damit nichts mehr zu tun, sondern ist eher Manipulation. Da müsste die Politik eigentlich einschreiten und die Rahmenbedingungen ändern. Zum Beispiel müssten Kinder eine Art Grundbildung bekommen, wie Werbung und Verkaufstricks funktionieren. Die verschwindend geringen Budgets der Verbraucherschutzorganisationen zeigen aber schon, dass es hier wenig Interesse von Seiten der Politik gibt.

Als Gesellschaft müssen wir diese Art von Konsum hinterfragen. Momentan wird alles, was das Prinzip des Wirtschaftswachstums infrage stellt, nicht diskutiert und als unpatriotisch, total naiv oder gar unanständig dargestellt. Doch die Zufriedenheitsforschung zeigt ganz klar, dass diese materialistische Ausrichtung unglücklich und krank macht. Denn hier gilt das Vergleichen, das Gegeneinander und die Konkurrenz. Jeder ist nur so viel wert, wie er besitzt. Das klassische Denkmuster des Kapitalismus, dass derjenige besonders glücklich ist, der eine Top-Position hat und sich alles kaufen kann, trifft einfach nicht zu. Deshalb müssen wir anfangen, unsere Konsumgewohnheiten kritisch zu betrachten, und auch mal sagen: „Darauf lasse ich mich nicht ein." Dann spare ich eine Menge Geld. Und, wunderbar, brauche auch weniger zu arbeiten.

KAUFENTSCHEIDUNGEN

Wie entscheiden wir, was wir kaufen? Das kommt darauf an:

IMPULSIVER KAUF

Wir kaufen, weil wir kaufen wollen, und ohne groß darüber nachzudenken. Beispiel: Zeitschriften, Süßigkeiten oder Lose.

FRUGALER KAUF

Wir kaufen, weil es notwendig ist, aber mit möglichst geringem zeitlichem, finanziellem und kognitivem Aufwand. Beispiel: Putzmittel, Schuhcreme, Batterien.

EXTENSIVER KAUF

Wir möchten etwas kaufen, doch weil es langfristige Konsequenzen hat, informieren wir uns gut. Beispiel: Urlaube oder Autos.

MIMISCHER KAUF

Bei komplexen Kaufentscheidungen notwendiger Dinge suchen wir Abkürzungen, indem wir Marken, Expertentipps oder den Empfehlungen von Freunden vertrauen. Beispiel: Versicherungen oder Geldanlagen.

Priv.-Doz. Prof. Jörg Kraigher-Krainer forscht und lehrt zu Kundenzentrierung und Käuferverhalten am Campus Steyr der Fachhochschule Österreich und hat das lesenswerte Buch „Güterdämmerung" geschrieben.
fh-ooe.at/campus-steyr

Thomas Dönnebrink ist Freelancer und Berliner Connector bei OuiShare, dem globalen Non-Profit-Netzwerk für kollaborative Ökonomie.
ouishare.net

NUTZEN STATT BESITZEN

Ein, wie wir finden, besonders krasses Beispiel mag das illustrieren: das Essen. Laut offiziellen Schätzungen schmeißen wir rund die Hälfte unserer Lebensmittel weg. Doch was die Bauern und Lebensmittelhändler in die Tonne werfen, gehört per Gesetz ihnen. Wer diese dort herausfischt, macht sich offiziell strafbar (auch wenn praktisch kaum jemand dafür belangt wird). Angesichts der Tatsache, dass die sogenannte Ernährungsarmut nach Deutschland zurückkehrt, keine ganz besonders sinnvolle Sache. Es ist aber auch extrem unökologisch, wie wir in dem Kapitel „Essen" beschrieben haben.

Besser wäre es doch, wenn wir nur das für uns beanspruchen, was wir wirklich nutzen. Das wäre eine praktische Lösung für viele individuelle, soziale und ökologische Probleme: Wir teilen einfach, so viel wir teilen können und möchten. Besonders einfach ist das bei den sogenannten nicht-rivalen Gütern, die sich ganz einfach und ohne weitere Kosten vervielfältigen lassen. Dazu gehören Software, Filme, Bilder, Musik und Bauanleitungen aller Art. Ja sicher, das ist heute zum großen Teil nicht erlaubt, weil es Urheber- und Nutzungsrechte gibt. Doch es gibt auch eine stetig wachsende Gemeinschaft an Urhebern, die ihre Werke mit einem Creative-Commons-Hinweis versehen und somit zeigen, unter welchen Bedingungen andere ihre Inhalte kostenlos teilen und nutzen können. Mit Wissen sieht es noch besser aus: Es wird sogar mehr, wenn man es teilt. Unter dem Begriff „Skill Sharing" entwickeln sich weltweit immer mehr freie Bildungsnetzwerke und -communitys wie Massive Open Online Courses (MOOC), Sky-

KO-KONSUM

FREIHEIT DURCH WERTEWANDEL

Die Idee der Kollaborativen Ökonomie ist eigentlich nichts Neues. Wir erleben eher eine Renaissance von Verhaltensweisen, die früher schon mal da waren – nur mit neuen Möglichkeiten. Dazu tragen zum einen das Internet und die Smartphones bei, durch die wir uns besser vernetzen können. Die Renaissance entsteht aber auch durch die wirtschaftliche Entwicklung: Immer mehr Menschen fallen hinten runter und suchen nach Alternativen. Dazu kommt ein Wertewandel. Beispielsweise das Anliegen, dass wir Ressourcen besser nutzen und die Umwelt nicht mehr so stark belasten wollen. Gerade dieser Wertewandel ist wichtig, damit die Kollaborative Ökonomie nicht einfach nur zu noch mehr Konsum führt. Und wir nicht das, was wir an der einen Seite einsparen, an einer anderen wieder herauspulvern.

Zugleich kann uns die Kollaborative Ökonomie – bei allen Irrungen und Wirrungen, die wir derzeit beobachten können – dabei helfen, unser angstbasiertes Besitzdenken loszulassen. Solange wir uns definieren, indem wir denken, „Oh Gott, mein Nachbar hat zwei Autos, jetzt brauche ich auch zwei", hört die Spirale niemals auf. Daraus müssen wir ausbrechen. Da kann die Erfahrung helfen, dass man kein eigenes Auto braucht, weil es gar nicht die wahren Bedürfnisse stillt: Ich brauche ja nicht das Auto, sondern die Mobilität, und die kann ich auch anders bekommen. Carsharing wäre in diesem Sinne besser als ein eigenes Auto – aber vielleicht entdecke ich auch, dass mir Zugfahren oder Mitfahren viel mehr bringt. Wer das ausprobiert, wächst in ein soziales Geflecht hinein, das dabei unterstützt, nicht nur weniger zu konsumieren, sondern insgesamt weniger Geld zu brauchen. Und das macht das Leben einfacher, stressfreier. Für mich gilt deshalb: Freiheit gewinne ich dadurch, dass ich meine monatlichen Fixkosten reduziere.

pe in the classroom, Collaborative Classrooms oder Khan Academy, in denen die Menschen ehrenamtlich Wissen teilen.

Anders sieht das Teilen von materiellen Dingen aus, die aus ökologischer Sicht aber natürlich besonders spannend sind. Die Sharing Economy hat hier zwei wesentliche Prinzipien aufgegriffen. Zum einen die serielle Nutzung, zu der alle Second-Hand-Läden und -Plattformen, Umsonstläden, Communitys wie Free Your Stuff oder Freecycle oder auch Veranstaltungen wie Tauschpartys und Schenkvergnügen gehören. Hier gilt: Was ich nicht mehr brauche, gebe ich einfach weiter. Zum anderen gibt es die alternierende Nutzung, zu der alle Plattformen und Gemeinschaften gehören, bei denen Menschen Dinge entweder gemeinsam besitzen oder gar nicht, weil sie sich diese leihen. Das kann etwa eine Hausgemeinschaft sein, die sich die Waschmaschine, den Grill oder die Bohrmaschine teilt. Oder auch Plattformen wie fairleihen.de, Leihläden wie Leila in Berlin oder die Kleiderei in unterschiedlichen Städten, das gesamte Feld des Carsharings sowie auf der Produktionsseite die im Kapitel „Einrichten“ angesprochenen FabLabs und offenen Werkstätten. Klar, das alles gibt es schon längst, wie zum Beispiel die gute alte Bücherei zeigt. Neu ist jedoch schon, dass der Austausch immer mehr zwischen Privatpersonen stattfindet. Beide Varianten sparen enorm viel Geld. Die kollektive Nutzung entlastet dich zudem auch zeitlich, denn du musst die Sachen nicht mehr (alleine) pflegen und instand halten.

MEHR FÜR MICH, WENIGER FÜR DICH?

Doch mit dem Tauschen und Teilen allein ist es nicht getan. Noch ist zum Beispiel längst nicht klar, in welche Richtung sich die Sharing Economy entwickelt. Momentan steht sie am Scheideweg zwischen einer gerechteren und ökologischeren Kollaborativen Ökonomie – und der Zuspitzung zu einem „Plattformkapitalismus“, wie der Journalist Sascha Lobo es nannte. Die Frage ist nämlich, ob einige wenige die Sharing-Gemeinschaften für ihren Profit ausschöpfen – so wie es heute auch mit den Ressourcen der Natur geschieht – und somit ihre Macht und ihren Reichtum ausweiten. Oder ob wir es gemeinsam schaffen, die Nutzen-statt-Besitzen-Logik auch auf die Plattformen selbst auszuweiten und eine Zugangsgesellschaft zu schaffen, wie der Ökonom Jeremy Rifkins das nennt, an der alle gleichermaßen teilhaben können. „In einer echten Sharing Economy teilen die Menschen nicht nur die Produkte und die Produktion, sondern auch den Eigentum an den Plattformen“, erklärt Thomas Dönnebrink von der Sharing-Economy-Plattform OuiShare. Natürlich gibt es die unterstützenswerten Unternehmen, keine Frage. Doch wir brauchen keine Modelle, bei denen zwar die Menschen durch das, was sie anbieten und teilen möchten, überhaupt erst die Werte schaffen – dann aber nur wenige Anteilseigner mit Milliardengewinnen nach Hause gehen. „Wir brauchen einen Plattform-Kooperativismus, ein rechtlich und gesellschaftlich anderes Backend. Die Menschen, die die Plattform bilden und die eigentlichen Werte schaffen, müssen auch die Shareholder sein“, findet Thomas Dönnebrink. Das ist nicht zuletzt auch wichtig für einen guten Verbraucher-, Umwelt- und Datenschutz.

PRO UND CONTRA

Die Sharing Economy allein bedeutet nicht automatisch eine bessere Welt. Es gibt Chancen und Risiken.

MEHR ZUM TEILEN

SHAREABLE
Hier gibt es jede Menge Infos, News und Kontakte in die Sharing-Community:
shareable.net

PLATTFORM COOPS
Die Initiative will Digitale Plattformen in der Hand der Allgemeinheit und zum Gemeinwohl:
platformcoopsgermany.wordpress.com

NEW DREAM
Die amerikanische Plattform liefert Ideen, Informationen und Anregungen zu einer neuen Form des Konsums.
newdream.org

COMMONS-BLOG
Blog zum Thema Gemeingüter mit ausreichend Gedankenfutter, Infos und Terminen.
commons.blog

WELT DER COMMONS
Das Buch zeigt, wie eine Welt voller Commons aussehen könnte. Natürlich kannst du es als Gemeingut auch als PDF herunterladen.
bit.ly/welt-der-commons

POSTWACHSTUM
Wie könnte eine Wirtschaft und Gesellschaft aussehen, in der die Wirtschaft nicht mehr wachsen muss? Dazu gibt es unterschiedliche Theorien. Mehr dazu liefert die Website des Instituts für ökologische Wirtschaftsforschung.
postwachstum.de

DEGROWTH
Unter dem englischen Begriff ist diese Seite zentrale Anlaufstelle für die Postwachstumsbewegung mit Infos, einer Konferenz, Videos und vielem mehr.
degrowth.info

ECOMMONY

VON DER UTOPIE DER GEMEINGÜTER

Commons ist das, was früher Allmende hieß. Allerdings denken viele Menschen bei diesem Begriff an die Wiese im mittelalterlichen Dorf. Doch es geht um mehr. Das zeigt sich in den zwei wesentlichen Grundprinzipien: Das eine ist „Besitz statt Eigentum" und umfasst die Vorstellung, dass es gemeinschaftliche Besitzrechte gibt, aber keine Eigentumsrechte. Das heißt, jede und jeder kann Commons nutzen, aber niemand kann das Gemeingut veräußern oder andere von der Nutzung ausschließen, solange er oder sie es selbst nicht nutzt. Besonders offensichtlich ist das etwa bei den Weltmeeren oder dem Weltklima. Aber im Grunde lässt sich diese Idee auf alles übertragen.

Das zweite Grundprinzip lautet „Beitragen statt tauschen". Das bedeutet, dass wir wegkommen von der heutigen Tauschlogik, wonach sich alle unsere Tätigkeiten rentieren müssen. Ohne Tauschlogik verliert auch die Arbeit ihr negatives Image. Heute denken wir, dass wir arbeiten müssen oder faul sein dürfen. Doch das entspricht gar nicht der Realität. Wir Menschen bringen uns vielmehr gerne ein. Ohne Tauschlogik müssen wir unsere Arbeit, und damit auch uns, nicht mehr danach bewerten, wie profitabel sie ist, sondern wir können zum Beispiel das tun, was uns am meisten liegt. Wir brauchen keine Konkurrenz mehr, sondern können in Kooperation auf dem aufbauen, was andere bereits geschaffen haben. Deshalb können sich Menschen in Commons-Gesellschaften ganz anders verwirklichen.

Das Ende von Eigentums- und Tauschlogik befreit uns im Übrigen auch vom Wachstumszwang und all den damit zusammenhängenden negativen Auswirkungen. Der Zukunftsforscher Jeremy Rifkins und der Wirtschaftsspezialist Paul Mason sagen dies in ihren Büchern zur Nullgrenzkostengesellschaft und zum Postkapitalismus ziemlich klar vorher. Dabei kann es Commons-Gemeinschaften geben, die sich lokal organisieren, und solche, die sich überregional oder sogar global zusammenschließen – mit insgesamt überlappenden Einheiten. In der Vision von Jeremy Rifkin kommen daher Staaten als Wirtschaftseinheit auch gar nicht mehr vor.

Friederike Habermann ist Volkswirtschaftlerin, Historikerin, freie Akademikerin und beschreibt in ihrem Buch „Ecommony", wie ein Wirtschaftssystem der Zukunft aussehen könnte.

BEITRAGEN STATT TAUSCHEN

Wir selbst müssen uns dabei auch ändern. Denn es bringt der Umwelt schließlich herzlich wenig, wenn du zwar Klamotten tauschst, das so gesparte Geld aber in eine Flugreise oder Kreuzfahrt investierst. Und Gerechtigkeit entsteht auch nicht, wenn wir die Armen unseres Landes nun einfach zur nächsten Tauschparty oder Tafel schicken und ihnen sagen, dass das echt ökologisch und angesagt ist. Nein, die Kollaborative Ökonomie führt nur dann in eine bessere Welt, wenn wir alle unsere Haltung ändern. Weg von Konkurrenz und Wettbewerb, hin zu einem Zusammenleben, das auf Kooperation, Vertrauen und Großzügigkeit basiert. Einer Welt, in der Verschwendung etwas Positives ist, weil sie bedeutet, dass wir anderen geben, ohne zu fragen, was wir dafür zurückbekommen.

Besser als geteiltes Eigentum findet die Commons-Expertin Friederike Habermann daher gar kein Eigentum. Sie plädiert für Commons, also Gemeingüter, die wir alle nutzen und von deren Nutzung niemand ausgeschlossen wird. Jeder kann sich dann das nehmen, was er oder sie braucht. Reinste Utopie, meinst du nun vielleicht? Völlig unrealistisch? Wer weiß. Jedenfalls gibt es diese Utopien schon. Ein Beispiel ist der Buschberghof, Deutschlands erster Hof in solidarischer Landwirtschaft: Die Landwirte teilen der Community mit, wie viel Geld sie brauchen, um den Hof zu führen. Jedes Mitglied zahlt, was es kann und will. Darauf, was der Einzelne dann an Lebensmitteln kriegt, hat das keinen Einfluss. Und das funktioniert bereits seit Jahrzehnten gut, wie uns Wolfgang Streanz erzählte, der seit der Gründung mit dabei ist. Ein anderes Beispiel: die Plattform Bikesurf. Hier können Menschen die Zahlenkombination ihres Fahrradschlosses an andere weitergeben, mit denen sie zuvor ausgemacht haben, wann sie das Rad nutzen können. Zahlen kann hierbei jede und jeder, was er oder sie für richtig hält. Ob es also in einer idealen Welt der Commons dann überhaupt noch Geld gibt, wollten wir in unserem Gespräch von Friederike Habermann wissen. Die Antwort kommt schnell und klar: „Nein."

Uns rauscht nach so viel Zukunftsmusik ganz schön der Kopf. Wir sind einerseits aufgeregt, andererseits haben wir noch viele Fragen und auch Zweifel. Fest steht für uns, dass unser bisheriges Konzept von Eigentum das Gegenteil von dem bewirkt, was uns doch irgendwie versprochen wird: Statt Wohlstand für alle gibt es eine künstliche Verknappung, die viel zu viele Menschen zum unfreiwilligen Verzicht und uns alle zum Raubbau an uns und unserer Umwelt zwingt. Aber können wir uns eine Welt vorstellen, in der es genug für alle gibt und Geld keine Rolle spielt? In der die Menschen nicht mehr Angst haben, zu geben und zu wenig zurückzubekommen? Sind wir Menschen überhaupt zu so einem friedlichen Zusammenleben fähig? Wir wissen es nicht. Wir wissen nur so viel: Geld scheint dabei eine wichtige Rolle zu spielen. Ein Thema, das für viele unbehaglich, wenn nicht gar schmerz- und schamvoll ist – aber vielleicht auch gerade deshalb enormes Potenzial für Veränderungen bietet. Und so machen wir uns im nächsten Kapitel an die Frage, was Geld mit uns macht und was wir mit Geld so alles (Gutes) tun können.

(VER)KAUFEN

Es gibt eine ganze Reihe von Kleinanzeigen-Plattformen, um deutschlandweit Dinge zu kaufen oder zu verkaufen, zum Beispiel:
gebraucht.de
fairmondo.de
shpock.com
willhaben.at

(VER)LEIHEN

Warum kaufen, wenn man mal eben nach nebenan gehen und sich die Bohrmaschine oder das Waffeleisen ausleihen kann? Hier sind ein paar Plattformen:
tauschticket.de
usetwice.at
fairleihen.de
sharely.ch
depot-leipzig.de

TAUSCHEN

Auch Nachbarschaftshilfe genannt werden lokale Netzwerke, in denen Menschen Können, Wissen und Dinge tauschen. **tauschringadressen.de**

MINIMALISTISCH LEBEN

Minimalisten wollen möglichst wenig konsumieren (und zwar nicht nur Dinge). Gleichgesinnte findest du etwa bei den Stammtischen.
minimalismus-stammtisch.de

ACHTSAM KONSUMIEREN

Das Forschungsprojekt fand heraus, wie uns Meditation dabei hilft, weniger und bewusster zu konsumieren. Etliche Anleitungen gibt's im Toolkit.
achtsamkeit-und-konsum.de

#KAUFNIX

Postwachstum einfach selbermachen? Ja, und zwar durch Nicht-Konsum. Ideen und Infos gibt es auf der Kampagnenseite der Deutschen Umweltstiftung. **kaufnix.net**

AKTIONEN

MACH DICH FREI UND TEILE, WAS DU KANNST

jetzttrettenwirdiewelt.de/konsum

DANKBARKEIT ÜBEN

7 WOCHEN MITTEL

Dankbarkeit ist eine gewaltige Macht: Sie fördert dein Glück, deine Großzügigkeit und damit deine Gesundheit und deine Freundschaften. Sie macht dein Leben also reicher, ganz ohne Shoppen und Konsum.

KOMPLIMENTE

Mach jeden Tag einem Menschen ein Kompliment und zwar ein ernst gemeintes. Sei dabei möglichst genau. Das ist einfacher bei Menschen, die du magst. Versuch aber auch mal jemandem ein Kompliment zu machen, den du nicht so leiden kannst. Beobachte, was passiert.

BOHNENGLÜCK

Steck dir eine Handvoll Bohnen in die eine Jacken- oder Hosentasche. Wenn du heute etwas Schönes siehst oder erlebst, das dich dankbar macht, dann stecke sie in die andere Tasche. Hole abends die Bohnen heraus und erinnere dich an heute.

ANTI-SHOPPING-KUR

3–4 STUNDEN LEICHT

DEIN KONSUM-JOURNAL

Trage alle Dinge zusammen, die du in den letzten drei Monaten über deinen Grundbedarf hinaus gekauft hast. Lege sie vor dich hin und frage dich: Warum habe ich sie gekauft? Brauche ich sie wirklich? Was hätte ich tun können, anstatt sie zu kaufen?

DEIN SHARING-EXPERIMENT

Mach in diesem Monat mindestens ein Experiment: Tausche oder leihe etwas, anstatt es zu kaufen. Bitte einen Freund oder Nachbarn um Hilfe, anstatt jemanden dafür zu bezahlen.

DIE GIVE-BOX

Give-Boxen sind Kisten, Boxen oder gar kleine Häuschen, in die Menschen die Dinge tun können, die sie verschenken möchten. Wo könntest du so eine Box aufstellen: in deinem Treppenhaus, deiner Straße oder deiner Gemeinde? Infos: **givebox.eu**

GESCHENK-TIPP: ZEIT STATT ZEUG

Warum immer Dinge schenken? Überlege doch mal, was du noch schenken könntest: einen Kurs im Stricken? Fahrrad reparieren? Eine Nackenmassage? Einen Vorlesenachmittag? Weitere Ideen findest du unter **zeit-statt-zeug.de**

TAUSCHFEST

3–12 MONATE · MITTEL

Nicht überall kann man leicht teilen und tauschen, weil es noch keine entsprechenden Gruppen gibt. Wenn das bei dir der Fall ist, dann organisiere doch mal selbst ein Tauschevent.

1. DIE VORBEREITUNG

Finde Mitstreiter! Kläre, wann das Tauschfest stattfinden soll. Welche Räume sind groß genug und kostenfrei? Was brauchst du an Möbeln und Materialien? Gibt es eine Kuchenbar? Wer macht was?

2. ANKÜNDIGUNG

Rührt für das Fest die Werbetrommel: im Internet, durch Flyer und Plakate, in Zeitschriften und Zeitungen, in den umliegenden Supermärkten, was immer euch dazu einfällt.

3. DER TAG DER FEIER

Teilt die Aufgaben unter euch auf. Achtet darauf, dass ihr alle Neuankömmlinge direkt am Eingang in den Ablauf einweist, die Tauschgegenstände verteilt und die Kuchenbar betreut. Eröffnet das Event mit einer kleinen Ansprache.

4. WEITERTEILEN

Bei einem Tauschfest bleibt eigentlich immer etwas übrig. Kläre schon vor dem Event, an wen du die Dinge spenden kannst und wie sie dorthin kommen.

SCHENKVERGNÜGEN

Anstatt einer Tauschparty kannst du auch ein Schenkvergnügen organisieren. Der Unterschied: Beim Schenkvergnügen wird alles verschenkt. Das heißt, die Menschen müssen nicht unbedingt etwas mitbringen, um etwas mitzunehmen.

free

WERBEWANDEL

5–10 MINUTEN · MITTEL

BOYKOTT-BUMMEL

Geh in ein Einkaufszentrum, schreibe alle Werbetricks auf, die dich zum Kaufen bewegen sollen, und frage dich: Was ist ihre Botschaft? Womit kannst du dich identifizieren? Was lehnst du ab?

WERBE-FASTEN

Verbringe einen Tag lang werbefrei: kein Fernsehen, keine Zeitschriften, kein Radio, keine Internet-Seiten mit Werbung und so weiter. Geht das überhaupt? Zieh am Ende des Tages Bilanz.

ADBUSTING

Nimm dir deine Lieblingszeitschrift und gehe die Anzeigen durch. Such dir eine heraus und verändere ihre Botschft mit Stift, Schere und Kleber so, dass sich ein kritisches Statement ergibt.

IST ES VIEL?

Geht es um einen großen Betrag und richtig viel Schotter?

NEIN

CROWDFUNDING

Beim Crowdfunding kannst du schon mit wenigen Euros ein tolles öko-soziales Projekt mitfinanzieren. Meist gibt es im Gegenzug unterschiedliche Dankeschöns.

JA

WERDE STIFTER

Dann überlege dir doch, ob du zu einer Stiftung beitragen willst. Die Bewegungsstiftung unterstützt zum Beispiel Projekte und Aktivisten und steht jedem offen.

JA

JA

IST DIR ZINS EGAL?

Nicht alle halten es für normal, Zinsen zu nehmen. Manche haben ethische, andere ökonomische Argumente dagegen.

NEIN

SUCHST DU DAS RISIKO?

Sagst du dir „no risk, no fun"? Kannst du es dir leisten, auf Zinsen oder sogar dein Geld zu verzichten?

NEIN

IST ES ZU VERSCHENKEN?

Großzügigkeit zu üben ist eine gute Erfahrung und entwickelt deine Persönlichkeit.

JA

START

Hast du etwas Geld übrig, das du für eine bessere Welt nutzen willst?

NEIN

SPENDEN

Spende an eine Organisation. Du kannst dir entweder eine Organisation aussuchen oder über Plattformen wie betterplace.org bei einer Spendenaktion mitmachen.

JA

NEIN

REGELMÄSSIG?

Du kannst dich zum Beispiel entscheiden, einen bestimmten Prozentsatz deines Geldes regelmäßig zu verschenken.

JA

MITGLIED-/PATENSCHAFT

Bei vielen NGOs und Organisationen kannst du entweder Fördermitglied werden oder Patenschaften übernehmen.

CROWD-INVESTING ODER -LENDING

Vielleicht ist die Schwarmfinanzierung von öko-sozialen Projekten etwas für dich: entweder als Gewinnbeteiligter (Crowdinvestment) oder auch als Kreditgeber (Crowdlending).

NEIN

ALTERNATIV-BANK

Wenn du dein Geld öko-sozial und nachhaltig anlegen willst, lässt du dich am besten von einer der Alternativbanken beraten wie die GLS, die Ethik Bank oder die Umweltbank.

HAST DU SCHON WAS?

Hast du ein Sparkonto, in einen Fonds investiert oder in eine Lebens- oder Rentenversicherung?

NEIN

KRÖTENWANDERUNG

Unter diesem Stichwort rief Attac dazu auf, mit seinem Giro-Konto zu einer der Alternativ-Banken zu wechseln. Das kannst du auch.

JA

DIVESTMENT

Prüfe, was dein Geld macht und ob du gezielt deinvestieren willst, wozu etwa die Divestment-Bewegung „Go fossil free“ aufruft.

VIEL LOS MIT MOOS!

ANLEGEN UND AUSGEBEN: WAS GELD ZUM SEGEN MACHT

Die Sonne scheint. Die Tomaten hängen rot, reif und schwer von den Stauden. Kali Christodoulopoulou hat sich vor 25 Jahren ihren Traum erfüllt und ist Biobäuerin auf Kreta geworden. Das Geschäft lief gut. Dann kam die Krise und die Troika verordnete Griechenland ein Sparprogramm von historischem Ausmaß. Die Jugendarbeitslosigkeit stieg zum Teil auf über 60 %, die Mehrwertsteuer auf 23 %. Das Arbeitslosengeld endet nach einem Jahr, dann gibt es nichts mehr. Rund ein Viertel aller Griechinnen und Griechen lebte 2017 in Armut. Die Menschen konnten sich Kalis Bio-Tomaten nicht mehr leisten und so landeten sie auf dem Müll. Eigentlich hatte sich in Kalis Gegend nichts geändert: Dort lebten immer noch die gleichen Menschen mit den gleichen Fähigkeiten und Bedürfnissen. Sie stellten die gleichen Dinge her und gingen fleißig den gleichen Tätigkeiten nach. Nur Geld gab es keines mehr. Die Lösung war: Einfach selbst Geld erfinden und erschaffen!

In Kalis Stadt erinnerte sich Dimitris Giannidis, arbeitsloser Lehrer und Versicherungsvertreter, an den Kaereti. Das Tauschnetz mit Regionalwährung gab es schon vor langer Zeit. Damals war die selbst geschaffene Währung durch Olivenöl gedeckt, heute sorgt die Software Cyclos der gemeinnützigen Organisation Social Trade Organisation dafür, dass die Menschen tauschen können, was sie brauchen. So geht Kalis Sohn etwa zu einer ar-

Ulrike Bock ist Lateinamerika-Historikerin und Vertreterin der Stifterinnen und Stifter im Stiftungsrat der Bewegungsstiftung.
bewegungsstiftung.de

beitslosen Lehrerin zur Nachhilfe. Die kann dadurch einen Klempner beauftragen, der wiederum Gemüse bei Kali kauft. So wie Kali und Dimitris machten es viele in Griechenland. Mehr als 80 Alternativwährungen soll es laut der Organisation Omikron 2015 im ganzen Land gegeben haben. Denn Euros waren in ganz Griechenland knapp. Und das, obwohl seit 2010 sagenhafte 243 Milliarden in das Land geflossen sind.

Deutschland ist im Vergleich zwar insgesamt reich, doch Geld ist auch in unserem Land ziemlich ungerecht verteilt. Wir sind sogar europaweit der Spitzenreiter, wenn es um die Ungleichverteilung von Vermögen geht. Geschätzt sollen bei uns 0,1 % der Superreichen über 17 % allen Vermögens besitzen. Global sieht es noch schlimmer aus: 2016 soll laut Oxfam das erste Jahr sein, in dem das reichste 1 % der Weltbevölkerung mehr besitzt als die restlichen 99 %, nämlich 52 % allen Vermögens. Gerade mal acht Männer besitzen mehr als die rund 3,6 Milliarden Ärmsten, nämlich 426 Milliarden Dollar. Und die Ungleichheit steigt seit Jahren. Rund 31 Millionen Europäerinnen und Europäer leben in bitterer Armut, können sich also zum Beispiel nicht jeden Tag ein warmes Essen leisten. Ein Pulverfass. Denn die zunehmende Ungleichverteilung sorgt nicht nur für sozialen Sprengstoff und Konflikte, sondern auch für die Konzentration von Einfluss: Ein riesiges Heer bezahlter Lobbyisten beeinflusst heute die politischen Entscheidungen. Eine milliardenschwere PR- und Werbebranche wirkt durch unsere Medien. Und selbst die Wissenschaft hängt zum Teil am Finanztropf der Industrie.

MONETÄRE IDEALE

ÜBER GELD REDEN IST WICHTIG

Als um den Jahrtausendwechsel die globalisierungskritische Bewegung ihre Hochphase hatte und ich mich durch mein Studium viel mit globaler Gerechtigkeit beschäftigte, entschied sich mein Vater, uns Kindern einen kleinen Teil seiner Unternehmensanteile zu überschreiben. Das hat in mir einen Prozess ausgelöst. Am Anfang war dies mit einem diffusen Schuldgefühl verbunden: Warum gerade ich und nicht andere? Ich musste erst einmal lernen, dieses Erbe anzunehmen und es nicht als meine Schuld zu begreifen.

Generell ist es in Deutschland sehr ungewöhnlich, über Geld zu sprechen oder darüber, wie viel Geld jemand hat. Das hängt meines Erachtens mit unserem Selbstbild zusammen, wonach wir in einer Gesellschaft mit wenig sozialen Ungleichheiten leben. Doch das ist schon längst nicht mehr so. Dass Geld so ein Tabuthema ist, trägt aus meiner Sicht dazu bei, die tatsächlichen Machtverhältnisse zu verschleiern. Das ist natürlich ein Problem für unsere Demokratie. Für mich war es daher wichtig, die Scham zu überwinden und über Geld zu sprechen. Indem ich mich mit Menschen ausgetauscht habe, die sich in einer ähnlichen Situation befinden, konnte ich Geld als Mittel sehen, mit dem ich zu gesellschaftlichen Veränderungen beitragen kann.

Eine Möglichkeit, mit meinem Geld Positives zu bewirken, bietet mir die Bewegungsstiftung. In der Stiftung nutzen wir unsere Gestaltungsmacht nicht als Individuum, sondern als Gemeinschaft. Demokratisch ist das zwar immer noch nicht, aber wir haben ausgefeilte Instrumentarien entwickelt, um zum Beispiel die Förderentscheidungen in mehreren Gremien mit viel Reflexion und Fachkenntnis zu treffen. Zielsetzung ist dabei immer, einen progressiven sozialen Wandel zu befördern. Deshalb steht der Protest im Vordergrund und nicht das Karitative.

KEIN GELD MEHR DA?

Sicher sind sich die meisten Menschen auf unserer Erde einig, dass es ethisch richtig wäre, die weltweite Armut zu beseitigen und unsere Umwelt zu beschützen. Doch früher oder später heißt es: kein Geld da. Ein Beispiel ist der Yasuni Nationalpark in Ecuador. Das Amazonasgebiet in der Größe Libanons zählt zu den artenreichsten Regionen der Welt. Auf einem Hektar finden sich hier mehr Baumarten als in Kanada und den USA zusammen. Das ist ökologisch gesehen von unschätzbarem Wert. 2013 wollte eine Initiative deshalb erreichen, dass die rund 850 Millionen Fässer Erdöl, die sich unter dem Urwald befinden sollen, nicht gefördert werden. Das hätte mindestens 407 Millionen Tonnen CO_2 gespart, so viel wie das Land in rund 13 Jahren ausstößt. Doch das Projekt scheiterte – am Geld. Denn eine intakte Umwelt bringt nichts ein. Als Zahlen auf einem Bankkonto ist ein Regenwald einfach mehr wert als in echt. Und wenn ein Unternehmen (oder eine Regierung) ihn nicht abholzt, verliert es in den Augen vieler Anleger seine Kreditwürdigkeit. Es bringt keine Rendite und muss sich den Vorwurf gefallen lassen, unverantwortlich zu handeln. Denn wer Geld anlegt, will, dass es sich vermehrt. Aus Geld soll immer mehr und noch mehr Geld werden. Unendliche Kapitalakkumulation nennt sich das. Doch wenn es auf der einen Seite immer mehr Vermögen gibt, die eine Rendite fordern, und auf der anderen Seite Schuldenberge wachsen, ist klar, warum sich mehr und mehr Menschen gezwungen sehen, sich, die anderen und die Natur auszubeuten, nur um an Geld zu kommen.

Damit niemand Geld auf solche Weise anhäufen kann, haben die Kreter ihren Kaereti als Schwundgeld angelegt. Das heißt, das Geld verliert an Wert, je länger es auf einem Konto liegt. Damit funktioniert es genau umgekehrt wie normales Geld: Der Kaereti lässt sich nicht sparen. Er nutzt allein, um Waren und Dienstleistungen auszutauschen und die lokale Wirtschaft in Schwung zu halten. Den Euro ersetzen soll er nicht, sondern ihn nur ergänzen. Das ist letztlich natürlich keine Lösung dafür, dass unser internationales Finanzsystem zunehmend instabil und ungerecht wird. Das hat verschiedene, vernetzte Ursachen – von Steuerschlupflöchern über Korruption bis hin zu extrem unfairen Löhnen. Wie eine echte Lösung aussehen könnte, wissen wir beide leider nicht. Und wahrscheinlich weiß das heute auch noch niemand so ganz genau, denn einfache Antworten gibt es wohl nicht. Eine Idee ist, dass man das Monopol auf Geld aufheben könnte und dass es dann viele unterschiedliche Währungen gibt. Wir könnten dann wählen, ob wir die „Bio"-Währung verwenden, die auf dem Schutz natürlicher Ressourcen fußt, oder die, die auf Wachstum und Rendite aufbaut. Der Gemeinwohlökonom Christian Felber fordert zudem lokale Bank-Konvente, über die alle Menschen gemeinsam in einem demokratischen Prozess faire und ökologische Lösungen entwickeln können. Fest steht damit, dass hier eine wahrlich große Aufgabe auf besonders kreative und erfindungsreiche Menschen wartet. Und dass wir uns da nicht raushalten können, weil Geld zu zentral für unser Zusammenleben und -arbeiten, für den Umweltschutz, aber auch für uns ganz persönlich ist.

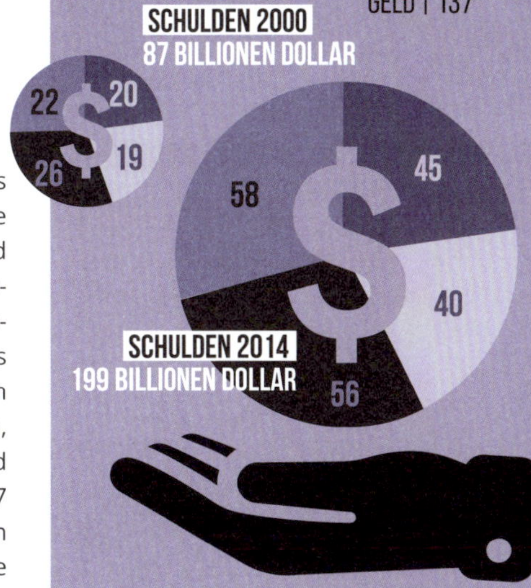

SCHULDEN WELTWEIT

Anstieg der globalen Gesamtverschuldung (in Billionen Dollar):
● Unternehmen ● Staat ● Privathaushalte ● Finanzsektor

MONNETA

Ein Netzwerk von Expertinnen und Experten mit Infos rund um Geld, Zins, Regionalwährungen und vielem mehr.
monneta.org

REGIO-GELD

Die Website liefert Informationen zum Thema und Links zu vielen Praxisbeispielen.
regios.eu

NEF

Die New Economics Foundation (NEF) ist ein gemeinnütziges Forschungsinstitut für das Studium von Geld, Kredit und Komplementärwährungen.
neweconomics.org

ERLASSJAHR

Die Initiative setzt sich für einen verantwortungsvollen Umgang mit Überschuldungsrisiken von Staaten ein und fordert in bestimmten Fällen einen Schuldenerlass. **erlassjahr.de**

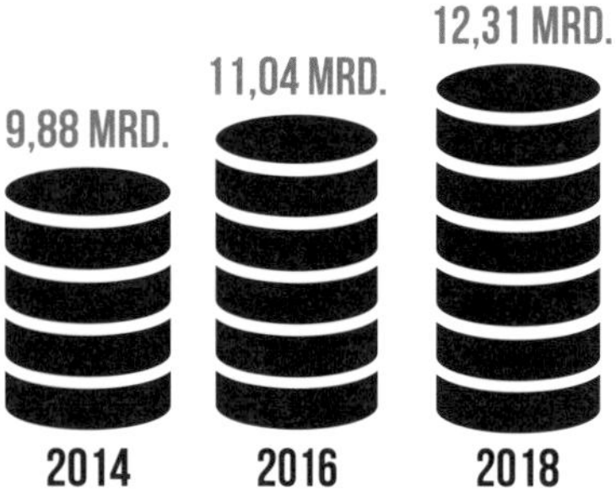

ETHISCHES GELD

Die Kundeneinlagen bei Ethik- und Umweltbanken nehmen seit Jahren kontinuierlich zu. Hier die Zahlen aus Europa in Euro.

ALTERNATIVBANKEN

Alternativbanken halten sich etwa an die oben genannten Kriterien. Die bekanntesten sind:
GLS Bank **gls.de**
Umweltbank **umweltbank.de**
Ethik Bank **ethikbank.de**
Triodos Bank **triodos.de**
ABS Bank **abs.ch**
WIR Bank **wir.ch**

CROWDFUNDING

Finanziere öko-soziale Projekte gemeinsam mit anderen. Dafür bekommst du ein Dankeschön in Form von Produkten und anderem.
startnext.com
ecocrowd.de
gemeinschaftscrowd.de
visionbakery.com
crowdfunding.at
icareforyou.ch

SPENDENPLATTFORMEN

Über diese Plattformen lassen sich Spendenaktionen einrichten und unterstützenswerte Projekte finden.
betterplace.org
socialfunders.org
helpdirect.org
gofundme.com

GELD KÖNNTE SO SCHÖN SEIN

Natürlich können wir mit Geld ganz viel Tolles bewegen. Wir können durch den Kauf fairer und ökologischer Produkte für das stimmen, was uns wichtig ist. Wir können unser Geld zu einer Alternativbank oder einem Nachhaltigkeitsfonds bringen und auch unsere Versicherer auffordern, Geld nur noch nachhaltig und ethisch zu investieren. Und mit der genialen Erfindung des Crowdfundings können wir gemeinsam mit vielen anderen Menschen – auch schon mit kleinen Beträgen – die engagierten Unternehmen und gemeinnützigen Projekte ermöglichen, die wir uns wünschen. Außerdem kannst du es dir zur Gewohnheit machen, regelmäßig an diejenigen zu spenden, die unsere Unterstützung brauchen. Selbst wenn du nur kleine Beträge erübrigen kannst, veränderst du damit die Welt: Jeder Euro, der die Seite wechselt, wird von einem Instrument der Zerstörung und Unterdrückung zu einem des Wandels und der Freude. Das verändert aber nicht nur die Welt, sondern auch dich, denn du übst dich in Großzügigkeit. Und die ist in einer Welt, die in ihrem Prinzip auf unendliche Kapitalakkumulation ausgelegt ist, die wohl effektivste und zugleich gewaltfreieste Art, sie genau so ändern, wie du sie dir vermutlich wünschst: frei von Angst, Gier und Ungerechtigkeit.

Warum? Nun, das hat mit einem recht schmerzhaften Tabu zu tun, das wir meist sorgfältig vor uns selbst verbergen. Denn Geld ist nicht nur einfach etwas, was wir benutzen. Geld ist auch ein Gradmesser für unseren Selbstwert. Doch wo sich das Geld immer ungleicher verteilt, macht so ein Gradmesser unweigerlich Angst und damit Platz für Kampf, Konkurrenz, Betrug und Neid. Wir sind hin- und hergerissen: Wir wollen das Richtige tun, doch haben wir vermeintlich keine Wahl. Auf die Sicherheit und soziale Anerkennung zu verzichten, ist ein gewagter Schritt. Mitzumachen und die Augen zuzudrücken ist da deutlich bequemer. Und weil die anderen es ja auch so machen, haben wir schnell eine Entschuldigung parat: Scheinbar geht es eben nicht anders. Doch dieser Widerspruch ist äußerst schmerzhaft, die Schuld bleibt. Da können wir warten, bis jemand kommt, der uns von diesem Dilemma erlöst. Doch das wird so bald wohl nicht geschehen. Stattdessen kannst du dich heute, jetzt sofort selbst daraus befreien. Großzügigkeit spielt dabei eine ganz zentrale Rolle. Neu ist die Erkenntnis nicht. Alle großen Weltreligionen und viele weise Menschen haben bereits darauf hingewiesen. Der Philosoph und Computerwissenschaftler Nipun Mehta hat das „Giftivism" genannt, was so viel wie Schenkaktivismus bedeutet. Er und die vielen Mitglieder der Organisation ServiceSpace wollen Menschen die Gelegenheit zum Einüben von Großzügigkeit geben. Dazu haben sie zum Beispiel die Karma Kitchen gegründet: In dem Restaurant zahlt niemand für sein Essen. Die Gäste können aber freiwillig das Gericht des Nächsten begleichen. Somit gibt es hier keine Dienstleistungen und Rechnungen, es gibt nur Menschen, die sich gegenseitig gute Nahrung schenken. Dass das Konzept auch ökonomisch aufgeht und mittlerweile einige Nachahmer gefunden hat, lässt zumindest hoffen, dass die richtigen Rahmenbedingungen uns doch zu den weisen und gütigen Wesen machen können, die wir uns im Grunde zu sein wünschen.

GELD NACHHALTIG ANLEGEN

INVESTMENTS UND DIVESTMENT-STRATEGIEN

Wer sein Geld nachhaltig anlegen möchte, hat mehrere Möglichkeiten. Die Angebote reichen von Wertpapieren und Wertpapier-Fonds bis hin zum Crowd-Financing. Es gibt eine Reihe von Nachhaltigkeitsfonds – festverzinsliche Fonds, Mischfonds und Aktien-Investments – mit bestimmten Ausschlusskriterien. Sie investieren zum Beispiel nicht in Rüstung, Kohlekraft oder Kohleminen. Andere haben Positivkriterien und investieren in Unternehmen einer bestimmten Branche, etwa der Solar- oder Windkraftenergie, oder auch in Unternehmen, die in ihrer Branche besonders gut sind und beispielsweise in der Lebensmittel- oder Textilbranche besonders hohe Standards haben.

Die Wirkungspotenziale sind entsprechend unterschiedlich. Die Anlage eines Kleinanlegers allein bewirkt natürlich noch nicht so viel. Doch mittlerweile ist der Bereich so groß, dass sie insgesamt schon ein Signal an börsennotierte Unternehmen senden. Vor allem auch, weil sich mittlerweile große Investoren wie Pensionskassen und Lebensversicherer angeschlossen haben. Dazu kommt, dass manche Entwicklungen nur durch gezielte Investitionen möglich waren. Zum Beispiel wurden die ersten Wind- und Solaranlagen in Deutschland stark von nachhaltigen Investoren finanziert, und wir wären heute noch nicht so weit, hätte es diese nicht gegeben.

Daneben gibt es das Deinvestment. Die Strategie entstand zu Zeiten der Bürgerrechtsbewegung in den USA, als Anleger Unternehmen mieden, die Schwarze diskriminierten. Die zweite große Divestment-Bewegung richtete sich gegen das Apartheids-Regime in Südafrika. Heute gibt es die dritte große Bewegung im Zusammenhang mit fossiler Energie. Diese waren und sind sehr wirksam, weil sie eingebunden sind in andere zivilgesellschaftliche Bewegungen. Wir sehen die Klimakonferenzen mit mehr oder weniger halbherzigen Regulatorien. Wir erleben, wie immer mehr Menschen grünen Strom kaufen und gegen Kohlekraft demonstrieren. Wenn dann noch das Deinvestment von Kleinanlegern, Pensionskassen und Versicherungen dazukommt, dann ist das die erfolgreichste und wirkungsvollste Art, mit Geld umzugehen.

Antje Schneeweiß ist wissenschaftliche Mitarbeiterin beim kirchennahen Institut SÜDWIND in Siegburg und für den Fachbereich „Sozialverantwortliche Geldanlagen" zuständig. **suedwind-institut.de**

ALTERNATIV ANLEGEN

FORUM NG

Das Forum Nachhaltige Geldanlagen will informieren sowie die politischen und wirtschaftlichen Rahmenbedingungen ändern. **forum-ng.org**

GO FOSSIL FREE

Die internationale Kampagne fordert Privatanleger und Großinvestoren dazu auf, in nichts mehr zu investieren, was dem Klima schadet. **gofossilfree.org**

KRÖTENWANDERUNG JETZT

Unter diesem Motto hat die Organisation Attac vor ein paar Jahren eine Kampagne aufgelegt. Hier findest du Checklisten und Tipps, wie du einfach von einer Bank zur anderen wechseln kannst. **attac.de/kampagnen/bankwechsel**

GEMEINWOHLÖKONOMIE

Die Bewegung möchte Rahmenbedingungen schaffen, durch die das Gemeinwohl in den Mittelpunkt der Wirtschaft rückt. Dazu entwickelt sie eine Gemeinwohlbilanz für Unternehmen und fordert lokale Konvente für eine demokratisch gestaltete Wirtschaftsverfassung. **ecogood.org**

BANK FÜR GEMEINWOHL

Parallel dazu gründet sich in Österreich gerade die Bank für Gemeinwohl. Sie vergibt Kredite nur an gemeinwohlorientierte Unternehmen und verzichtet auf Zinsen. **mitgruenden.at**

GEMEINWOHLÖKONOMIE

ÜBER ZINSEN, GEMEINWOHLBILANZEN UND GELDKONVENTE

Die meisten freuen sich, wenn sie Zinsen auf ihr Erspartes bekommen, obwohl das meist nur kleine Erträge sind. Dabei ist ihnen nicht bewusst, dass sie zugleich ein Vielfaches an Kreditzinsen zahlen, die unter anderem zu den Sparzinsen werden. Diese Kreditzinsen stecken in den Produkten und Dienstleistungen, die wir jeden Tag einkaufen. Denn die Unternehmen, die zuvor bei Banken Kredite aufgenommen haben und sie mit Zinsen zurückzahlen müssen, geben diese als Kosten natürlich weiter. Würden wir alle gleich viel konsumieren und sparen, wäre das kein Problem. Doch heute bekommen nur rund 10 % der Bevölkerung mehr Sparzinsen, als sie an Kreditzinsen über die Preise ausgeben. Es kommt zu einer erheblichen Umverteilung von Konsumentinnen und Konsumenten hin zu Sparerinnen und Sparern. Das vergrößert die Kluft zwischen Arm und Reich.

Wir müssen unser gesamtes Wirtschafts- und Geldsystem demokratisch neu und am Gemeinwohl orientiert gestalten. Die Politik hat hier seit der Weltfinanzkrise keine entscheidenden Änderungen gemacht. Deshalb fordern wir Vertreter der Gemeinwohlökonomie einen demokratischen Prozess. Auf regionaler Ebene könnten die Menschen zunächst dezentral in Wirtschaftskonventen diskutieren, welchen Regeln Geld überhaupt unterliegen soll. Was ist sein Zweck und welche Auswirkungen und Ziele wollen wir damit erreichen? Alle Menschen können hier ihre Ideen einbringen und dann mithilfe des Systemischen Konsensierens die Lösung wählen, die uns gemeinsam am wenigsten schmerzt. Auf diese Weise würde unsere Wirtschaftsverfassung durch den Souverän – also das Volk – zustande kommen. Daraus könnte eine Wirtschaftsverfassung entstehen, bei der soziale und ökologische Kriterien eine wesentliche Rolle spielen. Heute arbeitet die Wirtschaft zunehmend mit dem Prinzip der Kostenminimierung und Gewinnmaximierung und löst dadurch eine Spirale nach unten aus. Wir könnten durch die Geldkonvente und die Gemeinwohlbilanz der Gemeinwohlökonomie aber auch eine Aufwärtsspirale bewirken.

Christian Felber ist Wirtschaftsreformer, Tänzer, Buchautor, Gründer der Bewegung der Gemeinwohlökonomie und Mitinitiator des Projekts „Bank für Gemeinwohl“. **christian-felber.at**

GEBEN MACHT SELIGER

Um Geld in positiver Weise nutzen zu können, müssen wir also zunächst einmal unsere Ängste und unser Misstrauen überwinden. Denn die Möglichkeit, dass wir bei all dem zu kurz kommen, ist natürlich nur allzu real. Doch berichten Menschen, die das gewagt haben, von anderen Erfahrungen. Inspiriert durch die Idee des Kulturphilosophen Charles Eisenstein baute der amerikanische Web-Designer Adrian Hoppel seine Freelancer-Existenz zum Beispiel auf der Schenkökonomie auf: Er bespricht mit seinen Kunden, was sie sich wünschen – und schenkt ihnen das dann. Die Kunden schenken ihm zurück, was sie für angemessen halten. Dieser Schritt wird umso größer und mutiger, wenn man weiß, dass Hoppel Frau und Kinder hat. Doch sein Fazit ist positiv, nicht nur finanziell: „Dadurch verändert sich die Beziehung komplett – von der gegenseitigen Vorteilsnahme hin zu Vertrauen, Offenheit und Transparenz", erklärt er in einem Radio-Interview. Was er zunächst als Experiment gestartet hat, hat er deshalb weitergeführt.

Ähnliches berichten Menschen, die sich entschlossen haben, ganz ohne Geld zu leben. Geld, so meinen sie, stehe ganz oft als trennendes Element zwischen uns. Mach dazu einfach mal selbst den Test: Geh in eine Bäckerei und kauf dir einen Kuchen. Hast du das Gefühl, den Verkäuferinnen und Verkäufern dort etwas zu schulden? Wahrscheinlich nicht. Sie haben dir ja keinen Gefallen getan, sondern wollen Geld verdienen. Und das hast du ihnen gegeben. Ihr seid quitt. Anders sieht das bestimmt aus, wenn dir deine Freunde einen Kuchen backen, um ihn dir zu schenken. Es wäre grob unhöflich, ihnen dafür Geld zu geben. Der Kuchen wäre ein Zeichen dafür, dass ihnen etwas an dir liegt. Eure Freundschaft würde sich wieder ein kleines bisschen vertiefen und eine Fortsetzung erwarten, denn bei nächster Gelegenheit würdest du dich mit irgendetwas anderem revanchieren. Ein geldfreies Leben, so die Geld-Aktivisten, funktioniert im Prinzip immer so. Deshalb empfinden sie ein Leben ohne Geld auch nicht als Belastung, sondern als eine Art Befreiung.

Für uns ist das geldfreie Leben nicht die wahre Lösung. Doch dass wir uns mit dem Thema Geld beschäftigt haben, hat sich für uns in mehr als einer Hinsicht gelohnt: Auch wenn manches komplex und emotional schwierig ist, haben wir so einiges über uns, unsere Ängste und unbewussten Vorurteile gelernt. Wir haben Grenzen überschritten und eine andere Haltung zum Geld gewonnen. Dadurch hat sich unsere Verbindung zu anderen Menschen und Dingen, zu uns selbst, unserer Arbeit und unseren Prioritäten im Leben verändert. Wir fühlen uns unabhängiger, stärker und angstfreier. Wir haben festgestellt, dass viel mehr möglich ist, als wir vorher dachten. Das zu erkennen, hat uns Selbstvertrauen und Tatkraft geschenkt. Versuche es doch mal: Vielleicht geht es dir genauso. Mit diesem Mut und dieser Zuversicht können wir dann auch Probleme angehen, die wir nur gemeinsam lösen können. Wie das gelingen könnte, erfährst du im nächsten Kapitel. Denn darin beschäftigen wir uns mit Politik, Demokratie und den verschiedenen Denkmustern, die dahinterstehen.

153 Mrd. Dollar ist die Nahrung wert, die nur durch die Bestäubung von Bienen entsteht.

80 Mio. Euro sind die Heilpflanzen wert, die wir jährlich importieren.

Natürlich ist es unsinnig, der Natur einen geringeren Wert als „lebensnotwendig" zu geben. Dennoch stimmt nachdenklich, wie viel wir jährlich grob geschätzt von der Natur geschenkt bekommen.

ZUM WEITERDENKEN

SACRED ECONOMICS

Kulturphilosoph Charles Eisenstein setzt sich in diesem Buch mit Geld und Schenkökonomie auseinander. Das kannst du kostenlos online lesen. **sacred-economics.com**

THE MONEYLESS MANIFESTO

Mark Boyle wird auch „The Moneyless Man" genannt, lebt seit 2008 geldfrei und bietet entsprechend auch sein Buch kostenfrei an. **moneylessmanifesto.org**

MONEYLESS.ORG

Hier findest du Tipps rund um ein geldfreies Leben sowie Neuigkeiten aus der Szene der Geldaktivisten. **moneyless.org**

SERVICE SPACE

Nipun Metha gründete die Organisation, um gemeinsam mit den Mitgliedern Gelegenheiten für Großzügigkeit zu gestalten. **servicespace.org**

AKTIONEN

LOS MIT MOOS: MACH DEIN GELD ZUM SEGEN

jetztrettenwirdiewelt.de/geld

GIFTIVIST WERDEN

3 WOCHEN · MITTEL

Großzügig zu sein, ist je nach Situation und Charakter gar nicht so leicht. Übe drei Wochen lang, gezielt loszulassen und großzügig zu sein.

WOCHE 1: VERSCHENKE RECHT

Versuche eine Woche lang, in Debatten bewusst nachzugeben, selbst wenn du denkst, dass du im Recht bist. Wie verändert sich die Situation?

WOCHE 2: GIB GUTE LAUNE

Wenn jemand ungehalten, ärgerlich oder ungehobelt ist, dann überschwemme sie oder ihn mit Freundlichkeit. Die Kür ist, das auch bei Menschen zu tun, die du nicht so sympathisch findest. Wie ist die Reaktion?

WOCHE 3: SEI AUFMERKSAM

Nimm dir täglich zu einer festgelegten Uhrzeit eine Minute Zeit, um dir zu überlegen, was ein Mensch, Tier oder eine Pflanze in deiner Nähe bräuchte, um sich besser zu fühlen: ein Gespräch, eine Tasse Tee, ein Kraulen, etwas Wasser oder auch nur ein aufmunterndes Lächeln?

DEIN BUDGET PLANEN

6 MONATE · MITTEL

Mach dir dein Geldverhalten bewusst, um emotional und praktisch selbstbestimmter damit umgehen zu können. Nimm dir dazu ein Büchlein, trage die folgenden vier Spalten ein und notiere ein halbes Jahr lang deine Ausgaben. Überlege, wo du anders mit Geld umgehen möchtest.

SCHULDEN

Wie viel Schulden inklusive Zinsen musst du monatlich bedienen? Ihr Abbau ist am wichtigsten. Vermeide neue Schulden, indem du möglichst alles sofort und bar bezahlst.

LEBENSUNTERHALT

Wie hoch sind deine Fixkosten, wie Miete, Versicherungen oder Nebenkosten? Wie hoch sind die variablen Ausgaben, etwa für Essen, Kleidung oder Unterhaltung?

SPAREN

Leg dir ein Sparschwein oder Sparbuch zu. Spare monatlich einen kleinen Betrag für überraschende Sonderausgaben oder Ziele, wie eine lange Reise, eine größere Anschaffung oder ein Sabbatjahr.

GÖNN DIR WAS

Wenn du zur Sparsamkeit neigst, solltest du bewusst etwas Schönes einplanen. Wenn du eher verschwenderisch bist, deine Eskapaden regulieren. Sich etwas zu gönnen, heißt aber nicht automatisch viel Geld auszugeben.

BESSER INVESTIEREN

4 WOCHEN · SCHWER

Mach das Beste aus deinem Geld. Du kannst die unten genannten Ideen in dieser Reihenfolge umsetzen oder deinen eigenen Weg wählen.

1. WOCHE: CLICKTIVISM

Melde dich bei einer Plattform wie Gooding, boost oder Bildungsspender an. Wenn du nun online etwas kaufst, spendet der Shop an eine Organisation deiner Wahl. Du zahlst nichts.

2. WOCHE: SPENDEN

Spende an eine Organisation deiner Wahl, auch wenn es nur ein kleiner Betrag ist. Es macht Spaß, neue Organisationen zu entdecken und engagierte Menschen zu unterstützen. Spendenplattformen machen dir das leicht.

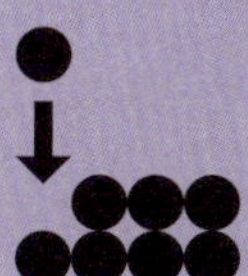

3. WOCHE: CROWDFUNDING

Schau dich doch mal auf den Plattformen um, ob du ein Projekt findest, das du gerne unterstützen möchtest. Du bekommst auch ein Dankeschön.

4. WOCHE: BANKENWECHSEL

Überlege dir, was du mit deinem Geld auf keinen Fall unterstützen und was du damit gerne fördern möchtest. Bist du bei einer Bank, die dies tut? Wenn nicht, dann wechsle doch zu einer Alternativbank.

TIPP: RICHTIG SPENDEN

Was geschieht mit deiner Spende? Ideal ist es, wenn du die Organisation persönlich kennst oder sie ein Siegel vorweisen kann, etwa das des DZI oder des Deutschen Spendenrats.

GELDFREI LEBEN

1 WOCHE · MITTEL

Eine Woche geldfrei zu leben zeigt dir, wie sehr wir an Geld gewöhnt sind, was das mit uns macht und wie schön Alternativen sein können.

VORBEREITUNG

Wie willst du dich auf die Woche ohne Bargeld und Bankkarte vorbereiten? Willst du noch mal deinen Kühlschrank füllen oder dich ohne doppelten Boden auf das Experiment einlassen?

SAMMLE ERFAHRUNGEN

Experimentiere mit geldfreien Alternativen: Nimm dir Verpflegung für unterwegs mit, besuche einen Foodsharing-Fairteiler oder eine Tauschparty. Vielleicht kommt der Augenblick, wo du dich von anderen einladen lassen musst. Wie geht es dir damit? Und wie reagieren sie?

ZIEHE EIN FAZIT

Führe während des Experiments ein Tagebuch oder blogge. Nimm dir am Ende ein bisschen Zeit: Welche positiven und negativen Erfahrungen hast du gemacht? Was sagt dir das über dein Verhältnis zum Geld? Schön ist es auch, wenn du die Aktion gemeinsam mit anderen machst.

MÄRSCHE UND FAHRTEN

Symbolträchtige Protestmärsche und -fahrten sind schon seit Gandhi und Martin Luther King medienwirksame Mittel, um auf Themen aufmerksam zu machen.

BRIEFE

Mit Briefen kannst du so einiges anstellen: von Leserbriefen über offene Briefe mit vielen Mitunterzeichnerinnen und -unterzeichnern bis hin zu massenhaft verschickten Briefen.

CAMPAIGNING

Ein bisschen aufwendig, aber wirksam: Um dein Anliegen in die öffentliche Debatte zu bringen, kannst du einen Plan erarbeiten, um die Medien zu nutzen. Dazu kannst du Erklärungen, Manifeste, Briefaktionen, Mahnwachen, Petitionen und vieles mehr nutzen.

MAHNWACHE

Die meist schweigende und längere Form der Demonstration gehört zu den Klassikern der gewaltfreien Aktionen. Die erste Mahnwache Deutschlands soll 1958 in Hamburg stattgefunden haben. Übrigens: Anmelden musst du Mahnwachen erst, wenn mehr als eine Person teilnimmt.

UNTERSCHRIFTEN-AKTION

Sammle mit anderen Unterschriften, um Politikerinnen und Politker oder andere Entscheidungsträger auf Missstände aufmerksam zu machen.

INFO-FREIHEIT

Seit 2006 gibt dir das Informationsfreiheitsgesetz das Recht auf Information. Das geht etwa über die Plattform **fragdenstaat.de**

DEMOKRATIE MACHEN

VERÄNDERUNGEN MIT HEBELWIRKUNG

Wusstest du, dass das Wort „Idiot" von dem griechischen „idiotes" abstammt? Im antiken Stadtstaat, der Polis, bezeichnete es die Menschen, die sich ausschließlich um ihre Privatangelegenheiten kümmerten, sich aus allen öffentlich-politischen Angelegenheiten heraushielten und keine öffentlichen Ämter annahmen, selbst wenn sie die Möglichkeit dazu hatten. Quasi der Gegenpart des „idiotes" war damals der „polites", also der politisch aktive Mensch. Das erzählte uns einmal der Gründer des Alternativen Nobelpreises Jakob von Uexküll in einem Interview. Heute herrscht hingegen oft die umgekehrte Vorstellung: Wer sich politisch engagiert oder gar in die Politik geht, muss verrückt sein, ein Idiot, vielleicht sogar ein Spinner. Das hat seinen Grund, denn das Vertrauen der Menschen in die Politik und auch die Politikerinnen und Politiker sinkt: Nur noch 15 % halten sie laut Umfrage des GfK-Vereins (GfK: Gesellschaft für Konsumforschung) von 2014 für vertrauenswürdig.

Die meisten haben beim Wort „Politiker" wohl eher taktierende Karrieristen im Kopf, die in Hinterzimmern Ränke schmieden und sich mit harten Bandagen gegen ihre Kolleginnen und -kollegen im (partei-)internen Machtgerangel durchsetzen. Nur wenige dürften bei dem Begriff „Politik" engagierte Volksvertreter im Sinn haben, die in altehrwürdigen Parlamenten sitzen und um gute Ideen und gerechte Lösungen für alle ringen. Noch seltener

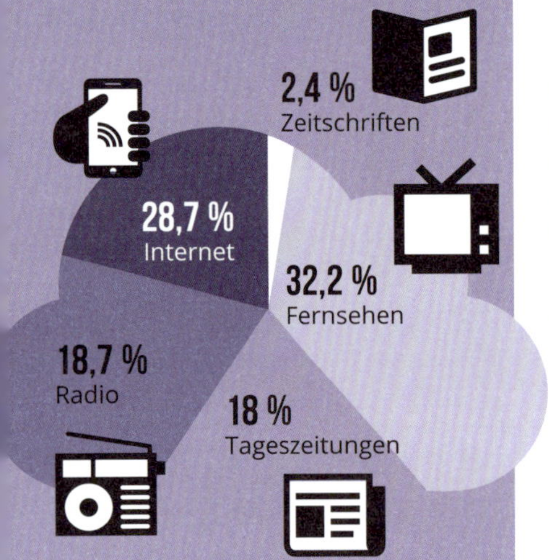

MEINUNGSBILDUNG

Durch welche Medien bilden wir uns unsere Meinung? Das Internet wird immer wichtiger.

NACHHAKEN

FRAG DEN STAAT

Jeder hat das Recht auf Informationen. Über diese Plattform kann du deine Fragen an Behörden und Ämter stellen.
fragdenstaat.de

ABGEORDNETENWATCH

Hast du eine Frage an einen Abgeordneten oder eine Abgeordnete? Dann kannst du das über diese Plattform tun.
abgeordnetenwatch.de

DER WAHL-O-MAT

Das Frage-und-Antwort-Tool sagt dir schnell und einfach, welche Partei deinen Vorstellungen am nächsten kommt.
wahl-o-mat.de

PETITION EINBRINGEN

Der Deutsche Bundestag bietet dir über eine Plattform die Möglichkeit, deine Bitten und Beschwerden einzureichen:
epetitionen.bundestag.de

bringen sich sicherlich die meisten selbst mit Politik in Verbindung. Dass Wahlen wirklich etwas bewegen, scheinen jedenfalls immer weniger Menschen zu glauben. Entsprechend sinkt die Wahlbeteiligung auf ein jeweils neues Rekordtief: Während 1972 die Beteiligung noch bei 92 % lag, blieben 2013 fast 30 % den Kabinen fern.

WIR SIND DIE POLITES

Es scheint angesichts unserer politischen Wirkungslosigkeit ganz und gar idiotisch, uns unserer Verantwortung zu stellen und unsere Tugenden und Fähigkeiten in die Gemeinschaft einzubringen, wie ein guter „polites" dies tun sollte. Lieber besinnen wir uns auf das Naheliegende und auf das, was wir selbst beeinflussen können: Wir kaufen Bio- und Fairtrade-Produkte und trennen den Müll. Das ist natürlich gut und wichtig. Doch es reicht nicht. Denn wir können durch diesen strategischen Konsum immer nur innerhalb des Systems Veränderungen bewirken. Um die Spielregeln insgesamt zu verändern – auch gegen eigennützige Wirtschafts- und Lobbyisteninteressen –, brauchen wir die politische Macht. Dazu müssen wir Gesetze und Regeln verändern. Wenn wir zum Beispiel eine Wirtschaftsordnung wollen, die das Gemeinwohl und den Umweltschutz wieder in den Mittelpunkt rückt, dann geht dies nur über politische Entscheidungen. Selbstverpflichtungen der Unternehmen reichen im Zweifelsfall nicht. Solange wir „idiotes" bleiben, bleiben wir bei den Krümeln, während die großen Brocken unangetastet liegen bleiben.

Zumal wir ohnehin alle kleine Politikerinnen und Politiker sind, wenn wir davon ausgehen, dass Politik ganz allgemein „jegliche Einflussnahme, Gestaltung und Durchsetzung von Forderungen und Zielen in privaten oder öffentlichen Bereichen" ist, wie Wikipedia es definiert. Denn vom Beginn unseres Lebens an versuchen wir, die Welt nach unseren Vorstellungen zu verändern, andere zu überzeugen und Mehrheiten für unsere Ideen zu gewinnen. Das heißt, wir verändern jeden Tag unsere Welt. Dabei liegen unserem Verhalten zwei Grundprinzipien zugrunde, die uns in der Regel nicht bewusst sind, die aber eine ganz gehörige Auswirkung darauf haben, wie Politik derzeit ausieht – und gleichzeitig auch einen verheißungsvollen Ausblick darauf geben, wie Politik noch aussehen könnte. Diese Prinzipien basieren auf unterschiedlichen moralischen Konzepten, Familienmodellen und verschiedenen Sichtweisen auf die Welt.

Einerseits gibt es das „Strenger Vater"-Prinzip, wie die Kognitionsforscher Elisabeth Wehling und George Lakoff es nennen. Diese Sichtweise basiert auf der Vorstellung, dass starke, autoritäre Anführer uns vor dem Bösen schützen, dass es einen harten Wettbewerb braucht, dass wir Menschen im Grunde schwach sind und durch Belohnung und Strafe in die richtigen Bahnen gelenkt werden müssen. Andererseits gibt es das „Fürsorgliche Eltern"-Prinzip, das davon ausgeht, dass der Mensch im Grunde gut ist, wir durch Einfühlungsvermögen zur Verantwortung gelangen und dass niemand in der Gesellschaft jemandem Schaden zufügen darf. Aus dieser Sichweise heraus ist es wichtig, dass alle gehört werden, dass Nachsicht und Verständnis vor Strafe stehen und der Konsens das erstrebenswerte Ziel ist.

POLITIK BEGINNT IM KOPF

Nun leben wir in einer Zeit, in der sich die Gesellschaft entzweit und die Interessenkonflikte härter werden. In dem Maße, in dem Vermögen und damit Macht auseinanderdriften, wie wir das im Kapitel „Geld" beschrieben haben. Und in dem Maße erleben wir auch soziale Verwerfungen, Ungerechtigkeit, Verknappung, Zerstörung, Krieg, Gewalt und Ausgrenzung. So gibt es fast keine Bereiche mehr, die nicht vom strengen Prinzip der Unterwerfung, der Konkurrenz und der Macht des Stärkeren durchwirkt sind. Letztlich basieren alle unsere Institutionen und Organisationen auf der hierarchisch organisierten Ideologie des „strengen Vaters" und seiner „Familie". Damit gehört der Wettbewerb zu unserem Alltag. Von der globalen Hierarchie der Länder über die Nationalregierungen, die Unternehmen, Parteien, Organisationen und Bildungseinrichtungen bis hinein in unser privates Umfeld – ja sogar bis hinein in unsere Köpfe, wie wir im Kapitel „Haltung" beschrieben haben.

Je mehr wir beide uns dieses riesige Geflecht an Interessen, Gruppierungen, Verbänden, Parteien, Denkfabriken, Medien und Institutionen anschauen, desto deutlicher wird uns, dass es eine Frage des Systems ist, in dem wir leben. Oder besser gesagt ist es eine Frage der Kultur und der Geisteshaltung, die diesem zugrunde liegt. Denn das System beginnt in unseren Köpfen und ändern können wir es nur, wenn wir uns unseren eigenen Blick auf die Welt bewusst machen, wie es auch Laotse meinte. Wir selbst sind der Motor und haben große Probleme damit, das zu ändern. Denn

Dr. Elisabeth Wehling leitet Forschungsprojekte zu Kognition, Ideologie und Sprache in Politik und Gesellschaft am International Computer Science Institute in Berkeley.
elisabethwehling.com

KEINER IST IMMUN

WIE SPRACHE UND FRAMES DIE POLITISCHEN DEBATTEN BESTIMMEN

In politischen Debatten überzeugen weniger die Fakten als die gedanklichen Deutungsrahmen, die Frames, wie sie in der kognitiven Wissenschaft heißen. Sie geben den Fakten erst ihre Bedeutung. Schon ein einfaches Wort wie Hammer aktiviert einen Frame. Wer es liest oder hört, denkt sofort an Worte wie Nagel, Holz, Schlagen und dergleichen. Dieser Prozess nennt sich Framing. Das ist erst einmal wertfrei. Doch in der Politik und im gesellschaftlichen Miteinander sind Frames immer auch ideologisch, weil wir verschiedene Sichtweisen auf unser Miteinander haben.

Da gibt es einerseits die fürsorgliche Ideologie, die auf gegenseitigem Wohlwollen, Empathie, Gemeinsamkeit, Schutz vor Schaden und so weiter basiert. Andererseits gibt es die strenge Ideologie, die Wettbewerb, Stärke durch Leistung, Durchsetzungsvermögen und anderes als Basis hat. Jeder von uns kennt und nutzt beide Ansätze. Aber nicht jeder wendet auch beide an.

Die Forschung hat gezeigt, dass Menschen mit einer fürsorglichen Ideologie nicht auf strenge Diskursmuster anspringen, weil sie ihnen moralisch fremd sind. Umgekehrt ist es genauso: Vertreter der strengen Ideologie können nichts mit fürsorglichen Frames anfangen. Wenn wir aber beide Bewertungsmuster nutzen und uns je nach Anlass und Thema für eines der beiden entscheiden – bewusst oder unbewusst –, sind wir ganz besonders anfällig für ideologische Framings, etwa in öffentlichen Debatten. Das kann in der Politik sein, aber auch in einer Unterhaltung am Esstisch oder in einer Schulklasse. Diese beiden Modelle ziehen sich durch unser gesamtes Miteinander. Dem Einfluss von Sprache kann sich niemand entziehen. Sich vollkommen immun gegen Framing zu machen, ist nicht möglich.

Fabian Scheidler hat Geschichte, Philosophie und Theaterregie studiert. In seinem Buch „Das Ende der Megamaschine" führt er durch 5.000 Jahre Menschheitsgeschichte.
megamaschine.org

alles, was wir sehen oder hören, können wir nur so wahrnehmen, wie wir es gelernt haben, erklärt uns die Sprachwissenschaftlerin Elisabeth Wehling. Jedes Weltbild sei die Summe der Erfahrungen eines Menschen, einschließlich der im Gehirn abgespeicherten Gerüche, Emotionen und inneren Bilder. Jedes Wort rufe in uns eine Kette von Assoziationen hervor. Und dieser gelernte Deutungsrahmen entscheide darüber, ob wir Argumente und Fakten in unser Bewusstsein ließen oder nicht – und wann wir streng oder mitfühlend reagieren. Alles andere pralle mehr oder weniger an uns ab. Uns beiden scheint es, als blendeten wir Menschen aus, dass keiner die Realität ganz wahrnehmen kann. Wir unterscheiden lieber in gute und schlechte Medien, Wahrheit und Lüge, Freund und Feind. Doch damit unterwerfen wir uns den bekannten Mechanismen: Wir verteidigen das eine und kämpfen gegen das andere. Wir wollen möglichst viele auf unsere Seite bringen und andere möglichst ausgrenzen. Sicher, wir wollen die Welt verstehen, doch suchen wir die Ursachen von Problemen lieber in der Außenwelt. Ihr zu mißtrauen, fällt uns wesentlich leichter, als unsere eigene Wahrnehmung infrage zu stellen.

WENN DER SCHWANZ MIT DEM HUND WEDELT

Um dies zu überwinden und unser Denken zu betrachten, müssen wir uns laut Wehling unserer Sprache widmen. Dabei spielen die Medien eine wichtige Rolle, denn sie prägen unsere Wahrnehmung von Politik und Gesellschaft. Und sie entscheiden nicht zuletzt, ob wir uns mit dem Klein-Klein der alltäglichen Parteipolitik aufhalten oder uns

NICHTS IST ZU SPÄT

DAS ENDE DER MEGAMASCHINE UND DIE CHANCEN DES ÜBERGANGS

Unser Wirtschaftssystem, das sich in den vergangenen 500 Jahren über die Erde ausgebreitet hat, stößt im 21. Jahrhundert an unüberwindliche Grenzen. Zum einen kann es nur einer immer kleineren Zahl von Menschen weltweit eine wirkliche Perspektive, faire Arbeitsbedingungen und Einkommen bieten. Das führt zu Frustration, Wut und politischen Spannungen. Zum anderen stößt das exponentielle Wachstum der globalen Megamaschine an planetare Grenzen. Das betrifft das Klima, Böden, Süßwasser, Artenvielfalt, Wälder und Ozeane. Die Kombination von ökologischen, wirtschaftlichen und politischen Verwerfungen führt uns unweigerlich in eine chaotische Übergangszeit, die mindestens einige Jahrzehnte dauern wird. Was am Ende herauskommen wird, kann entweder eine Welt sein, die mehr noch als die heutige von Ausbeutung und Gewalt geprägt ist; oder eine lebensfreundlichere und gerechtere Welt. Das Ergebnis hängt ganz wesentlich von unserem Engagement ab. Wenn wir passive Zuschauer bleiben, steigt die Wahrscheinlichkeit, dass autoritäre Kräfte das Ruder übernehmen, um Reichtum und Macht der Privilegierten mit Gewalt zu sichern. Doch wenn sich genügend Menschen mit Herz und Verstand für einen tiefgreifenden sozial-ökologischen Wandel einsetzen, bietet das Chaos auch Chancen. Es geht darum, Strukturen aufzubauen, die dem Gemeinwohl und nicht der Profitmaximierung dienen. Dezentrale erneuerbare Energien in Bürgerhand, kleinbäuerliche ökologische Landwirtschaft und regionale Wirtschaftskreisläufe sind dafür Beispiele. Um diese Ansätze aus den Nischen herauszuholen, brauchen wir andere gesetzliche Rahmenbedingungen. Und dazu müssen wir lernen, uns über die Grenzen unserer Milieus hinaus politisch zu organisieren.

gedanklich mit den weitreichenden und relevanten Zukunftsfragen in unserer Gesellschaft beschäftigen. Ein erster möglicher Schritt, um nicht als „idiotes“, sondern als „polites“ zu leben, muss daher die kritische Auseinandersetzung mit den Medien sein: zu erkennen, dass auch sie lediglich aus verdichteten Meinungen bestehen und Politik nur ein Weg ist, um Ziele zu erreichen. Der zweite wichtige Schritt ist die Frage, wie wir die beiden Prinzipien der Fürsorge und der Strenge miteinander verbinden können. Denn nur so werden wir politische Lösungen erringen, die zum Wohl aller beitragen und langfristige Lösungen ermöglichen. Dass das überfällig ist, bekräftigt der Historiker, Autor und Journalist Fabian Scheidler: Alle Wirtschafts- und Gesellschaftssysteme seien immer nur Subsysteme des Planeten Erde. Daraus folgt für uns beide zum einen, dass es vermessen ist, sie über alles andere zu stellen. Da diese Systeme menschengemacht sind, folgt daraus aber auch, dass es in unserer Hand liegt, sie zu ändern. Und genau dazu brauchen wir die Politik und auch die politische Macht.

MITBESTIMMUNG UND TRANSPARENZ

Politische Macht ist nun natürlich nichts Neues. Fabian Scheidler beschreibt in seinem Buch „Das Ende der Megamaschine“ die Entwicklung von Herrschaftsstrukturen in den letzten 5.000 Jahren. Dabei wird klar: Die Vertreterinnen und Vertreter des strengen Prinzips sitzen in der Mehrzahl schon lange an den Schalthebeln der Institutionen und der Macht. Auf den ersten Blick sehen wir auch heute nur intransparente, elitäre Strukturen und allgemein stark eingeschränkte Möglichkeiten, politisch einzugreifen. Wer sich politisch im Sinne des fürsorglichen Prinzips engagiert, tut dies meist außerhalb hierarchisch organisierter Einrichtungen und zwar mit scheinbar immer geringeren Auswirkungen auf das grundsätzliche System. Zu viele wichtige Entscheidungen, die ganze Länder betreffen – ob Freihandelsabkommen, Kriegseinsätze, Atomausstieg oder Währungspolitik – werden hinter verschlossenen Türen und im Geheimen verhandelt.

Und je weiter in unserem Land, in Europa und in der Welt die Kluft zwischen Arm und Reich auseinandergeht, desto mehr wird Lobbyismus zum Problem. Wo politische Teilhabe vor allem über finanzielle Mittel läuft, wird die Vorstellung zur Illusion, dass wir in unserer Demokratie Interessen gleichberechtigt vertreten und sich das beste Argument immer irgendwie durchsetzt. Die Organisation LobbyControl stellt fest, dass die großen Verbände an Bedeutung verloren haben. Stattdessen bietet ihrer Ansicht nach ein Heer von Lobby-Agenturen, Rechtsanwälten, Beratungsunternehmen und Think Tanks seine Dienste an. Teure Privathochschulen bilden die Strateginnen und Strategen von morgen aus. „Im Ergebnis ist Lobbyarbeit aufwendiger, teurer und undurchsichtiger geworden – dies begünstigt finanzstarke Akteure und erschwert politische Abwägungsprozesse“, erklärt LobbyControl. Dabei richteten sich die Lobbyisten keineswegs nur an Politikerinnen und Politiker, sondern zunehmend auch an die Medien, die Wissenschaft, die Bürgerinnen und Bürger, selbst an Kinder und Jugendliche. Ist es da ein Wunder, dass sich die Mehrheit der Menschen zunehmend ohnmächtig fühlt, die über geringe finanzielle Mittel und damit wenig Gestaltungsmacht verfügt?

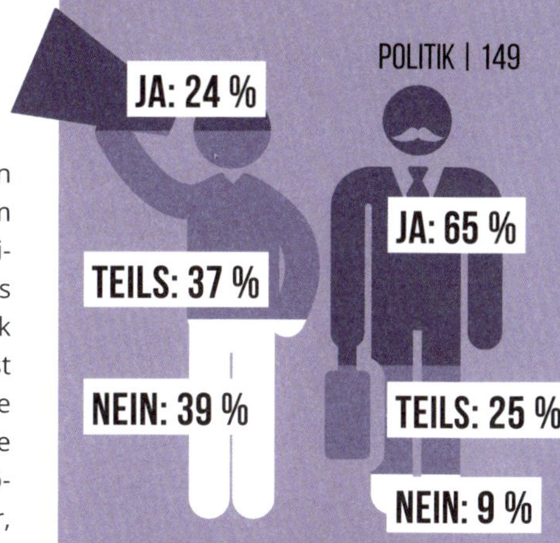

Haben die Bürger politischen Einfluss (links)? Und hat die Wirtschaft mehr politischen Einfluss als die Politik selbst (rechts)?

BÜRGER BETEILIGEN

NETZWERK BÜRGERBETEILIGUNG

Hier findest du Modelle und Methoden der Bürgerinnen- und Bürgerbeteiligung von A bis Z mit Beispielen: **netzwerk-buergerbeteiligung.de**

WEGWEISER BÜRGERGESELLSCHAFT

Wie kannst du dich organisieren und zum Beispiel eine Bürgerinitiative starten? Infos und Aktuelles findest du hier: **buergergesellschaft.de**

MEHR DEMOKRATIE E.V.

Bei dem Verein findest du Infos und Unterstützung, wenn du ein Volksbegehren organisieren willst. Hier kannst du dich auch für den bundesweiten Volksentscheid engagieren: **mehr-demokratie.de**

FRAUEN MACHEN POLITIK

Wir brauchen mehr Frauen in der Politik. Starthilfe gibt zum Beispiel das überparteiliche Helene-Weber-Kolleg: **frauen-macht-politik.de**

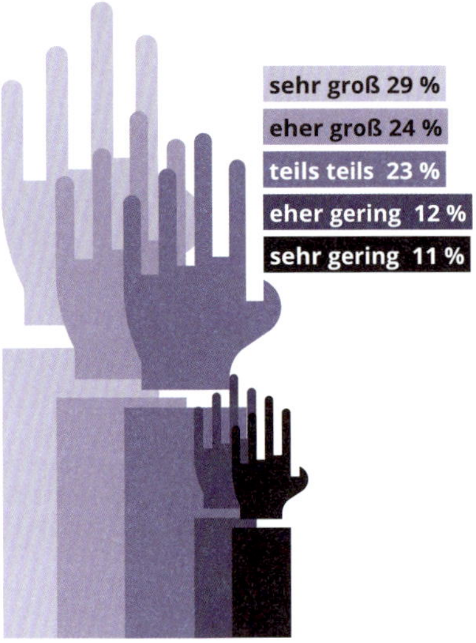

POLITISCH INTERESSIERT?

Wie sehr sind die Menschen in Deutschland an Politik interessiert? Wie sieht es bei dir aus?

POLITIK MACHEN

BÜRGERPROTEST

Auf dieser Seite findest du 50 Anleitungen für politische Aktionen: **anleitungen-buergerproteste.de**

BEWEGUNG.TAZ.DE

Auf der Plattform der Berliner Tageszeitung findest du alle möglichen Bewegungen und Aktionen. **bewegung.taz.de**

BPB

Die Bundeszentrale für politische Bildung liefert jede Menge Informationen zu allen möglichen aktuellen politischen Themen. **bpb.de**

LOBBY CONTROL

Wie kommen Parteispenden zustande? Wie viele Lobbyisten beeinflussen politische Entscheidungen? Die Organisation Lobby Control bringt Licht ins Dunkel. Spannend ist zum Beispiel der Lobbyisten-Stadtrundgang in Berlin. **lobbycontrol.de**

ZEIT SICH EINZUMISCHEN

Solche Verzagtheit dürfen wir uns nicht gestatten. Aufgeben, ausweichen und die Schuld auf andere zu schieben, ist keine Antwort, die wir uns leisten können. Wettkampf und Konkurrenz haben unseren Planeten mittlerweile so geschunden, dass wir wohl keine andere Wahl mehr haben, als die Spielregeln neu zu erfinden. Es müssen umfassende Lösungen her. Doch um die zu finden, müssen wir das fürsorgliche und das strenge Prinzip mit ihren jeweiligen Stärken irgendwie zusammenbringen. Mithilfe der Politik kann es uns gelingen, die verschiedenen Interessen in einem fairen und gleichberechtigten Miteinander auf positive Weise auszutragen – ganz im eigentlichen Auftrag der Politik. Wir beide erschaudern an der Stelle, an der wir darüber nachdenken, wie groß der Effekt sein könnte, würden wir aus der Politik der persönlichen Vorteilnahme, der Konkurrenz und Dominanz eine Politik der gleichberechtigten Gemeinschaft machen. Es könnte unser Land in rasanter Geschwindigkeit verändern. Die Grundlage dafür sind neue demokratische Verfahren, die die politische Teilhabe aller ermöglichen und uns alle zu „polites" machen. Das reicht bis hinunter auf die Ebene der Stadtteile, so wie wir dies im Kapitel „Nachbarn" angedeutet haben. Zusätzlich zu den bestehenden Parlamenten können wir uns von Bürgern organisierte Foren vorstellen: Gremien, die alle Bürgerinnen und Bürger besuchen können, um sich einzubringen. Lokale Zusammenkünfte, die sich virtuell zu einer Art ständiger Bürgerkonferenz konstituieren und das Parlament dauerhaft unterstützen und kontrollieren – flankiert durch Vereine und andere Organisationen, die ihre Expertise auf unterschiedlichen Gebieten miteinbringen.

Umfragen zeigen, dass sich die meisten Menschen eine Erweiterung und Ergänzung unserer repräsentativen Demokratie um direktdemokratische Elemente wünschen. Und warum sollten wir nicht auch auf Bundesebene und europaweit Mitsprache bekommen, etwa durch Volksentscheide – vorausgesetzt, die wichtigsten Grundwerte bleiben dabei geschützt und gewahrt? Ob und wann etwa der bundesweite Volksentscheid in Deutschland kommt, steht jedoch wohl nicht nur deshalb in den Sternen, weil viele Politikerinnen und Politiker nicht ganz so erpicht darauf zu sein scheinen. Auch wir, die „idiotes", sorgen dafür, indem wir uns nicht darum kümmern. Und so bleiben neue Formen der Demokratie und der politischen Mitbestimmung vor allem so lange eine Utopie, wie wir uns raushalten, weil uns das politische Geschäft zu schmutzig, konkurrenzbesessen und machtverliebt erscheint. Doch die Vertreterinnen und Vertreter des fürsorglichen Prinzips dürfen sich davon nicht abbringen lassen. Im Gegenteil. Sie müssen dafür sorgen, dass wir alle gemeinsam die Weisheit der vielen nutzen, um unser Leben und unser Land zu verändern. Und vor allem, um uns einen Ausblick auf unsere Zukunft zu verschaffen, der uns so verheißungsvoll und erstrebenswert erscheint, dass sich die ein oder andere Unbequemlichkeit lohnt sowie der ein oder andere Verzicht. Welche wesentliche Rolle dabei die Mittel der Kunst und der Geschichten spielen könnten, die unsere Vorstellung von der Welt formen, das erfährst du im nächsten Kapitel.

RAN AN DIE DEMOKRATIE

RAUS AUS DER TRÄGHEIT: WIR BRAUCHEN DIREKTE DEMOKRATIE UND TRANSPARENZ

Die Menschen verlieren das Vertrauen in das politische System, weil sie sich in vielen parlamentarischen Entscheidungen nicht mehr wiederfinden. Das ist ein großes Problem. Doch es ist nicht etwa die Unwissenheit der Bürgerinnen und Bürger – im Gegenteil. Je mehr sie über die Politik erfahren und über die Abläufe in Berlin, desto weniger Vertrauen haben sie in die Politik. Denn ihnen wird klar, dass das Parlament oft nicht etwa den Mehrheitswillen der Bevölkerung abbildet, sondern den Willen derjenigen, die die meisten Mittel und den größten Einfluss haben. Das aber darf in einer Demokratie natürlich nicht sein. Es darf noch nicht einmal dieser Eindruck entstehen. Aber de facto ist es so und das hat seinen Grund.

Heute gibt es schätzungsweise 6.000 Lobbyistinnen und Lobbyisten – allein in der Hauptstadt. Das heißt, dass bei 709 Bundestagsabgeordneten mehr als 8 Lobbyistinnen und Lobbyisten auf eine Politikerin oder einen Politiker kommen. Der Journalist Hans-Martin Tillack geht in seinem Buch „Die Lobbykratie" davon aus, dass sich in diesem Sektor jedes Jahr rund 500 Millionen bis eine Milliarde Euro bewegen. Nur in Berlin! In Brüssel geht man von etwa 30.000 Lobbyisten aus. Das zeigt, wie wichtig es ist, demokratische Mechanismen zu gewährleisten, Transparenz zu schaffen und den Einfluss von Bürgerinnen und Bürgern zu stärken.

Wir müssen das parlamentarische System deshalb durch eine direkte Demokratie ergänzen. Dazu gehört vor allem die Einführung eines bundesweiten Volksentscheids. Zudem plädiere ich dafür, das Wahlrecht stärker zu personalisieren und auch auf Bundesebene ein Transparenzgesetz einzuführen. Dadurch gäbe es für den Staat eine proaktive Veröffentlichungspflicht wichtiger Unterlagen. Wenn etwa der Staat Verträge abschließt, muss er sie mit einer gewissen Vorlaufzeit im Internet, maschinenlesbar und für alle einsehbar, veröffentlichen. Um das zu erreichen, sind vor allem wir Bürgerinnnen und Bürger in der Pflicht. Wir müssen uns unsere demokratische Verantwortung bewusst machen und uns aus unserer Trägheit befreien. Es gibt viele Möglichkeiten, sich zu beteiligen. Wir müssen sie nur nutzen.

DEMOKRATIE-TOOLS

DEMOCRACY

Die Open-Source-App stellt alle Abstimmungen im Bundestag dar. Wer mitstimmt, erhält von der App zudem Wahlempfehlungen.
democracy-deutschland.de

OPENSLIDES

Anwendung, um in großen Plenen die Tagesordnung, Redelisten und -zeiten, die Agenda, das Protokoll und vieles mehr demokratisch zu organisieren.
openslides.com/de

LIQUIDFEEDBACK

Mit dem Open-Source-Tool kannst du Vorschläge und Entscheidungen demokratisch organisieren.
liquidfeedback.org

Foto: Ann-Kristin Block

Gregor Hackmack ist Mitgründer von abgeordnetenwatch.de und Deutschlandchef von Change.org. In seinem Buch „Die Lobby-Republik" fordert er ein Update der Demokratie. **change.org**

AKTIONEN

BESSER MACHEN, STATT BLOSS MECKERN

jetzttrettenwirdiewelt.de/politik

MEDIENTAUSCH

1 WOCHE · MITTEL

Die Medien, die du wählst, beeinflussen deine Sicht auf die Welt. Beziehe daher einen Tag lang Informationen aus anderen Medien.

MEDIENWECHSEL

Fernsehen, Radio, Internet: Wie informierst du dich normalerweise? Steige eine Woche lang auf ein anderes Medium um, vom Fernseher aufs Radio, vom Radio auf die Zeitung und so weiter.

WAS IST DER UNTERSCHIED?

Jedes Medium arbeitet anders. Wenn du ein neues Medium nutzt, kannst du besonders gut analysieren, wie Sprache, Töne und Bilder Verwendung finden. Was zeichnet sie aus? Wie wirkt es auf dich? Was hat dich angesprochen, was nicht? Versuche, die Intention der Beiträge zu ergründen.

TIPP: QUELLENTAUSCH

So wie ein Wechsel des Mediums deine Perspektive erweitert, tut es auch der der Quelle. Wenn du sonst die taz liest, dann lies nun doch mal die FAZ.

ROLLENTAUSCH

1 TAG · MITTEL

Es ist nicht ganz einfach, lohnt sich aber ungemein, einmal die politische Rolle zu wechseln. Diese Aktion liefert dir neue Perspektiven.

WAS IST DEIN THEMA?

Such dir ein Thema aus. Vielleicht ist es dein Herzensthema, mit dem du dich ohnehin schon lange beschäftigst. Oder vielleicht ist es eines, das derzeit die öffentliche Debatte erhitzt. Je kontroverser es ist, desto spannender wird es.

TAUSCHE DIE ROLLE

Such dir jemanden aus, dessen Perspektive du kennenlernen willst. Das kann eine Prominente oder ein Prominenter sein oder jemand, den du persönlich kennst, aber jedenfalls jemand mit anderen Sichtweisen.

FRAGE WARUM

Nimm dir ein Blatt Papier, zeichne 3 Spalten darauf und notiere dir links einen Tag lang deine Argumente, in der Mitte die des anderen und rechts notierst du, warum er oder sie diese Ansichten hat. Bohre dabei tief und frage dich mehrfach: Warum?

TIPP: IN DEN SCHUHEN DES ANDEREN GEHEN

Wenn du dich politisch engagierst, solltest du nicht nur deine eigenen Argumente kennen. Versetze dich so oft es geht in die anderen.

AKTIONSWOCHEN

4 WOCHEN · SCHWER

Setze dich eine Woche lang für ein politisches Thema deiner Wahl ein. Schnuppere in verschiedene Möglichkeiten rein, vielleicht kriegst du ja Lust auf mehr. :-)

WOCHE 1: FLYER-TAG

Viele Organisationen stellen im Rahmen ihrer Kampagnen Info-Material bereit, das du bestellen und verteilen kannst. Oder du machst deine eigene Info-Broschüre und verbreitest sie.

WOCHE 2: THEMEN-T-SHIRT

Überlege dir einen Slogan, der deine Meinung zu einer politischen Debatte ausdrückt, und mach damit ein T-Shirt. Spannend wird es, wenn du es in einem Kontext trägst, der es besonders kontrovers macht.

WOCHE 3: LESERBRIEF

Gibt es einen Artikel, der dich zu einem Kommentar reizt? Dann mach dir die Mühe, deine Meinung in einem Leserbrief zu formulieren, und schicke ihn ab.

WOCHE 4: FRAGESTUNDE

Such dir ein Thema aus, bei dem du etwas genauer wissen willst. Je nachdem, was es ist, fragst du über **fragdenstaat.de** oder **abgeordnetenwatch.de** bei Behörden, Ämtern, einer Abgeordneten oder einem Abgeordneten nach. Berichte anderen davon.

TIPP: TUE GUTES UND REDE DARÜBER

Potenziere die Wirkung deiner Aktionen, indem du darüber berichtest: Schreibe einen Blog, mache Videos, lade die Presse ein und vieles mehr.

PETITION EINREICHEN

1 WOCHE · MITTEL

Jeder Mensch kann sich in unserem Land mit Bitten und Beschwerden an den Deutschen Bundestag wenden. Das geht relativ einfach.

1. SCHRITT: PETITION FORMULIEREN

Formuliere deine Bitte oder Beschwerde. Welche Verwaltungshandlung einer Behörde hast du zu beanstanden? Welches Gesetz sollte aus deiner Sicht geändert werden?

2. SCHRITT: PETITION EINREICHEN

Reiche deine Petition per Post, per Fax oder über das Online-Formular unter **epetitionen.bundestag.de** ein. Du kannst hier auch eine öffentliche Petition beantragen, wenn dein Thema von allgemeinem Interesse ist.

3. SCHRITT: PRÜFUNG UND ANHÖRUNG

Der Petitionsausschuss kann der Bundesregierung deine Petition zur Prüfung empfehlen. Hat sie mehr als 50.000 Unterstützerinnen und Unterstützer, kann es eine öffentliche Anhörung vor Abgeordneten und anderen Vertreterinnen und Vertretern geben.

BOOK CROSSING

Weltweit setzen Menschen Bücher anonym aus, damit andere Menschen sie finden. Sie etikettieren die Bücher, dokumentieren die Funde und besprechen die Bücher. **bookcrossing.de**

POETRY SLAM

Beim Dichterwettstreit kannst du Selbstgeschriebenes vortragen und beurteilen lassen. **slampoet.de**

SOFA-KONZERT

Lade eine Band für ein Konzert in deiner Küche oder deinem Wohnzimmer ein. Etwa via **sofaconcerts.org**

CRYPTO-PARTY

Nicht kommerzielle Treffen, um Datenschutzpraktiken für das Internet auszutauschen. **de.cryptoparty.org**

SMART MOB

Inszeniere einen scheinbar zufälligen Menschenauflauf mit kollektiver Performance und Botschaft.

STRASSENTHEATER

Das Theater hat eine lange Tradition des Reflektierens und Kritisierens. Auf der Straße findest du eine Bühne für schauspielerische Aktivitäten, vom unsichtbaren Theater bis zum Clownstheater.

PERFORMANCE

Nicht erst die russische Punk-Band Pussy Riot zeigte, dass Performances starke politische Botschaften vermitteln.

SINGENDE BALKONE

Bei dem Stadtteil- oder Straßenfest kann jeder von seinem Balkon oder Fenster aus ein Konzert geben oder einen Vortrag halten.

SALON

Die Zutaten für einen politischen oder philosophischen Salon: gutes Essen, gute Gäste und ein gutes Thema.

FAHRRAD-KINO

Hier erzeugen die Gäste den Strom für ein Kino und eine Disco, indem sie in die Pedale treten. **fahrradkino.org**

PROTEST-TÄNZE

Ebenso wie das Theater eignet sich das Tanzen, um eine breite Masse auch mit schwierigen Themen zu erreichen. Die Choreografie zum Song „Der Vergewaltiger bist du" des chilenischen Kollektivs Las Tesis wurde zum Beispiel weltweit nachgeahmt. Ebenfalls weltweit tanzen Männer und Frauen gemeinsam am Aktionstag „One Billion Rising" gegen Gewalt gegen Frauen. **onebillionrising.de**

PROTESTSONG

Die Lieder entfalten zum Teil eine riesige Wirkung. Jährlich gibt es in Wien auch einen Contest. **protestsongcontest.net**

CRAFTIVISM

Die Handarbeitsaktivisten bestricken und behäkeln alles Mögliche im öffentlichen Raum.
craftivist-collective.com

PROTEST-SPIELE

Digitale oder Brettspiele gibt's auch mit kritischen Inhalten für den anderen Daddelabend.

JEKAMI

Beim „Jeder kann mitmachen"-Abend gibt jeder einen kulturellen oder politischen Beitrag zum Besten.

STREETART

Ist witzig und macht Spaß, ist aber nicht immer legal. Inspirationen findest du hier:
streetartfinder.de

LESEMARATHON

Unter einem Motto lesen Menschen 12 oder 24 Stunden lang vor. Dabei wechseln sie sich alle 30 bis 60 Minuten ab.

CHORSINGEN

In vielen Städten und Gegenden gibt es tolle Chöre. Für die Weltrettung besonders interessant ist die weltweite Bewegung der Beschwerdechöre, die selbst getextete Songs für einen gemeinsamen Protest nutzen.
complaintschoir.org

KULTURSACHE

VON KLEINEN GESCHICHTEN ZUM GROSSEN WANDEL

Jede Minute müssen im Schnitt 25 Menschen fliehen. Täglich sind das 37.000 Menschen. 50 % dieser 70,8 Millionen Menschen sind laut UN Kinder oder Jugendliche. 2014 waren geschätzt allein 5,5 Millionen syrische Kinder auf der Flucht. Damals entschloss sich die Bundesregierung, eines von 100 Kindern aus dieser grauenhaften Situation zu befreien und 55.000 Kinder in deutsche Pflegefamilien zu vermitteln. Die damalige Bundesfamilienministerin Manuela Schwesig warb dafür mit einer eigens eingerichteten Website (1aus100.de), Werbespots, Anzeigen und einer Informationsbroschüre. Über eine Hotline konnten sich Interessierte beraten lassen. Nach 48 Stunden hatten über 1.000 Interessierte das Antragsformular für Pflegefamilien ausgefüllt. Ganze Schulklassen dankten der Ministerin in Aleppo mit Plakaten, die sie in die Kameras hielten. Bewegte Deutsche hinterließen vor dem Bundeskanzleramt ein Meer aus Blumen, Karten und Kerzen. 55.000 Kinder hätten Glück haben können, hätte die Sache nicht einen Haken gehabt: Die Aktion war gar nicht echt.

Urheber war nämlich nicht das Bundesfamilienministerium, sondern das Zentrum für Politische Schönheit (ZPS). Die Gruppe widmet sich der „Errichtung moralischer Schönheit, politischer Poesie und menschlicher Großgesinntheit" und hat mit skandalträchtigen Aktionen schon mehrfach die Gemüter gespalten. 48 Stunden nach dem Start der Kampagne bleibt dem Kanzleramt nichts anderes übrig, als den Termin, den das ZPS zuvor festgelegt hatte, zu bestätigen. Eine Sensation: Wann ist es Theatermachern gelungen, innerhalb von nur vier Tagen ins Kanzleramt geladen zu werden? Mit dabei auch Inge Lammel und Kurt Gutmann, zwei Überlebende des Holocaust, die 1938 nur gerettet wurden, weil Großbritannien damals eine ähnliche Aktion tatsächlich durchgeführt hatte.

Es ist Ende Mai, als wir davon erfahren. Uns fällt bei der Gelegenheit das Thomas-Theorem ein. Die beiden Soziologen Dorothy und William Thomas haben zu Beginn des letzten Jahrhunderts entdeckt, das wenn Menschen eine Situation für wirklich halten, sie in ihren Folgen auch wirklich ist. So haltlos und fantastisch eine Vorstellung auch sein mag, wer fest davon überzeugt ist, wird auf dieser Grundlage handeln und damit eine Wirklichkeit schaffen, die die ursprüngliche Annahme wahr macht. Dass das auch für belegte Unwahrheiten gilt, zeigt die Gerüchteküche, die in den sozialen Medien zm Teil brodelt: So einiges ist kompletter Unfug, doch da Richtigstellungen natürlich längst nicht so oft geteilt werden, halten sich Gerüchte, einmal in die Welt gesetzt, hartnäckig. Nun ist es natürlich nicht so, dass wir das, woran wir glauben, frei wählen könnten. Viele Generationen von Menschen haben schon vor uns gelebt, an bestimmte Dinge geglaubt und die Welt dadurch zu dem gemacht, wie sie heute ist. Was höflich oder unhöflich, legitim oder anmaßend, möglich oder völlig unrealistisch erscheint, hängt davon ab, in welchem Kulturkreis wir aufwachsen. Wir sehen die Welt nicht so, wie sie ist, sondern wie wir sie interpretieren. Der Science-Fiction-Autor Bruce Sterling nennt dies die „Major Consensus Narrative“ – also die Geschichte, die den breitesten Konsens in einem Kulturkreis gefunden hat. Das Ganze hat durchaus seinen Sinn: Gäbe es die Narrative nicht, wäre unser Zusammenleben sehr viel komplizierter und konfliktreicher. Wir Menschen sind soziale Lebewesen, wir wollen gut miteinander auskommen und uns mit unserer Gemeinschaft identifizieren. Eine gemeinsame Kultur mit kollektiven Mythen und Erzählungen setzt dabei einen wichtigen Rahmen für das Zusammengehörigkeitsgefühl, die Identität und Geschichte. Die Frage ist nur: Wer schreibt hier eigentlich das Drehbuch?

WER SCHREIBT DAS DREHBUCH?

Geschichten zu erzählen, ist eine der ältesten Kulturtechniken der Menschen. Schon als unsere Vorfahren um ihr Lagerfeuer saßen, haben sie sich Geschichten erzählt. Das spielte damals oft auch eine religiöse oder kultische Rolle. Es ging aber auch immer darum, Wissen, Erkenntnisse, Identität und Weltanschauungen von einer Generation zur nächsten zu übermitteln. Diese Kraft haben die Geschichten bis heute: Therapeutinnen und Therapeuten nutzen sie, um ihre Patientinnen und Patienten zu kurieren. Menschen einer Organisation oder Nation erzählen sie sich, um ein Wir-Gefühl zu erzeugen. Und Unternehmen wenden sie an, um ihre Produkte so mit Emotionen und Symbolen aufzuladen, dass deren Besitz zugleich auch ein Statement ist, eine Lebensanschauung ausdrückt oder einen Status anzeigt. Mit all den Massenmedien – dem Fernsehen, dem Radio, den Zeitschriften und den Zeitungen, dem Internet – leben wir in einer Welt, die

Wie entstehen Ideen? Die drei Phasen des Problem-Lösungskreises zeigen die sechs Schritte.

KREATIVE AKTIONEN

EVERYDAY REBELLION
Die Website des sehenswerten Dokumentarfilms bietet ein Archiv spannender Protestformen.
everydayrebellion.net

TACTICAL TECH
Die Organisation zeigt dir, wie du Informationen strategisch für Veränderungen nutzen kannst.
tacticaltech.org

BEAUTIFUL TROUBLE
Die Website zum gleichnamigen Buch mit einem außergewöhnlich gestalteten Archiv an Ideen.
beautifultrouble.org

STORYBASED STRATEGIES
Wie kannst du mit Geschichten die Welt verändern? Tipps und einige Anleitungen gibt es hier.
storybasedstrategy.org

STRASSENKAMPF
Ideen, um öffentlichen Raum, Straßen und Plätze friedlich und kreativ zurückzuerobern:
tacticalurbanismguide.com
strasse-zurueckerobern.de

randvoll ist mit Geschichten und Mythen, mit Zeichen und Codes. Doch es sind zunehmend die professionellen Geschichtenerzähler, die uns unsere „Major Consensus Narratives“ vorgeben. Sie sagen uns, wie unsere Heldinnen und Helden aussehen. Sie erzählen, was es bedeutet, erfolgreich zu sein, warum wir leben, wofür es sich zu kämpfen lohnt – und auch, wie wir kämpfen sollen.

Doch auch Künstler und Aktivisten sind seit jeher wichtige Geschichtenerzähler. Seit den 1990ern versuchen einige von ihnen, die massenmedialen Codes und Metaphern zurückzuerobern. Berühmt wurde etwa die konsumkritische Adbusters Media Foundation, die eine Zeitschrift zu Themen der Kommunikationsguerilla herausgibt und zu internationalen Kampagnen aufruft, wie dem „Buy Nothing Day“ oder die „TV Turnoff Week“. Ähnlich aufmerksamkeitsstark sind die Kommunikations-Guerilleros „The Yes Men“. 2008 immitierten sie etwa die New York Times und verteilten sie in der ganzen Stadt mit Botschaften wie der, dass das Verteidigungsministerium den Irak-Krieg für beendet erklärt habe, das Studium an amerikanischen Universitäten von nun an kostenlos sei und ein Öl-Multi sich für seine Umweltsünden entschuldigen würde. Zwischen Kunst, Kritik und Protest gab es ja schon immer einen fließenden Übergang. Und genau hierin liegt unter anderem auch die Bedeutung und der Wert, den die Kunst für uns als Gesellschaft und Gemeinschaft hat. Sie dient als Forum für den Dialog, den Austausch, die Reflexion. In der Kunst kann man auch mal, ähnlich wie beim Spiel, über die Stränge schlagen. Das Spektakel, der Humor, sogar auch die naive Taktlosigkeit finden hier ihren Platz.

Stephen Duncome ist Künstler und Mitgründer des Center for Artistic Activism im Staat New York, USA.
c4aa.org

ARTISTIC ACTIVISM

MIT AEFFEKTEN DIE WELT WANDELN

Um gesellschaftlich etwas zu verändern, brauchen wir Effekte und Affekte. Aktivisten zielen meist auf eine bestimmte Wirkung, auf einen Effekt. Sie wollen beispielsweise etwas verhindern oder überwinden. Künstlern und Kreativen geht es dagegen eher um den Affekt, sie wollen Menschen in eine emotionale Stimmungslage versetzen. Artistic Activism will reale Veränderung dadurch bewirken, dass er Menschen tiefgreifend und emotional bewegt – also einen affektiven Effekt erzielt oder einen effektiven Affekt, einen „AEffekt“ sozusagen. Diese AEffekte können lustig sein, kreativ und zukunftsweisend. Kunst und Kultur in den Protest zu integrieren, senkt die Hemmschwelle für Menschen, sich ihm anzuschließen. Denn sie treffen auf etwas, was sie aus einem anderen Kontext heraus kennen und ihnen Spaß macht. Kunst kann die Menschen aber auch durch Utopien zum Mitmachen motivieren. Künstler waren von jeher diejenigen, die über das Bestehende hinausgesehen und sich das Unvorstellbare vorgestellt haben. Das machen sie dann über Geschichten und Bilder für alle Menschen sichtbar. Davon können Aktivisten lernen. Denn viele von ihnen wissen zwar ganz genau, wogegen sie sind. Aber oft fragen sie sich nicht genug nach ihrer Utopie, nach der Welt, die entsteht, wenn sie erreicht haben, was sie zu erreichen hoffen. Eine wichtige Übung in unseren Workshops mit Aktivisten ist daher, ihnen diese Fragen zu stellen: Was passiert, wenn du dieses oder jenes abgeschafft, verhindert oder verändert hast? Meist kommen sie dann mit dem nächsten Ziel und wir fragen sie wieder: Und was ist dann? Wie sieht die Welt dann aus? Das geht so eine ganze Weile weiter und ist oft ein emotional anstrengender und für die Menschen unangenehmer Prozess. Aber er führt sie zu ihrer Vision, ihrer Utopie. Und die ist es, die einen AEffekt auf sie und andere Menschen ausübt.

Namensnennung

Keine Bearbeitung

Nur nicht-kommerzielle Nutzung

Weitergabe unter gleichen Bedingungen

CREATIVE COMMONS

Teile deine Bilder, Texte, Videos und Ähnliches als kreatives Gemeingut mit anderen. Infos und Creative-Commons-Inhalte anderer findest du hier:
de.creativecommons.org

DATEN TEILEN

OPEN KNOWLEDGE FOUNDATION

Die Organisation macht spannende Veranstaltungen und liefert viele Infos über einen freien Zugang zu Wissensdaten, Transparenz und Beteiligung.
okfn.de

RECHT AUF REMIX

Künstler und Netzaktivisten kämpfen mit dieser Kampagne für eine Reform des deutschen Urheberrechts.
rechtaufremix.org

DATEN SCHÜTZEN

FREIFUNK

Befreie das Internet: Mach es einfach selbst. Mit Freifunk kannst du dein WLAN mit anderen teilen und ein Bürgernetzwerk bilden.
freifunk.net

PRISM BREAK

Welche datenschutzfreundlichen Software-Alternativen gibt es? Auf dieser Seite findest du die Antwort:
prism-break.org/de

WO LIEGT UTOPIA?

Fast ebenso lang wie sich Konsumkritiker mit kreativen Einfällen gegen die mediale Vereinnahmung unserer Welt stemmen, haben die Werbeagenturen, Redaktionen und Medienunternehmen die Attraktivität der Rebellenattitüde für sich entdeckt. Heute gibt es, vom Peace-Zeichen über Che Guevara bis hin zum Punker-Outfit, so gut wie nichts, was sie nicht massenmedial und kommerziell ausgeschlachtet und verwertet hätten. Und so erscheint es uns womöglich auch keineswegs als Widerspruch, an einem Tag auf eine Fridays-for-Future-Demo zu gehen und an einem anderen Tag unsere Kinder aus der Privatschule mit einem spritfressenden Geländewagen abzuholen. Dass das so ist, hat einen sehr verführerischen Grund: Während Umweltschutz und globale Gerechtigkeit Verzicht zugunsten anderer von uns zu verlangen scheinen, verheißt die Geschichte der Werbung und Medien ein endloses Wachstum und immer noch mehr, noch toller, noch besser. Ihre Geschichten handeln von makellos schönen Heldinnen und Helden, die voller Energie, Kraft, Überlegenheit und Glück immer weitergehen. Wer wollte das nicht auch für sich?

Doch glauben wir diese Geschichte wirklich noch? Laut einer Umfrage aus dem Jahr 2014 ist es nicht so. Wir schauen vielmehr pessimistisch in die Zukunft und glauben, dass es unseren Kindern einmal schlechter gehen wird als uns. Dabei gehen etwa 67 % davon aus, dass sie auch nichts daran ändern können. Das ist ein vollkommen anderes Lebensgefühl als noch zwei, drei Generationen zuvor. Wir sind zu Besitzstandswahrern geworden, die das, was wir uns über die letzten Jahrhunderte an globalen Privilegien mehr oder weniger ergaunert haben, mit Stacheldraht, Schnäppchenpreisen und Freihandelsverträgen verteidigen. Wir sind so überzeugt von diesem verbitterten, brutalen und unmenschlichen Drama, dass wir uns lieber einreden machtlos zu sein, als selbst die Konsequenzen zu ziehen, die sich aus der Erkenntnis unserer Mitschuld ergeben. Wir reden uns ein, dass nur andere die gewaltigen Probleme lösen könnten und dass schon alles irgendwie weitergehen wird – wie immer. Doch das wird es nicht. Und selbst wenn: Was könnte so verlockend sein an der Vorstellung, dass diese ungerechte und vergiftete Welt voller Konkurrenz, Leistungsdruck und Habsucht so weiterlaufen soll?

Wir beide denken an das Thomas-Theorem und uns wird klar: Um die Welt zu retten, brauchen wir nicht noch mehr Fakten und Informationen. Es geht nicht um das Rationale. Das Emotionale und die Empathie liefern die fehlende Motivation zu handeln. Und genau das hat etwas mit dem Thomas-Theorem zu tun: Wir glauben nicht, dass wir die Welt retten können, und deshalb tun wir es auch nicht. Wir haben keine Geschichte darüber, wie die Welt einmal besser und schöner sein wird. Alle Aussichten sind mies. Das heißt, wir brauchen eine neue Vision, an die wir glauben. Eine neue Utopie, die uns in Zukunft eine Welt verheißt, für die sich all die Mühe, der Verzicht und die Anstrengung lohnen, die ein fairer und umweltfreundlicher Lebensstil von uns verlangt. Eine Vorstellung von einer künftigen Welt, die all die Hürden und Unannehmlichkeiten auf dem Weg dorthin klein und unbedeutend erscheinen lässt.

KULTURRAUM INTERNET

DATENSCHUTZ UND DAS RECHT AUF REMIX

Seit den Enthüllungen von Edward Snowden ist die Frage nicht mehr, ob Daten über uns gespeichert werden, sondern für wie lange und ob sie irgendwann gegen uns verwendet werden. Wenn wir erst einmal akzeptieren, dass unser ganzes digitales Leben total überwacht wird, dann akzeptieren wir auch, dass es im Internet keine demokratischen Verhältnisse gibt. Doch wenn wir weiterhin eine offene und freiheitliche Kultur wollen, dürfen wir das Internet nicht nur passiv nutzen, sondern müssen uns auch mit unserem Wissen und unseren Fähigkeiten einbringen.

Das Beispiel Wikipedia zeigt, dass der Zugang dazu sehr leicht ist: Jede und jeder kann sich anmelden und die Inhalte redigieren und ergänzen. Außerdem müssen wir erkennen, dass die Wahl bestimmter Werkzeuge und Angebote eine relevante Konsumentscheidung ist. So wie wir uns im Supermarkt auch für oder gegen Bio-Produkte entscheiden, können wir uns im Internet für oder gegen datenschutzfreundliche Angebote entscheiden. Niemand muss Google oder WhatsApp nutzen. Jeder kann auf datenschutzfreundlichere Konkurrenten wie Threema, Signal oder OpenStreetMap umsteigen, um nur ein paar Beispiele zu nennen.

Während wir private Daten im Internet schützen müssen, wollen wir Kultur- und Wissensdaten möglichst frei nutzen. Das können Daten vom Staat sein, von Forschungseinrichtungen oder künstlerisch-kreative Daten. Jede und jeder kann seine Fotos, Texte oder Sounds, für die er oder sie die Urheberrechte besitzt, unter der Creative-Commons-Lizenz im Netz veröffentlichen. So können andere Menschen diese Daten weiterverwenden und eine lebendige Kultur schaffen. Positiv ist, dass die Verbreitung von Daten mit einer Creative-Commons-Lizenz zum Teil exponentiell steigt. Doch ist allein das Urheberrecht in Deutschland als Basis dafür unheimlich kompliziert und durch die Praxis im Internet schon längst überholt. Wir brauchen daher eine Reform des Urheberrechts, sodass legitime Remixe und Kulturpraktiken, die in vielen anderen Ländern vollkommen legal sind, auch in Deutschland legal werden.

Markus Beckedahl ist netzpolitischer Aktivist, Journalist und bekannt als Gründer und Chefredakteur des Blogs Netzpolitik. **netzpolitik.org**

DIGITALE BÜRGERRECHTE

DIGITALCOURAGE

Die NGO engagiert sich seit 1987 für Grundrechte und Datenschutz im digitalen Zeitalter. **digitalcourage.de**

DIGITALE GESELLSCHAFT

Der Verein setzt sich für Grundrechte und Verbraucherschutz im Internet ein. **digitalegesellschaft.de**

CHAOS COMPUTER CLUB

Die Hackervereinigung liefert Politik, Wirtschaft und Bevölkerung immer wieder einen Anlass, um über digitale Bürgerrechte nachzudenken. **ccc.de**

BIG BROTHER AWARD

Der Negativpreis zeichnet jedes Jahr die schlimmsten Datensünder aus. **bigbrotherawards.de**

KOLLEKTIV KREATIV

LIBERATING STRUCTURES

Auf der Website findest du viele kreative Methoden, mit denen du in der Gruppe kollektiv kreativ sein kannst.
liberatingstructures.com

SOCIAL PRESENCING THEATER

Eine Methode der kollektiven Meditation, um Blockaden zu überwinden und neue Ideen zu entwickeln.
presencing.com

LEGISLATIVES THEATER

Die partizipative Theaterform bringt Bürgerinnen und Bürger mit Politikerinnen und Politikern zusammen.
legislatives-theater.de

TRANSITION THEATER

DIE ZUKUNFT IN DIE GEGENWART HOLEN

Bei meiner Theaterarbeit wird das Publikum von passiven Zuschauern zu aktiven „Zuschauspielern". Sie können in die Handlung eines Stückes eingreifen und ihre Veränderungsideen für das im Stück gezeigte Problem einbringen. Die Methoden wie das Forumtheater stammen aus dem Theater der Unterdrückten von Augusto Boal. Diese Form des Dialogs hilft zum einen dabei, unsere gemeinschaftlichen Regeln neu auszuhandeln. Zum Beispiel können Bürger, Politiker und Juristen nach so einer Theaterveranstaltung gemeinsam schauen, was sie von dem, was da aus dem Publikum auf die Bühne gekommen ist, in konkrete Gesetzesvorschläge umwandeln können. Von diesem sogenannten Legislativen Theater gibt es bereits ein paar sehr erfolgreiche Beispiele.

Zum anderen hilft es aber auch, uns als Individuen und unsere Gewohnheiten zu hinterfragen. Dabei geht es um die Stimmen in uns, die uns im Alltag immer wieder zu Entscheidungen bringen, von denen wir wissen, dass sie negative Folgen haben – für die Umwelt und uns. Und dennoch tun wir es alle ständig. Mit dem Theater können wir die Alltagssituationen nachspielen und beobachten, warum wir wann welche Entscheidung treffen und wie wir sie legitimieren. Und wir können spielerisch Alternativen ausprobieren und testen. Gerade das Spielerische daran hilft, dass man sich dabei nicht unter Druck setzt, sondern sich die Freiheit nimmt, die wahre Größe des eigenen Handlungsspielraums zu erkennen und nach und nach auch zu nutzen.

Es lohnt sich, in diesen Zeiten künstlerisch aktiv zu werden, um uns wach zu machen für das, was um uns herum tatsächlich passiert. Wir können all unsere Sinne anregen und gemeinsam die vielfältigen Formen von Kunst und Kultur dazu nutzen, um einen guten Übergang zu gestalten. Lasst uns all unsere menschliche Kreativität und Fantasie dazu verwenden, uns die Welt vorzustellen, in der unsere Kinder, Enkel und Urenkel wirklich gut leben können. Mithilfe des Theaters können wir diese Zukunft in die Gegenwart bringen. Und das zu tun, ist so viel erfüllender, als Kultur einfach nur zu konsumieren.

Foto: Lauren-Victoria Mc Kown

Dominik Werner ist freiberuflicher Theaterpädagoge, hat das Transition Theater gestartet und befasst sich mit den Themen des Wandels und Postwachstums. **transitiontheater.net**

FINDE DEINE BOTSCHAFT

Hier kommen wir ins Spiel: du, wir beide und der ganze Rest der Menschheit. Denn zum Glück sind wir Menschen mit jeder Menge Kreativität, der Fähigkeit zur Selbstreflexion und Fantasie ausgestattet. Es wird Zeit, dass wir die Profi-Geschichtenerzähler Profi-Geschichtenerzähler sein lassen und uns wieder unseren eigenen Erzählungen zuwenden. Sicher, die sind bei Weitem nicht so perfekt gemacht und verführerisch einfach wie die anderen, die kommerziellen und vorgefertigten. Doch dafür sind sie echt. Um deine eigene Geschichte zu erzählen, brauchst du nicht besonders toll zeichnen, malen, schreiben oder musizieren zu können. Was du vor allem brauchst, ist ein Anliegen, eine Botschaft. Die größte Herausforderung ist oft nicht, wie du etwas sagen kannst, sondern was du zu sagen hast. Deine Geschichte zu finden, ist immer auch ein Weg der Selbstreflexion. Das ist in Zeiten wie diesen, in denen eine Epoche zu Ende geht, nicht immer einfach. Doch wenn du das wagst und zum Geschichtenerzähler, zum Gestalter, zum Kulturschaffenden wirst – und sei es nur im Kleinen, Unprofessionellen und Lokalen –, dann ist dies einer der direktesten Wege, um Ghandis Spruch zu leben und selbst zu der Veränderung zu werden, die du dir wünschst. Dann kannst du im Leben anderer Menschen und vielleicht sogar in deinem Land eine Rolle spielen. Und zwar eine, die du nicht vorhersehen kannst.

So wie es etwa dem Australier Peter Sharp passierte. Während seines Auslandssemesters in Barcelona fielen ihm die vielen schlechten Nachrichten auf und er fragte sich, was wohl passieren würde, wenn positive Ereignisse im Mittelpunkt von Berichterstattungen stünden. So entschied er sich für ein Experiment: Er verband sich die Augen, stellte sich auf einen belebten Platz inmitten der Stadt, vor sich ein Schild, auf dem stand: „Ich traue dir. Traust du mir? Dann umarme mich." Es dauerte ganze 15 Sekunden, bis ihn die erste Frau umarmte. Danach bildete sich eine lange Schlange. Das Video, das Sharp von seiner Aktion gemacht hatte, verbreitete sich innerhalb weniger Wochen rund um die Welt und fand auf allen Kontinenten Nachahmerinnen und Nachahmer. Peter Sharp schrieb damit eine eigene Geschichte. Er erzählte uns, dass wir anderen Menschen vertrauen können und dafür Vertrauen zurückbekommen. Sharp hat in den letzten Jahren eine ganze Reihe weiterer globaler Aktionen angestoßen: spontane Tanzpartys in U-Bahnen, ein weltweites Augen-Kontakt-Experiment und ein globales Montagmorgen-Singen. So global muss es natürlich nicht gleich sein, wenn du ein paar der Dinge, die du in diesem Kapitel findest, einmal ausprobierst. Dieses Beispiel soll vielmehr nur eines zeigen: Dass wir Menschen alle die gleichen Gefühle haben, die wir spielerisch miteinander teilen können – die Wut, die Trauer, die Angst, die Freude, die Liebe und die Zuversicht. Natürlich erzählt jede Kultur ihre eigene Geschichte darüber, wie die Welt ist. Das macht manchen Menschen Angst und es schafft auch Konflikte. Aber es bietet auch die Chance eines riesigen Fundus an Ideen und Alternativen. Einen Fundus, den du auf deinen Reisen durch die Welt kennenlernen, erkunden und für dich nutzen kannst. Wie? Das steht im nächsten Kapitel.

KREATIV WERDEN

Kreativität fällt nicht vom Himmel, du kannst sie üben. Die oben genannten Dinge entfachen deine Kreativität.

MEDIEN MACHEN

FLOSSMANUAL

Anleitungen für alle möglichen Open-Source-Programme, um Video-, Audio-, Grafik-Dateien und vieles mehr zu bearbeiten.

flossmanuals.net

INFOGRAFIKEN

Infografiken machen trockene Daten und Fakten ansprechend. Es gibt eine Reihe von Online-Diensten, mit denen man sie auch gratis erstellen kann.

biteable.com
piktochart.com
snappa.com
vizualize.me
visual.ly

JOURNALISTEN-TOOLS

Mach einen Blog, einen Video-Channel oder einen Podcast. Tipps für die Tools findest du auf dieser Seite:

journalisten-tools.de

AKTIONEN

WERDE KREATIV UND MACH DIE WELT SCHÖN

jetzttrettenwirdiewelt.de/kultur

DEINE BOTSCHAFT

3 WOCHEN · MITTEL

Was hast du zu sagen? Das Thema deiner Geschichten zu finden, ist nicht ganz leicht. Hier vier Schritte, die dir dabei helfen.

SCHRITT 1: BEOBACHTEN

Schau dir deine Umgebung an, als würdest du sie zum ersten Mal sehen. Was fällt dir auf? Was tun die Menschen in ihr? Gibt es Muster?

SCHRITT 2: EMOTIONEN

Notiere deine Gefühle dabei: Ärgerst du dich? Erscheint dir etwas lächerlich? Rührt dich etwas?

SCHRITT 3: WANDELN

Was möchtest du? Willst du etwas verschönern? Willst du etwas infrage stellen? Oder möchtest du in den Dialog mit anderen kommen?

SCHRITT 4: SUPERKRAFT

Stell dir vor, du hast durch ein Wunder telepathische Superkräfte und kannst drei Sätze in die Köpfe anderer Menschen pflanzen. Welche sind das? Das ist deine Botschaft!

DATEN SCHÜTZEN

1 TAG · SCHWER

Mit dem Schutz deiner persönlichen Daten beginnt deine persönliche Freiheit. Hier drei erste einfache Schritte.

1. VOREINSTELLUNGEN

Überprüfe die Voreinstellungen deines Browsers, deiner Social-Media-Profile und Cloud-Anwendungen. Reicht dir der Schutz?

2. BROWSER ERWEITERN

Installiere in deinem Browser Erweiterungen (Plug-Ins), die andere Seiten daran hindern, deine Bewegungen im Internet aufzuzeichnen.

3. ALTERNATIVEN

Liste alle Programme auf, die du nutzt, und überlege, ob du datenschutzfreundliche Alternativen dafür findest. Es gibt zum Beispiel Browser, E-Mail-Programme und Messenger-Apps, die deine Privatsphäre schützen.

TIPP: SELF DOXXING

Check mal, was über dich im Internet steht. Nutze dazu einen datenschutzfreundlichen Browser, etwa DuckDuckGo. Logge dich aus allen Accounts aus und lösche deinen Browser-Verlauf und alle Cookies. Suche nach deinen E-Mail-Adressen, User-Namen, Telefonnummern und sonstigen persönlichen Daten. Prüfe auch all deine Profilbilder über TinEye (tineye.com). Welche Infos möchtest du entfernen (lassen) und wie könnte das gehen?

STREETART

3 WOCHEN · MITTEL

Kunstwerke im öffentlichen Raum auszusetzen und Menschen damit zu inspirieren, ist unheimlich spannend und macht Spaß.

WOCHE 1: DENKANSTÖSSE

Verteile selbst gemachte Hinweisschilder auf schöne oder witzige Details in deiner Umgebung. Etwa „Schau mal diesen tollen Baum an“ oder „Das Fenster im dritten Stock hat schöne Vorhänge“.

WOCHE 2: WUNSCHBAUM

Wünsche an Bäume zu hängen, soll ihre Erfüllung unterstützen. Hänge daher einen Umschlag an einen Baum in deiner Nähe, in dem Papierschilder zum Aufhängen sind sowie eine Anleitung, die Passanten auffordert, ihre Wünsche anzubringen.

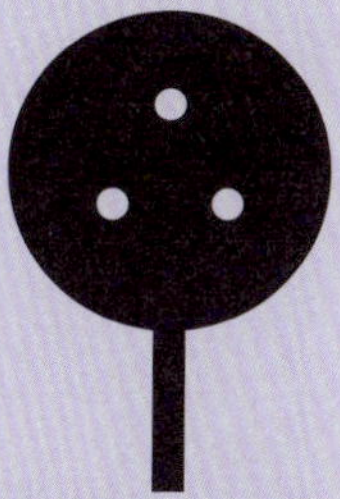

WOCHE 3: KREIDEWAND

Streiche eine Wand mit Tafelfarbe, stelle eine Schachtel Kreide dazu und fordere die Menschen auf, ihren Kommentar oder ihre Skizze zu hinterlassen. Zum Beispiel mit einem Satzanfang wie „Bevor ich sterbe, will ich...“, wie es die Künstlerin Candy Chang getan hat: **beforeidie.cc**

TIPP: GUERILLA ART KIT

Wenn du dich genauer mit Streetart beschäftigen willst, ist das Buch „Guerilla Art Kit“ von Kery Smith vielleicht etwas für dich , das du in jedem Buchladen kaufen kannst.

MOOS-GRAFFITI

1 TAG · LEICHT

GRAFFITI ANMISCHEN

Moosgraffiti ist biologisch abbaubar, wunderschön und einfach. Nimm 1–2 Hände voll Moos (für ein Graffiti in der Stadt musst du auch Stadtmoos nehmen, damit es wächst). Wasche und mixe es mit einem Mixer und 2 Bechern Sojajoghurt sowie 2 EL Zucker zu einer braunen Masse von der Konsistenz einer Wandfarbe. Ist sie zu dünn, kannst du sie mit Sirup andicken. Ist sie zu dick, verdünnst du sie mit Wasser.

GRAFFITI AUFTRAGEN

Du kannst nun einfach mit dem Pinsel auf eine Wand malen oder auch eine Schablone nutzen. Halte die Fläche in der nächsten Zeit immer feucht, damit das Moos wachsen kann.

HINWEIS: LEGAL ODER ILLEGAL?

Graffitis sind eindeutig Sachbeschädigung, Moosgraffiti befindet sich in einem Graubereich. Unser Tipp ist daher, dein Moosgraffiti nur dort anzubringen, wo du die ausdrückliche Erlaubnis hast.

REISEZIEL

Wohin soll deine Reise gehen? Bedenke dabei: Bis zu 75 % der klimaschädlichen Gase entstehen durch An- und Abreise, vor allem durch Flüge. Weite Reisen solltest du erst machen, wenn du mindestens 14 Tage Zeit mitbringst.

TRANSPORTMITTEL

Vermeide, wenn irgend möglich, das Fliegen, denn es trägt erheblich zur Erderwärmung bei. Innerhalb Europas kommst du auch sehr gut mit Nachtzügen ans Ziel – und das ist auch noch viel spannender als das Fliegen.

KLIMA-AUSGLEICH

Vor allem beim Fliegen, aber auch bei anderen Transportmitteln kannst du dein CO_2 bei Klimaschutzorganisationen wie Atmosfair, myclimate oder Arktik ausgleichen. Sie sorgen für den Schutz und Aufbau der Natur.

MOBIL VOR ORT

Bewege dich vor Ort zu Fuß fort, mit dem Fahrrad oder den öffentlichen Verkehrsmitteln. Nimm lieber ein Taxi, anstatt dir ein Auto zu mieten.

TIERE

Meide Delfinarien, Stierkämpfe und andere Orte, an denen Tiere unglücklich und krank sind oder verletzt werden. Wenn dir auffällt, dass Tiere abgestumpft, psychisch gestört oder gar narkotisiert sind, dann melde dies.

FAIRE PREISE

Erkundige dich, ob in dem Land Trinkgelder üblich sind und wie hoch sie sein sollten. Zahle für Produkte und Dienstleistungen einen fairen Preis und feilsche nicht um jeden Cent.

RESSOURCEN SCHÜTZEN

Oft sind Wasser und Energie in südlichen Ländern knapp. Schalte deshalb Elektrogeräte und Klimaanlage aus, wenn du sie nicht brauchst, dusche kurz und achte darauf, dass du Flora und Fauna schützt.

MÜLL VERMEIDEN

Müll vermeiden ist natürlich immer gut. Nimm etwa eine Wasserflasche zum Auffüllen mit und achte darauf, dass kein Plastikmüll in Flüsse, Seen oder das Meer gelangt. Im Meer gibt es schon fast mehr Plastikteilchen als Plankton.

GASTFREUNDSCHAFT

Informiere dich vor der Reise, welche Verhaltensweisen und Bekleidungen üblich sind. Fotografiere andere Menschen nur, wenn sie damit einverstanden sind. Das gilt vor allem an heiligen Orten und bei religiösen Feiern.

FERNWEH STILLEN

FAIR UND SANFT: REISE NICHT, UM ANZUKOMMEN

Kilometerlange Sandstrände, einsame Inseln, Palmen und ein Meer, das so türkis ist wie der Himmel blau. Die Malediven sind sicherlich der Inbegriff des Wortes „Ferienparadies". Drei Menschen mit Handschuhen befestigen am Strand kleine Korallenstückchen mit Kabelbindern an einem Eisengerüst. Die Sache hat einen guten Zweck: Touristen können bei den „Reefscapers" bepflanzte Korallenriffe kaufen, mit ihrem Namensschild versehen, im Meer versenken und damit vielleicht die Inselgruppe vor dem Untergang bewahren. Und das im wortwörtlichen Sinne, denn die Malediven sind durch die globale Klimakrise und den infolgedessen steigenden Meeresspiegel in Gefahr. Helfen können intakte Korallenriffe, durch die tonnenweise Sand entsteht, der die Inseln über Wasser hält. Doch auch die kommen mit dem Klimawandel nicht klar. Sie sterben massenhaft an zu hohen Wassertemperaturen, überall auf der Erde. „Wir bestücken die Gerüste mit Korallenarten, die höhere Temperaturen aushalten. Natürlich wissen wir noch nicht genau, ob das langfristig erfolgreich ist", meint Maren Hövel von Reefscapers Germany. Aber das ist ja kein Grund, die Hände in den Schoß zu legen. Mehr als 1.500 Korallengerüste hat die Organisation bereits im Meer versenkt. Sicher, gar nicht erst hinfliegen wäre natürlich am umweltfreundlichsten. Immerhin trägt der Tourismus nicht unerheblich zur Erdüberhitzung bei. Konservative Schätzun-

UNTERKUNFT

All-inclusive muss nicht schlecht sein. Wenn du selbst buchst, nimm öko-soziale Anbieter. Achte bei Städtereisen darauf, dass du keine Wohnungen beziehst, die eigentlich für die Anwohner da sein sollten.

REGIONAL KAUFEN

Ziehe, wie zu Hause, regionale Angebote vor: kleine Restaurants, Läden und Hotels, statt großer Ketten. So lernst du Land und Leute kennen und sorgst dafür, dass dein Geld den Einheimischen zugute kommt.

ERINNERUNGEN

Überlege dir schon vor deiner Reise, wie du deine Erlebnisse festhalten willst und welche innere Reise du dabei vielleicht machst. Die Dokumentation sollte dich aber nicht davon abhalten, die Reise selbst zu genießen.

Wie viel CO_2 erzeugt ein Urlaub?
Die Zahlen gelten pro Person bei einer Fahrt zu zweit ab Frankfurt am Main.

REISEPLANUNG

RADREISEN
Mit dem Rad reisen ist schön, gesund und umweltfreundlich. Bei der Planung hilft **fahrradreisen.de**

CO_2 KOMPENSIEREN
Mach deine Reise über eine der Klimaschutz-NGOs klimaneutral:
atmosfair.de
klima-kollekte.de

FORUM ANDERS REISEN
Über die Website findest du über 100 öko-soziale Reiseanbieter.
forumandersreisen.de

HOUSE SITTING
Statt Hotel: Auf Häuser und teilweise auch Haustiere anderer Leute aufpassen.
mindmyhouse.com
trustedhousesitters.com

COUCH-SURFING
Über diese Community findest du privat Unterkunft und Anschluss.
couchsurfing.com

ECO-CAMPING
Auf der Plattform gibt es Infos zu öko-sozial engagierten Campingplätzen.
ecocamping.net

gen gehen davon aus, dass der Tourismus etwa 5 % der klimaschädlichen Treibhausgase verursacht. Etwa 75 % davon entstehen durch den Transport der Touristen, vornehmlich durch die Flüge. „Der Klimawandel, der durch den Tourismus verursacht wird, ist deshalb eine zentrale Herausforderung", sagt Antje Monshausen von Tourism Watch. Schon allein der Hinflug in die Karibik übersteigt das Budget von zwei Tonnen CO_2, das uns pro Kopf und Jahr zur Verfügung stünde, wollten wir tatsächlich das Klima global gerecht schützen.

Das klingt nach Spielverderben und Miesmacherei. Schließlich soll die Urlaubszeit ja gerade eine Pause von den Sorgen und Problemen der Welt sein. Raus aus dem Alltag, Abschalten und sich zwei, drei Wochen unbeschwert und frei fühlen. Aber ist es tatsächlich unser selbstverständliches Recht, nur an uns zu denken und nicht darüber nachzudenken, ob wir mit unserem scheinbar selbstverständlichen Wohlstand Lebensräume zerstören – ökologische, wirtschaftliche und kulturelle? Angesichts der Zahlen wohl eher nicht. Denn immer mehr Menschen reisen immer öfter und immer weiter durch die Welt. Nach Angaben der Weltorganisation für Tourismus UMWTO gab es 2018 über 1,4 Milliarden internationale Flüge und damit etwa 16 % mehr als 2015. Tendenz steigend. Hinzu kommen rund vier Milliarden Reisen innerhalb einzelner Länder. Wächst der Tourismus weiter wie gedacht, nimmt sein Energieverbrauch bis 2050 um 111 % zu, die Treibhausgasemissionen um 105 %, der Wasserverbrauch um 150 % und der Müll um 252 %. Da klingt es wie Hohn, dass den Preis unserer Reisefreuden vor allem die Ärmsten der Armen zahlen. Sollten wir also wirklich unbeschwert weiterreisen wie bisher? Nein, schon deswegen nicht, weil es Alternativen gibt.

WER ZAHLT DIE ZECHE?

Fest steht zwar, dass der Tourismus überall auf der Welt für Einnahmen und Arbeitsplätze sorgt. Der Bundesverband der Deutschen Tourismuswirtschaft (BTW) schätzt, dass etwa 15 deutsche Touristen eine Arbeitsstelle in einem Entwicklungs- oder Schwellenland schaffen. Weltweit addiert sind das 738.000 Stellen. Offen bleibt jedoch, wie diese Arbeitsplätze aussehen. Denn im Tourismus tobt, wie überall, der Preiskampf und der wird meist auf dem Rücken der Schwächsten ausgetragen, also dem Hotelpersonal, den Zulieferern, Frauen und Kindern. Die Britische Organisation „Tourism Concern" sieht geringe Gehälter, schlechte Arbeitsbedingungen und unbezahlte Überstunden eher als die Regel denn als Ausnahme.

Dazu kommen die indirekten sozialen Kosten. Denn wo spendierfreudige Touristen Einheimischen die Lebensräume streitig machen, ziehen Letztere meist den Kürzeren. Das gilt nicht nur für Schwellen- und Entwicklungsländer, sondern auch für Städte wie Barcelona, Lissabon, Prag, Venedig oder Berlin. Die „Touristifizierung" macht aus Altstädten und Szenevierteln hochpreisige Freilichtmuseen, in denen Touristen längst nicht mehr das finden, wonach sie suchen: das echte Leben. Das zu schützen, haben sich Bürgerbewegungen, Bürgermeister und Stadtplaner auf die Fahnen geschrieben, die über Eintrittspreise und Tageskontingente nachdenken.

TOURISM WATCH

ÜBER FAIRES REISEN UND VOLUNTOURISMUS

Tendenziell verreisen die Menschen immer weiter, kürzer und häufiger. Dazu gibt es einen Trend zu Pauschal-, Luxus- und Kreuzfahrttourismus. Das heißt, die Reisen werden immer ressourcenintensiver und zugleich begegnungsärmer. Wer nachhaltiger reisen möchte, sollte vor allem seltener verreisen. Das bedeutet keineswegs, dass man auf etwas verzichten muss. Wer nur alle drei, vier oder fünf Jahre eine Fernreise macht, freut sich richtig darauf und bereitet sie wirklich gut vor. Dadurch entsteht eine ganz andere Qualität des Reisens. Außerdem sollte man bei der Buchung sicherstellen, dass ein besonders hoher Anteil des Reisepreises am Urlaubsort bleibt und es gute Arbeitsverträge sowie Partnerschaften mit den Hotels und Restaurants vor Ort gibt.

Dabei ist die Unterscheidung zwischen Pauschal- und Individualreisen übrigens nicht sinnvoll. Einerseits kann Backpacking problematisch sein, wenn es zu nicht angemessenen Preisen kommt und die Backpacker in Gebiete vordringen, in denen es bestimmte Schutzstrategien noch nicht gibt. Andererseits können auch große Hotels gute Arbeitsstandards und ein professionelles Ressourcen-Management bieten, was in kleineren Hotels oft nicht so ist. Und egal ob Pauschal- oder Individualtourist: Es kommt darauf an, den Menschen vor Ort mit Respekt und Wertschätzung zu begegnen.

Das gilt auch für den Voluntourismus, also ehrenamtliches Engagement in ökologischen oder sozialen Projekten im Urlaub. Das ist an sich eine positive Idee: Die Menschen wollen hinter die Kulissen gucken und ihrer Reise eine nachhaltige Wirkung geben. Doch stehen zunehmend die Interessen der Reisenden im Mittelpunkt. Das reicht von Angeboten, die wenig nachhaltig gedacht sind, damit Reisende auch für wenige Wochen mitmachen können, und geht bis hin zu angeblichen Waisenhäusern, die nur errichtet wurden, damit Reisende dort arbeiten und Geld spenden. Hier gibt es Defizite bei Kindesschutz, Nachhaltigkeit und entwicklungspolitischer Sinnhaftigkeit. In Deutschland gibt es noch keine unabhängige Überprüfung. Interessierte müssen sich gut informieren. Dafür bieten wir eine Broschüre, die man von unserer Website herunterladen kann.

Antje Monshausen ist Referentin für Tourismus und Entwicklung bei Brot für die Welt und Leiterin von Tourism Watch. Alle drei Monate erscheint der gleichnamige Informationsdienst zu Tourismus und Entwicklung. **tourism-watch.de**

FAIR UNTERWEGS

Das gemeinnützige Reiseportal liefert Tipps, Infos und Links zur Planung ethischer Reisen sowie eine Übersicht der wichtigsten Label. **fairunterwegs.org**

NATURFREUNDE

Neben den Naturfreundehäusern findest du hier PDF-Broschüren mit hilfreichen Infos. **nf-int.org**

ECPAT

Die Arbeitsgemeinschaft setzt sich für den Schutz von Kindern vor sexueller Ausbeutung ein. Hier findest du Infos und Materialien. **ecpat.de**

TOURCERT

Das Nachhaltigkeits-Label zertifiziert Reiseanbieter, die sich langfristig für ein ökologisches und faires Reisen engagieren. **tourcert.org**

Christof Herrmann ist Reisejournalist, Blogger und hat als Fernwanderer schon viermal die Alpen überquert. **einfachbewusst.de**

SANFTER BESSER REISEN

Wer sich die Untersuchungen zu den Auswirkungen des Massentourismus ansieht, wird feststellen, dass wir auch beim Reisen dringend ein Bewusstsein für Bio- und Fair-Trade-Angebote entwickeln müssen. Zum Beispiel solche, wie sie die über 100 Reiseveranstalter anbieten, die sich zum „Forum Anders Reisen" zusammengeschlossen haben. Sie kompensieren das durch die Reisen anfallende CO_2 in Form von Zahlungen an Klimaschutzorganisationen wie Atmosfair und andere. Sie sorgen durch langfristige Partnerschaften dafür, dass Angestellte faire Arbeitsbedingungen erhalten und die touristische Erschließung einer Gegend so gestaltet wird, wie sich das die einheimische Bevölkerung wünscht – und nicht, wie es möglichst lukrativ erscheint. Sie informieren die Reisenden angemessen über die Kultur des Gastlandes, fordern bei Fernreisen Mindestaufenthaltsdauern und freuen sich über die Zivilcourage der Kunden, die melden, wenn sie Hinweise auf Kindesmissbrauch oder Tierquälerei sehen.

Sei es, dass Reisende nicht genug wissen, sei es der natürlich höhere Preis: Der sanfte Tourismus wächst zwar, ist insgesamt aber noch relativ klein. Doch wer nicht bereit ist, mehr für seine Reisen zu zahlen, sollte sich fragen, was die Alternative bedeutet: Urlaub in kaputtgesparten Attrappen? Und diese Frage sollten sich übrigens nicht nur Pauschalurlauber, sondern auch Individualreisende stellen. Denn nicht die Art des Reisens, sondern die Haltung gibt den Ausschlag: Gehe ich mit einer Kunde-ist-König-Mentalität davon aus, dass ich als zahlender Tourist im Mittelpunkt stehe und sich alles

FREIHEIT FINDEN

LANGSAM UND MINIMALISTISCH REISEN

Backpacken ist toll, weil man viele Menschen kennenlernt. Doch es ist auch anstrengend, weil man viel in öffentlichen Verkehrsmitteln sitzt und Zeit in großen Städten verbringt. Als ich mir dann vor fast genau 10 Jahren einen Traum erfüllt habe und eineinhalb Jahre mit dem Fahrrad durch die Welt gereist bin, war mir schnell klar, dass das das richtige Verkehrsmittel für mich war. Denn mit dem Rad reist man nicht von A nach B wie beim Backpacken. Man reist zwischen A und B. Und dann habe ich das Wandern wiederentdeckt. Das ist noch mal eine Entschleunigung und auch noch mehr Natur. Man kommt zwar nur 30 bis 40 Kilometer pro Tag weit, doch was man sieht, hört, riecht und vielleicht sogar schmeckt, bekommt man beim Radfahren nicht. Und mit Bus und Bahn sowieso nicht.

Durch das Reisen habe ich gemerkt, wie gut es mir tut, mit wenigen Dingen auszukommen. Früher war ich ein richtiger Sammler. Aber beim Reisen mit dem Rad oder zu Fuß beschränke ich mich auf das Wesentliche. Außerdem habe ich unterwegs nur ein paar Aufgaben, auf die ich mich konzentriere: das Fortkommen, die Körperpflege, das Essen, die Unterkunft, der Kontakt mit den Menschen. Dadurch habe ich mich sehr verändert. Heute konsumiere ich viel weniger, mache die Sachen, die ich für sinnvoll halte – nicht nur beruflich, sondern auch in meiner Freizeit. Und ich bin erst Vegetarier und dann Veganer geworden.

Das Reisen bringt mich jedes Mal zum Einfachen und Langsamen zurück. Es rückt das, was wesentlich im Leben ist, wieder ins Blickfeld. Das geschieht schon, wenn ich nur eine Tagestour mache, mal einen Tag lang nicht auf mein Handy schaue und keine E-Mails lese. Das macht mich glücklicher und freier, denn ich erkenne, dass ich gar nicht nach so vielen Dingen streben muss.

Wohin reisen wir? Die Grafik zeigt allein die 1.407 Millionen Ankünfte internationaler Touristen 2018. Dazu kommen die Flüge innerhalb der Kontinente.

nach meinen Bedürfnissen zu richten hat? Oder bin ich neugierig auf andere Kulturen und Länder, möchte die Natur und die Menschen tatsächlich kennenlernen – respektvoll, auf Augenhöhe und mit genau dem Abstand oder der Nähe, den sich Menschen und Tiere von mir wünschen?

DIE ENTDECKUNG DER LANGSAMKEIT

Um dich in deinem Urlaub tatsächlich zwei, drei Wochen richtig frei und unbeschwert zu fühlen, musst du außerdem nicht ans andere Ende der Welt reisen. Dafür musst du dir vor allem das schenken, wovon die meisten viel zu wenig haben: Zeit. Wie das gehen könnte, hat der Vorreiter der Slow-Travel-Bewegung Dan Kieran nicht nur seit Jahren konsequent praktiziert, sondern auch sehr unterhaltsam und erhellend in seinen Büchern beschrieben. So fliegt er zum Beispiel grundsätzlich nicht und bereist Europa am liebsten mit dem Nachtzug. Das tut er nicht so sehr aus ökologischen Gründen, sondern weil er unter Reisen „unterwegs sein" versteht und nicht „ankommen". Aus seiner Sicht ist es schade, dass wir uns alle an eine Art Fast-Food-Urlaub gewöhnt haben: Wir wollen möglichst schnell woanders sein, und möglichst ohne es zu merken. Wir wollen die Exotik, aber essen, duschen und schlafen wie immer. „Für mich besteht kein Zweifel daran, dass das Reisen immer mehr zur lästigen Pflicht wird, seit es Billigflüge und Pauschalangebote gibt", meint er. Urlauber bewegten sich somit zwar fort, kämen aber nirgendwo an. Unterwegs in Nachtzügen und öffentlichem Nahverkehr lernt Dan Kieran hingegen die Welt aus der Sicht der Menschen kennen, die täglich diese Routen nehmen. Unwägbarkeiten, Katastrophen und Überraschungen heißt er dabei willkommen, weil sie Gelegenheiten für ehrliche Begegnungen mit sich und anderen liefern. Und wer sein Reisetempo stark entschleunigt, entdeckt bereits vor der eigenen Haustür eine vollkommen neue Welt – die nämlich, an der wir sonst im Alltagstrott vorbeihetzen. Das weiß jeder Wanderer und auch Dan Kieran, der gemeinsam mit zwei Freunden in einem Milchwagen mit Elektromotor um England gefahren ist, der maximal 25 km/h zustande bringt: „Der Elektromotor war so leise, dass er die Wildtiere nicht verscheuchte, und wir gewöhnten uns daran, auf kleinen Feldwegen von Hasen, Kaninchen und Vögeln begleitet zu werden. Einmal fuhren wir einen Hügel hinauf und wurden dabei von einer Hummel überholt."

Wenn du mit dieser Einstellung reist, gewinnst du mehr, als du aufgibst. Denn du machst dann eine äußere und eine innere Reise: Eine andere Kultur oder die Natur tatsächlich zu erkennen, bedeutet ja nicht nur Inspiration für deinen Alltag. Sie bedeutet auch Abgrenzung zum anderen, durch die du dich selbst viel besser kennenlernst: Was gefällt dir gut? Was stößt dich ab? Wo entdeckst du, dass du Vorurteile hast? Wo erkennst du Gemeinsamkeiten? Reisen ist damit eine ganz wunderbare und wichtige Gelegenheit, um uns, die anderen und die Welt aus einem neuen Blickwinkel zu sehen. Das schafft neue Verbindungen zur inneren und äußeren Welt. Verbindungen, die wir brauchen, wenn wir global eine friedlichere und gerechtere Welt erschaffen wollen, wie du im nächsten Kapitel lesen kannst.

HELFEN & SCHÜTZEN

WWOOF

WWOOF steht für „Worldwide Opportunity on Organic Farms". Hier findest du Bio-Höfe, bei denen du Kost und Logis gegen Mitarbeit erhältst. **wwoof.net**

VOLUNTOURISMUS

Ehrenamtlich im Urlaub die Welt verbessern, das klingt gut. Doch aufgepasst, hier gibt es auch schwarze Schafe. Infos dazu findest du bei Tourism Watch. Gute Anbieter sind unter anderem:
weltwaerts.de
wegweiser-freiwilligenarbeit.com

TIERE

Esel oder Elefanten reiten, Selfies mit Tigern oder Schwimmen mit Rochen klingt nach Spaß? Wohl nicht, denn Tiere leben tatsächlich lieber in Freiheit und Ruhe. Tipps zum richtigen Umgang mit Tieren findest du hier:
prowildlife.de
bit.ly/tierschutz-urlaub

AKTIONEN

WELTWÄRTS: ENTDECKEN UND SCHÜTZEN

jetztrettenwirdiewelt.de/reisen

DEINE HELDENREISE

1 TAG · LEICHT

Du kannst eine äußere Reise für einen inneren Wandel nutzen. Mach eine Tageswanderung, um deine innere und äußere Welt zu erkunden.

VORBEREITUNG

Überlege, was deine Beweggründe sind: Willst du eine wichtige Entscheidung treffen, etwas Altes verabschieden oder Neues willkommen heißen? Was könnte in dir in Bewegung geraten?

DIE WANDERUNG

Starte bei Sonnenaufgang und überschreite bewusst deine Türschwelle. Lass dich treiben und schau, wo es dich hinzieht. Verbringe den Tag alleine und schweigsam. Was siehst du? Was erlebst du? Und welche Verbindung könnte es zu deinem Thema haben?

DIE RÜCKKEHR

Kehre bei Sonnenuntergang zurück, indem du symbolisch über die Türschwelle gehst. Nimm dir heute Abend Zeit, um über die Wanderung nachzudenken. Wie hat sich dein Blick auf dich und deine Welt verändert?

LANGSAM REISEN

2–31 TAGE · MITTEL

AN- UND ABFAHRT

Nutze Bus und Bahn, Fahrrad oder gehe zu Fuß, um zu deinem Reiseziel zu gelangen. Je langsamer, desto besser. Für Reisen innerhalb Europas kannst du einen Nachtzug nehmen.

OHNE REISEFÜHRER

Lass dir nicht von Reiseführern sagen, was du dir ansehen sollst, sondern erkunde die Welt selbst. Entdecke die Besonderheiten doch mal über einen Roman, einen Krimi oder eine Biografie.

TRÖDEL HERUM

Nimm dir bewusst nichts vor: keine Sehenswürdigkeiten, keine Veranstaltungen, keine Ziele. Lass dich durch die Straßen und über die Wege treiben. Finde die Alltäglichkeiten. Genieße Langeweile und Müßiggang.

LESETIPP: SLOW TRAVEL

Die Tipps stammen aus dem Buch „Slow Travel" des britischen Reisejournalisten Dan Kieran. Darin beschreibt er die Schönheit des Langsamreisens gemischt mit philosophischen Anekdoten über Reisen, Ankommen und Geschwindigkeit. Empfehlenswert für zu Hause und unterwegs.

VOLUNTOURING

3 – 12 MONATE · SCHWER

Plane einen ehrenamtlichen Auslandseinsatz bei einem gemeinnützigen Projekt. Folgendes ist wichtig, damit dies eine positive Wirkung hat.

WAHL DES VERANSTALTERS

Es gibt einige Voluntourismus-Dienstleister. Meide Anbieter, die mit Bildern oder Texten von armen, hilfebedürftigen Menschen Werbung machen. Achte darauf, dass das Unternehmen nachhaltig handelt und dies mit einem Siegel belegen kann.

PROJEKT, ORT, DAUER?

Was ist deine Motivation? Welches Land zieht dich an? Wofür bringst du besondere Fähigkeiten mit? Plane eine längere Einsatzdauer. Kurze Einsätze deuten darauf hin, dass die Angebote eher für die Touristen gut sind als für die Projekte.

FRAGEN AN DEN ANBIETER

Es gibt noch keine offiziellen Standards für Anbieter in diesem Bereich. Stelle daher selbst die wichtigen Fragen: Gibt es verbindliche Vorbereitungsseminare? Wie lange kooperiert er schon mit der Organisation? Wie viel vom Reisepreis kommt dort an? Wie wirst du vor Ort betreut? Gibt es Schutzmaßnahmen für Kinder? Wie viel hauptamtlich Beschäftigte gibt es?

NACH DER RÜCKKEHR

Wie willst du nach deinem Einsatz in Kontakt mit dem Projekt bleiben? Wie kannst du es weiterhin unterstützen?

KULTURZEIT

5 STUNDEN · LEICHT

Du musst nicht unbedingt in ferne Länder reisen, um andere Kulturen zu entdecken. Erkunde, welche Kulturen es in deiner Nähe gibt.

ESSEN

Lade Freunde mit Auslandserfahrungen und/oder ausländischen Wurzeln zum gemeinsamen Essen ein. Am schönsten ist es, wenn ihr gemeinsam kocht oder jeder etwas mitbringt, was typisch für die Kultur ist, die der jeweilige Gast vertritt.

SPRECHEN

Vor, während und nach dem Essen kannst du das Gespräch anregen, indem du eigene Themen setzt: die Literatur, die Musik, die Politik, die Religionen oder die Sprachunterschiede der verschiedenen Kulturen. Am besten ist es, wenn du das Thema schon in der Einladung benennst, damit jeder die Gelegenheit hat, sich im Vorfeld Gedanken zu machen oder etwas mitzubringen, etwa ein Lied, ein Buch oder einen Gegenstand.

TIPP: ÜBER DEN TELLERRAND

Die deutschlandweite Community bringt Geflüchtete und Beheimatete über gemeinsame kulturelle Aktivitäten zusammen, wie etwa durch gemeinsames Singen, Kochen, Gärtnern, Imkern, Fussball spielen oder Yogamachen. **ueberdentellerrand.org**

DIE GRENZEN DER ERDE

Ein 28-köpfiges Wissenschaftler-Team unter der Leitu von Johan Rockström (Stockholm Resilience Centre) fa neun planetare Belastungsgrenzen, die wir unbeding einhalten müssen.

Belastungsgrenze →

6. LUFTVERSCHMUTZUNG

2015 starben weltweit 4,5 Mio. Menschen an Luftverschmutzung. Diese Zahl könnte sich bis 2050 verdoppeln. Die Hauptursache: häusliche Kleinfeuer und Landwirtschaft.

7. NEUE SUBSTANZEN

Seit 1950 gibt es rund 75.000 neue Chemikalien und jährlich kommen etwa 2.000 dazu. Die Folgen sind noch nicht hinreichend erforscht. Doch das weltweite Bienensterben wird zum Beispiel unter anderem auf Pestizide zurückgeführt.

8. KLIMAKRISE

Mindestens 32,5 % weniger Primär- und Endenergieverbrauch bis 2030, und eine Halbierung der Werte von 2008 bis 2050 sieht die „Energieeffizienzstrategie 2050" vor. Mal sehen.

5. GENETISCHE VIELFALT

Wir erleben gerade das sechste große Artensterben der letzten 540 Mio. Jahre. Zwischen 11.000 und 58.000 Arten gehen jährlich verloren, ein Ende ist nicht abzusehen.

4. ABHOLZUNG UND BODENUMNUTZUNG

Selbst in einem Land mit sinkender Bevölkerungszahl wie Deutschland gehen täglich 77 Hektar Boden für die Produktion von Nahrungsmitteln verloren. Das sind 100 Fußballfelder.

H_2O

3. SÜSSWASSERVERBRAUCH

Nur 2,5 % des weltweiten Wassers ist Süßwasser, davon zwei Drittel in Gletschern und Schnee. Bis 2050 könnte der Wasserverbrauch noch um 20 bis 30 % ansteigen.

CO_2

9. ÜBERSÄUERTE OZEANE

Die Weltmeere haben knapp die Hälfte des CO_2 aus der Verbrennung fossiler Energien seit der Industrialisierung aufgenommen. Das gelöste CO_2 senkt jedoch den pH-Wert und macht das Meer sauer.

1. OZONLOCH

Die Ozonschicht verändert sich zyklisch. 2017 meldete das Erdbeobachtungszentrum (EOC) am Deutschen Zentrum für Luft- und Raumfahrt (DLR) eine Größe von etwa 20 Millionen km².

Stickstoffkreislauf
Ein Großteil kommt vom Stickstoffdünger, dabei können die Pflanzen gerade mal 40 % davon aufnehmen, der Rest geht in den Boden und ins Grundwasser.

hosphorkreislauf
e Landwirtschaft sorgt für den Verlust
n 70–80 % an Phosphaten. Dieser wird
m Regen vom Acker in die Flüsse und
nn ins Meer gespült.

2. BIOCHEMISCHE FLÜSSE

GLOBAL

WELTFAMILIE

VOM ICH ZUM WIR: DEN BLICK AUFS GANZE RICHTEN

Es geschah 1968, Heiligabend. Die Astronauten Frank Borman, William Anders und James Lovell waren die ersten Menschen, die einmal um den Mond herumflogen. Die Apollo 8 änderte, kurz bevor der Funkkontakt zur Erde wieder zustande kam, ihren Winkel und gab den Astronauten freie Sicht auf etwas unbeschreiblich Schönes: unsere Erde. Was die Weltraumreisenden damals ergriff, war mit großer Wahrscheinlichkeit ein Gefühl der Ehrfurcht, der Verbundenheit mit allem Leben und der Verantwortung für unseren Planeten. Dies können wir behaupten, weil der Gefühlsmix, der heute „Overview-Effekt" heißt, danach nahezu alle Astronauten erfasste, die die Erde aus dem Weltraum zu sehen bekamen. Zum Glück waren Borman und Anders geistesgegenwärtig genug, um zu der Kamera zu greifen, mit der sie die Oberfläche des Mondes abfotografiert hatten, um ein weiteres Mal Menschheitsgeschichte zu schreiben: Sie schossen das berühmte Foto „Earthrise" von der Erde, wie sie hinter dem Mond aufgeht. Das kannst du heute bei Wikipedia herunterladen, und wenn du das tust, wirst du sicher deinen eigenen Overview-Effekt erleben. Das ist auch der Grund, warum wir beide behaupten, dass dieser ungeplante Blick zurück uns, die Menschen, in unserer Beziehung zur Erde und zu uns selbst womöglich mehr verändert hat als die Landung auf dem Mond ein Jahr später. Dieser Blick von außen auf unsere Heimat und unser Handeln kann uns in mancher Hinsicht eine neue Perspektive liefern. Oder zumindest sollte er das. Der deutsche Astronaut

WIRTSCHAFT UND FINANZEN

Diese Organisationen fordern und unterstützen ein gerechteres Wirtschaftssystem.

beuc.eu
facing-finance.org
weed-online.org
de.sumofus.org
bankwatch.org
attac.de
buko.info
beta.eiti.org

FRIEDEN UND MENSCHENRECHTE

Organisationen, die demokratische Strukturen fördern und die Menschenrechte schützen wollen:

amnesty.de
hrw.org
onebillionrising.de
reporter-ohne-grenzen.de
ecchr.eu
earthcharter.org
gfbv.de
pbideutschland.de
ilmr.de
ippnw.de
igfm.de
wilpf.de
koop-frieden.de

Alexander Gerst beschreibt das in einem Interview mit dem Bayerischen Rundfunk ganz plastisch. Er schildert, wie zart und zerbrechlich unsere Erde mit ihrem dünnen Schleier der Atmosphäre in dem endlosen, schwarzen Weltall aussieht – und wie absurd dagegen die mehreren Hundert Feuer der Brandrodung des Regenwalds oder die Bombeneinschläge in den Krisengebieten der Erde wirken. „Das ist grotesk, denn von außen sieht man ganz deutlich, dass die Welt zu klein ist, als dass wir uns bekämpfen", meint er sichtlich bewegt. Was für Astronauten wie Alexander Gerst ziemlich offensichtlich ist, ist für uns im Alltag viel zu weit weg. Uns scheint der Planet gigantisch groß. Es fällt schwer, ihn als einen begrenzten Ort zu verstehen. Wir könnten Tage, Wochen, Monate, sogar Jahre damit verbringen, ihn zu erforschen und doch würden wir immer nur einen kleinen Ausschnitt sehen, nur einen Teil der Zusammenhänge begreifen, die in diesem großen Ökosystem Erde wirken. Wohl auch deshalb widmen wir uns die meiste Zeit recht unwesentlichen Dingen und versäumen es, das große Ganze einmal in den Blick zu nehmen.

PLANETARE GRENZEN

2009 machte sich jedoch eine Gruppe von Wissenschaftlerinnen und Wissenschaftlern daran, die größten Gefahren für unseren Planeten zu erforschen. Sie ermittelten Belastungsgrenzen für neun unterschiedliche Bereiche. Diese 2015 überarbeiteten „Planetary Boundaries" findest du auf der vorigen Seite in der großen Grafik. Wie du siehst, gibt es drei Gebiete, die diese Grenzen schon überschritten haben: das Artensterben, die Klimakrise und die Veränderungen im Stickstoffkreislauf. In einigen Bereichen nähern wir uns dem Limit bedrohlich. Wieder andere sind noch nicht genug erforscht, um etwas Genaueres sagen zu können. Dazu gehören die Luftverschmutzung und die Vergiftung von Erde, Wasser und Luft durch Chemikalien. Die Gruppe publizierte ihre Ergebnisse in der Zeitschrift Nature – mit geringen Folgen. Zwar hat die Politik das Konzept aufgegriffen, doch die Ergebnisse bleiben bis heute aus. Ein Gipfeltreffen folgt dem nächsten, ohne dass sich ein Land den ökonomischen Mechanismen entziehen könnte.

DER WARENHANDEL

Seit 1960 (Faktor 1) wuchs der Welthandel um 1.874,1 %, die Produktion um 625 %. 2018 belief sich der Export auf 19,5 Billionen US-Dollar (Faktor 19,7).

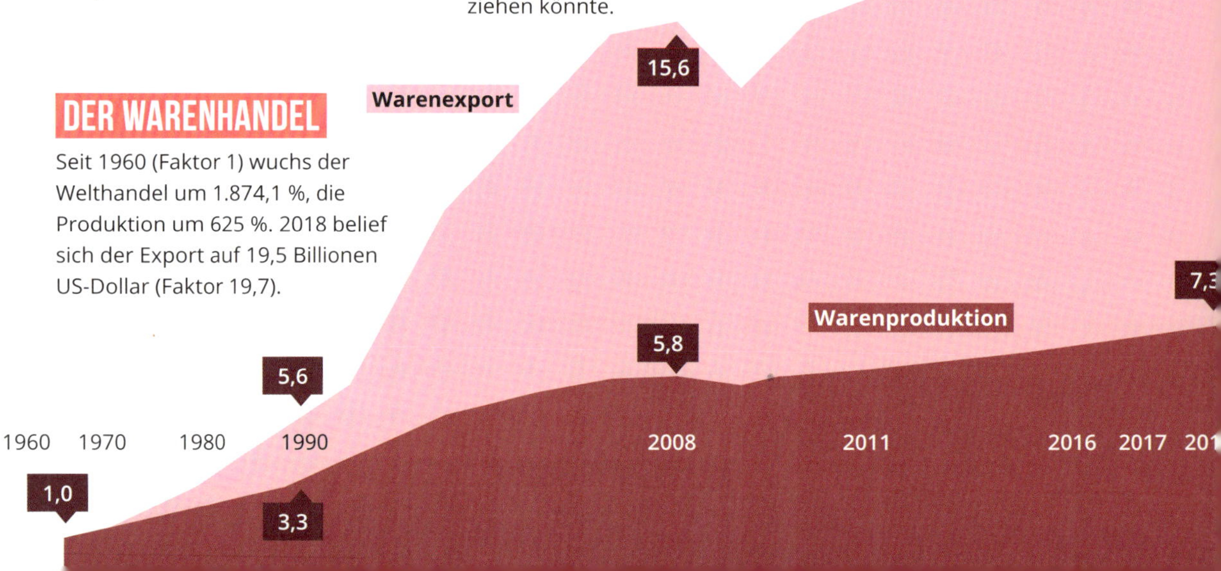

GLOBALES PROTEST-KLIMA

WAS SOZIALE BEWEGUNGEN VERÄNDERN

Soziale Bewegungen haben global sehr viel erreicht. Die Umwelt- oder Frauenbewegungen sind Musterbeispiele dafür. Lokal und global gibt es neue Institutionen, rechtliche Regelungen, alternative Lebensstile und auch neue Positionen in den Köpfen. Doch wenn man fragt, was die Umweltbewegung zur Rettung des Planeten beigetragen hat, wird es schwierig: Es hat sich viel bewegt, aber eine ernsthafte Nachhaltigkeit gibt es weltweit nicht. Ad absurdum wurde die Wirkung von sozialen Bewegungen und Protesten nach der weltweiten Finanzkrise geführt. Zum ersten Mal zeigte sich, dass die neoliberale Strategie der Deregulierung zugunsten des Kapitalismus nicht funktioniert. Politisch hat sich dennoch wenig bewegt. Durch das politische „Weiter so" haben die Menschen den Glauben verloren, dass sie das große Ganze über Politik und Staat ändern könnten, und haben sich in kleine Einzelprojekte zurückgezogen. Im Jahr 2019 kam es jedoch zu einer breiten Mobilisierungswelle, in der eine große Zahl junger Menschen überall auf der Welt auf die Straße gingen: Fridays for Future. Laut Organisation beteiligten sich am ersten internationalen Klimastreiktag bereits 1,7 Millionen Menschen weltweit, über das Jahr verteilt zählte die Bewegung global über 13 Millionen Streikende, davon 3,2 Millionen alleine in Deutschland. Eine breite Allianz zivilgesellschaftlicher Akteure unterstützt die Bewegung. Mehrere Bündnisse haben sich im Lauf der Mobilisierung gegründet, wie Scientists for Future, Parents for Future, Artists for Future oder Entrepreneurs for Future. Gleichzeitig gibt es Verbindungen zu anderen Bewegungen, wie der Friedensbewegung, »Pulse of Europe« oder »unteilbar«. Auf der einen Seite wollen die Demonstrierenden die Politik unter Druck setzen. Sie soll ihre klimapolitischen Versprechen einlösen. Auf der anderen Seite ist ein zentraler Weg zum gesellschaftlichen Wandel die Veränderung der eigenen Lebens- und Konsumpraxis. Das bedeutet, die Bewegung verwendet eine Doppelstrategie. Sie übt Druck nach oben und horizontal aus, indem sie neue Lebensstile und Handlungsweisen verbreiten möchte. Die zugrunde liegende Maxime lautet: Die Gestaltung der Zukunft beginnt jetzt, bei jedem und jeder einzelnen – sie kann nicht nur politischen oder ökonomischen Eliten überlassen werden.

Prof. Dr. Sabrina Zajak forscht am Institut für Soziale Bewegungen an der Ruhr-Universität Bochum und leitet die Abteilung Konsens und Konflikt am Deutschen Zentrum für Integrations und Migrationsforschung. **isb.ruhr-uni-bochum.de**

KLIMA- UND NATURSCHUTZ

Einige der vielen NGOs und Bewegungen, über die du dich global für Klima- und Naturschutz engagieren kannst:

fridaysforfuture.de
rebellion.global
urgewald.org
seashepherd.org
seas-at-risk.org
globalnature.org
350.org
eu.earthwatch.org

ARMUT UND GESUNDHEIT

Weltweit engagieren sich diese Organisationen für die Gesundheit und das Wohlergehen von Menschen:

medico.de
aerzte-ohne-grenzen.de
brot-fuer-die-welt.de
care.de
oxfam.de
tdh.de

Lina Niedeggen studiert in Heidelberg und ist als Klimaaktivistin unter anderem bei Fridays for Future und im Hambacher Forst aktiv. **fridaysforfuture.de**

So zieht unser schöner blauer Planet seine Bahnen durch das All und wir müssen erkennen, dass alle guten Absichten, ihn zu retten, an unseren selbst gemachten Verwicklungen zu scheitern drohen. Mittlerweile spricht die internationale Umweltschutzorganisation WWF in ihrem „Living Planet Report" offen von einem globalen Burn-out. Jedes Jahr verbrauchen wir demnach doppelt so viele Ressourcen, wie die Erde regenerieren kann. Jedes Jahr fällt der Erdüberlastungstag, an dem wir die Ressourcen des Jahres aufgebraucht haben, auf einen früheren Termin. 1987 war es der 19. Dezember, 2019 der 29. Juli. Wenn wir so weitermachen, bräuchten wir 2050 für dann 9,6 Milliarden Menschen drei Planeten.

Damit dürfte außerdem recht klar auf der Hand liegen, dass der Kampf um die Ressourcen auf unserer Erde in Zukunft eher härter und die globalen Ungerechtigkeiten größer werden. Im Jahr 2018 stieg laut UN-Bericht „Ziele für nachhaltige Entwicklung 2019" der Anteil in Slums lebender Stadtbewohner weltweit auf 23,5 %. Das Internationale Forschungsinstitut für Ernährungs- und Entwicklungspolitik (IFPRI) spricht in seinem Welthunger-Index 2019 von 822 Millionen hungernden Menschen. 5 Länder werden es nicht schaffen, bis 2030 zumindest ein niedriges Hungerniveau zu erreichen. Das Ziel der Agenda für nachhaltige Entwicklung (Kein Hunger bis 2030) ist gefährdet. Und das ist nicht so, weil es anders nicht machbar wäre, sondern weil wir das, was wir haben, nicht gerecht verteilen. Da verwundert es kaum, dass es 2018 laut Conflict Barometer des Heidelberger Instituts für Internationale Konfliktforschung insgesamt 83 gewaltlose und 173 gewaltsame Krisen, 41 Kriege und 75 Dispute gab.

GLOBALE GERECHTIGKEIT

NOCH HABEN WIR DIE CHANCE AUF EINE GRÜNE UND SOLIDARISCHE WELT

Die großen ökologischen Probleme können wir nur global lösen, wie etwa die Klimakrise. Dabei spielt Gerechtigkeit eine zentrale Rolle. Denn es darf nicht sein, dass wir hier im globalen Norden mit unserem Lebensstil für den meisten Ausstoß klimaschädlicher Treibhausgase verantwortlich sind – aber vor allem die Menschen im globalen Süden extrem unter den Auswirkungen leiden müssen. Das ist uns von „Fridays for Future" sehr bewusst, weil wir uns global mit Aktivistinnen und Aktivisten von allen Kontinenten austauschen. Deshalb wollen wir denjenigen eine Stimme geben, denen man hier bei uns sonst nicht zuhört. Als etwa die Regenwälder in Brasilien brannten, haben wir über Twitter die Nachrichten der brasilianischen Klimaschützerinnen und -schützer verbreitet oder auf ihr Spendenkonto hingewiesen. Diese Solidarität ist wichtig, nur gemeinsam sind wir stark. Dabei ist es egal, ob wir jung sind oder alt. Es geht nicht um Schuldzuweisungen oder darum, irgend jemandem ein schlechtes Gewissen zu machen. Es geht vielmehr darum, dass wir nur noch wenig Zeit haben, unser Wirtschaftssystem und unseren Lebenstil so zu ändern, dass eine gerechtere Welt für alle Menschen auf dem Planeten möglich wird. Um das zu erreichen, müssen wir uns gleichzeitig auf das konzentrieren, was wir hier bei uns bewegen können. Und das ist vor allem die Veränderung der Politik in unserem Land sowie in Europa. Ich bin davon überzeugt, dass wir viel mehr erreichen können, als es jetzt vielleicht den Anschein hat, wenn wir alle zusammenstehen. Niemand kann sich aus der Verantwortung ziehen, denn früher oder später wird es uns alle betreffen. Und je früher wie aufstehen, desto mehr Chancen haben wir auf eine grüne und solidarische Welt.

Wir lassen diese Zahlen sacken und versuchen uns auszumalen, wie das wohl von oben, vom Mond aus betrachtet, aussieht. Laotse hat uns mit seinem Spruch empfohlen, die Welt nicht als Ganzes zu ändern, sondern in vielen kleinen Schritten. Nach unserer Reise durch die unterschiedlichen Themen dieses Buches erkennen wir, dass dies richtig und wichtig ist – vor allem dann, wenn wir an der immensen Aufgabe zu verzagen drohen. Wir verstehen, dass uns manche ernüchtert vorhalten könnten, naiv und törricht zu sein, wenn wir es mit den großen Problemen unseres Planeten aufnehmen wollen. Und doch erkennen wir beide in diesem Augenblick, dass das eine das andere nicht ausschließen darf. Mehr noch: Wenn wir Menschen den Blick auf das Ganze vermeiden und nicht begreifen, dass wir ein Teil davon sind, können wir nicht genug Schwung für unsere alltäglichen Veränderungen bekommen. Wir begnügen uns dann damit, die Probleme in überschaubare Zonen einzuhegen. Dies ist zwar bequem und gibt uns das gute Gefühl, dass allein schon der Kauf von Bio-Produkten die Welt retten könnte. Doch so wichtig und sinnvoll dies natürlich ist, ausreichen wird es nicht.

WIR, DIE WELTFAMILIE

Wir leben in einer schwierigen und zugleich in einer wunderbar verheißungsvollen Zeit. Die Chancen, die Welt zu retten, waren noch nie so gut wie heute. Zumindest für uns hier im globalen Norden: Unsere Grundbedürfnisse sind gedeckt. Wir besitzen einen riesigen Wissensschatz und unglaubliche Technologien, mit denen wir mittlerweile sicherlich noch viel weiter fliegen könnten als bis zum Mond. Die Frage ist nur, wozu wir das Ganze nutzen: für soziale Gerechtigkeit und den Schutz der Erde? Oder für die Macht, die Bequemlichkeit, die vermeintliche Sicherheit? Ob wir diesen Schritt als Menschheit schaffen, können wir nicht absehen. Es ist der Kampf unseres egozentrischen Ichs gegen die Welt „da draußen", die engstirnige Illusion, wir könnten aus dem Ganzen irgendwie am Ende noch als Gewinner hervorgehen.

Das, was uns aus unserem Dilemma wahrscheinlich heraushelfen könnte, ist, dass wir ein längst überfälliges Wir-Gefühl entwickeln. Nicht nur mit unseren Mitmenschen, sondern auch mit allen anderen Lebewesen, mit denen wir uns diesen Planeten teilen. Das Gefühl einer Weltfamilie, in der nicht die Reichen und Mächtigen den Armen und Schwachen großzügig ein bisschen abgeben. Sondern in der jeder weiß, dass der andere etwas Wichtiges beizutragen hat. Eine Familie, in der die Verbindung in einer gemeinsamen planetaren Heimat besteht – mag sie uns aus unserer Froschperspektive auch noch so groß und unendlich erscheinen. Wir kennen ja nun die Vogelperspektive der Astronauten und wissen, wie klein und schützenswert die Erde in Wahrheit ist. Wir beide denken an Laotse und seine sechs Schritte. Und wir verstehen, dass wir mit diesen Erkenntnissen wieder von vorne anfangen und mit einem erweiterten Blickwinkel darangehen können, uns selbst zu ändern und danach unser Haus, unsere Straße, unser Land und irgendwann auch die ganze Welt. Denn wir haben nur diese eine.

Ob sich die Erde um 1,5 Grad (links) oder 2 Grad (rechts) erwärmt, macht viel aus.

ZAHLEN, DATEN, FAKTEN

Weiterführende Infos zur Lage der Welt findest du zum Beispiel auf diesen Seiten:
wwf.de/living-planet-report
globalisierung-fakten.de
oekosystem-erde.de
bit.ly/pbp-globalisierung

GLOBALE AGENDA

Wie könnte eine nachhaltig globale Politik aussehen? Diese Organisationen und Bewegungen beschäftigen sich mit einer zukunftsweisenden Entwicklung der Welt:
globalgoals.org
worldfuturecouncil.org
occupy.com
germanwatch.org

ONLINE-PETITIONEN

Wenn viele Tausend Menschen gemeinsam eine Eingabe machen, können sie damit einen politischen Hebel ansetzen.
campact.de
avaaz.org
change.org
bit.ly/EU-petitionen
europa.eu//petitions/de/main

AKTIONEN

WELTWÄRTS: ENTDECKEN UND SCHÜTZEN

jetzttrettenwirdiewelt.de/global

STOFFGESCHICHTEN

2–3 STUNDEN · MITTEL

Wähle drei Dinge aus deinem Haushalt aus, etwa ein Kleidungsstück, ein Elektrogerät und ein Lebensmittel, und erzähle ihre Geschichte.

1. SCHRITT: DIE PROTAGONISTEN

Welche Menschen, Materialien, Maschinen, Ressourcen etc. waren zur Herstellung der Dinge vor dir notwendig? Nimm dir ein großes Blatt Papier und schreibe oder zeichne alles darauf auf.

2. SCHRITT: IHRE GESCHICHTE

Zeichne nun ihren Weg nach. Recherchiere dazu im Internet, schlage in diesem Buch nach oder nutze deine Fantasie. Kopiere dir eine Weltkarte und trage alle Strecken ein, die die Menschen, Materialien und Dinge zurückgelegt haben mögen.

3. SCHRITT: DEIN FAZIT

Zu welchem Schluss kommst du? Welche positiven und negativen Auswirkungen hat die Geschichte dieser drei Dinge auf die Welt? Was würdest du an der Story gerne ändern?

REISE IN DEN KOSMOS

1 STUNDE · LEICHT

Diese Aktion basiert auf einer Übung der ZEN-Lehrerin Diana Musho Hamilton. Dabei geht es darum, dass du dich in vier verschiedene Perspektiven versetzt. Du kannst die Aktion alleine oder mit bis zu 7 anderen Menschen machen.

DIE VORBEREITUNG

Setzt euch in einen Kreis. Meditiert, wenn ihr möchtet, bevor ihr beginnt. Nehmt euch pro Perspektive rund 5–10 Minuten Zeit und beschreibt, wie es euch geht, was ihr empfindet oder was ihr seht. Sprecht aus, was euch in den Kopf kommt, beurteilt und kommentiert nichts.

DER REDEKREIS

1. **Als egozentrisches Selbst** ... (habe ich Angst, will ich besser sein als andere etc.)
2. **Als Teil einer Gruppe** ... (bin ich stolz, Bauer zu sein, schäme ich mich unserer Geschichte etc.)
3. **Als Welt** ... (ächze ich unter der Last, bin ich uralt, bin ich Heimat für alle etc.)
4. **Als Kosmos** ... (bin ich uralt, bin ich zeitlos, bin ich unendlich etc.)

DER ABSCHLUSS

Beschließt den Kreis, indem ihr noch einige Minuten in Stille zusammensitzt und euch danach über eure Eindrücke austauscht. Oft gibt es sehr skurrile und überraschende neue Sichtweisen.

KONTAKTIONALE

3–12 MONATE SCHWER

Das Ziel dieser Aktion ist es, dass du mit mindestens einem Menschen aus einer anderen Kultur in einen dauerhaften Austausch kommst. Dazu kannst du eine der drei folgenden Möglichkeiten nutzen oder deinen eigenen Ideen folgen.

JUMELAGE

Städte-, Gemeinden- oder Regionenpartnerschaften haben schon viel zur Völkerverständigung „von unten" beigetragen. Informiere dich über die Partnerschaften in deiner Gegend und die Angebote wie Bürgerreisen, Schüleraustausch oder Partnervereine.

INTERNATIONALE COMMUNITY

Folge deinen Interessen und halte Ausschau nach Communitys, wie etwa „Fridays for Future" für Klimaschutz, „One Billion Rising" für Frauenrechte oder Transition Town für den öko-sozialen Wandel. Die Netzwerke organisieren oft auch spannende internationale Treffen.

INTERNATIONALE FREUNDE

Ob Schüleraustausch (**schueleraustausch.net**), Patenprogramm (**vergleich.org/kinderpatenschaft**) oder Brieffreundschaft (**interpals.net**) – es gibt viele Wege, um Menschen aus anderen Kulturen kennenzulernen. Wichtig: Eine Begegnung auf Augenhöhe und möglichst wenig Flugverkehr.

TIPP: REISEN

Willst du auf Reisen Kontakte sammeln, dann schau dir die Tipps zum langsamen Reisen und zum Voluntouring auf Seite 171 an.

NATUR SCHÜTZEN

1 STUNDE LEICHT

Du kannst von zu Hause aus etwas dafür tun, dass am anderen Ende der Erde Tiere und Pflanzen geschützt sind.

BÄUME SIND LEBEN

Du kannst das weltweite Klima schützen, indem du Bäume pflanzt. Das kannst du in deinem Garten tun oder auch, indem du eine Organisation wie **plant-for-the-planet.org** oder **greenbeltmovement.org** unterstützt.

SCHÜTZE TIERARTEN

Auch wenn du nur wenig direkten Einfluss auf den Schutz bedrohter Tierarten hast, kannst du dich für sie einsetzen. Zum Beispiel, indem du die Arbeit der Weltnaturschutzunion IUCN unterstützt, die die berühmte Rote Liste bedrohter Tierarten herausgibt.
iucnredlist.org

TIPP: CO_2-RECHNER

Das Umweltbundesamt bietet einen CO_2-Rechner, mit dem du deine aktuelle Klimabilanz erstellen kannst und interaktiv auch einen kurz-, mittel- und langfristigen Optimierungsplan.
uba.co2-rechner.de/de_DE

AKTION
Was willst du tun?
Was sind deine Schritte?
VISION
Was ist deine Utopie?
Dein Ideal? Dein Ziel?
REFLEXION
Was hast du bisher gemacht?
Wo stehst du gerade?

DEIN PLAN

DAS 15-SCHRITTE-PROGRAMM FÜR WELTVERÄNDERER

Die Welt zu retten bedeutet Veränderung. Und Veränderungen fallen Menschen meist schwer. Das wissen wir von uns selbst. Das wissen wir aber auch von Hunderten von anderen Menschen, die wild entschlossen sind, unseren Planeten ökologischer und sozialer zu machen: Im Alltagstrott gibt es dann doch immer wieder 1.000 Gründe, warum wir „heute mal eine Ausnahme machen können" (aus der vielleicht doch wieder ein Rückfall in die alten Gewohnheiten wird). Oder „warum das jetzt gerade nicht geht" (und der richtige Zeitpunkt dafür aber irgendwie nie kommt). Wir wissen das, weil wir nach Erscheinen der ersten Auflage dieses Buches gefragt wurden, ob wir nicht Workshops geben könnten, die dabei helfen, seinen Lebensstil so zu verändern, dass wir Menschen mit den Tieren, Pflanzen und der Natur insgesamt friedlicher zusammenleben können. Und so haben wir das Wandellabor entwickelt. Darin erarbeiten wir mit Menschen, an welchen Stellen in ihrem Alltag sie etwas ändern wollen, was genau sie motiviert und was sie tun können, um am Weltretten dranzubleiben und durchzuhalten. Ja, mehr noch: um Schritt für Schritt immer weiterzugehen. Seit einigen Jahren machen wir diese Veranstaltungen nun schon. Dadurch haben wir mit den unterschiedlichsten Menschen gesprochen und herausgefunden, welche Hindernisse und Hürden es tatsächlich gibt. Aber auch, wie wir uns selbst die Veränderungen leichter machen können. Auf Grundlage dieser Erfahrungen ist in dieser zweiten, überarbeiteten und erweiterten Auflage nun dieser Extrateil mit seinen 15 Schritten entstanden. Und wir hoffen, dass er auch dir hilft, deine eigenen Veränderungen zu planen und zielstrebig anzugehen. Das ist ein wesentlicher Aspekt, um dich bei deinen Veränderungen selbst zu unterstützen.

REFLEXION

Los geht es mit einem Teil, der vor allem der Reflexion gewidmet ist. Hier kannst du dir anschauen, wo du gerade stehst. Was machst du gut? Wo siehst du für dich das Potenzial sinnvoller Veränderungen? Wo liegen deine Handlungsspielräume im Alltag und was würde dir Freude bereiten? Wichtig in diesem Teil ist dein Mut zur Ehrlichkeit. Es kommt wirklich nicht darauf an, wie „gut" du bist – sondern dass du dich und dein Leben so siehst, wie es ist. Das ist in einem Bereich besonders schwierig, der moralisch nicht ganz ohne Bewertung auskommt. Aber dafür umso wichtiger. Mit Sicherheit bist du ein Mensch, der Gutes tun möchte (sonst hättest du dieses Buch nicht in den Händen). Dir einzugestehen, dass dir das nicht überall zu deiner eigenen Zufriedenheit gelingt, zeugt von Stärke.

VISION

Der zweite Teil befasst sich mit deiner Vision, deiner Utopie – dem Happy End, das du dir für dich, deine Mitmenschen und den Planeten insgesamt wünschst. Hier geht es darum, groß und global zu denken. Denn deine Vision und deine Ziele wirken wie Magneten, die dich von heute an in eine bessere Zukunft ziehen. Sie bringen dich dazu, dich für eine ökologischere und gerechtere Welt einzusetzen – auch wenn es schwierig, anstrengend, vielleicht auch mal peinlich oder unangenehm ist. In diesem Teil klärst du für dich, *warum* du das Ganze eigentlich machst. Das ist das Fundament für deinen Aktionsplan.

AKTION

Wenn du deine Ausgangsposition kennst und auch dein Ziel, dann kannst du dir Gedanken über den Weg von hier nach dort machen. Oder anders gesagt: Jetzt kannst du deine einzelnen Schritte und Aktivitäten planen. Nun kommt es darauf an, lokal zu denken und zu handeln. Wir gehen diesen Teil gerne möglichst spielerisch an. Denn wir haben (nicht nur bei uns, sondern auch im Austausch mit vielen anderen Menschen) erkannt, dass wir dann gerne dranbleiben, wenn uns der Weg bereits Freude schenkt. Wenn er also gewissermaßen auch schon ein Ziel ist. Damit das geschieht, setzen wir uns unterwegs viele kleine Teilziele – sie zu erreichen, motiviert, weil es jedes Mal ein Erfolgserlebnis ist. Und wir achten darauf, dass wir in so kleinen Schritten vorgehen, dass wir uns damit nicht überfordern (was ein Misserfolg wäre, der uns demotiviert). Wir nennen das „die kleinsten durchhaltbaren Schritte". Denn oft plant man an einem ruhigen Wochenende oder Abend und überschätzt sich. Doch dein Aktionsplan soll auch dann noch funktionieren, wenn du unter Zeitdruck stehst.

1. DAS SIEBEN-GENERATIONEN-PRINZIP

Im 16. Jahrhundert schlossen sich die verschiedenen Irokesenstämme zusammen, um sich selbst eine Art demokratische Verfassung zu geben (das sogenannte Große Gesetz des Friedens). Dabei beschlossen sie im 24. Absatz unter anderem auch, dass sie alle ihre Entscheidungen so treffen wollten, dass sie auch noch für die Menschen in der siebten Generation nach ihnen gerecht und sinnvoll sind. Angesichts der heutigen planetaren Lage scheint das eine überaus sinnvolle und weitsichtige Regelung zu sein.

Doch sieben Generationen in die Zukunft schauen – geht das überhaupt? Eine Generation umfasst rund 25 bis 30 Jahre. Wir müssten also etwa 200 Jahre vorausdenken! Vielleicht geht das nicht. Und doch finden wir, dass uns diese Maxime hilft, neu über unsere Entscheidungen nachzudenken. Überlege: Wie wirken sich deine Entscheidungen wohl auf die nächsten sieben Generationen aus? Diese Frage möchten wir noch mit Kants kategorischem Imperativ ergänzen und dich fragen: Was von dem, was du täglich tust, könnte sich als allgemeine Lebensweise auf alle Menschen dieser Erde übertragen lassen?

SCHRITT 1: Schreibe 3 bis 5 Dinge auf, bei denen du Entscheidungen treffen musstest, wie „Milch einkaufen“ oder „Kinder von der Schule abholen“.

SCHRITT 2: Wie wirken sich deine Entscheidungen für Menschen, Tiere und Pflanzen aus, die heute leben – und für die Menschen in den nächsten 200 Jahren?

Wichtig! Wenn dich die Übung oben traurig macht oder beschämt, dann mach dir bewusst: Kein Mensch auf der ganzen Welt ist fehlerlos. Auch du nicht. Du bist dennoch gut, so, wie du bist. Du solltest nur nicht den Fehler machen, so zu tun, als hättest du keine schwierigen Seiten. Versuche nicht, dich von deiner Traurigkeit oder Scham durch Konsum oder Unterhaltung abzulenken. Denn dadurch ändert sich nichts. Versuche, dich vielmehr liebevoll und nachsichtig anzunehmen, auch mit deinen Fehlern, Schwächen und Grenzen. Das bedeutet nun nicht, dass du dich auf die faule Haut legen und mit allem an dir zufrieden sein solltest. Doch nur, wenn du dich selbst gütig betrachten kannst, kannst du dich so sehen, wie du bist. Dann musst du nichts mehr aus Angst vor deinem strengen Urteil vor dir selbst verstecken.

2. GEFÜHLEN AUF DER SPUR

Wer die Welt zum Besseren ändern möchte, kommt nicht darum herum, sich mit Missständen zu beschäftigen: Wie geht es Tieren in der Massentierhaltung tatsächlich? Was bedeutet es, in Bangladesch in einer Textilfabrik zu arbeiten? Oder wie sieht unsere Erde aus, wenn sie vier Grad wärmer ist? Die Antworten auf solche und ähnliche Fragen rufen eine ganze Reihe von schwierigen – wir sagen meist „negativen" – Gefühlen hervor. Ein Grund, warum viele sich gar nicht erst damit beschäftigen und infolgedessen auch nicht wirklich etwas verändern können. Doch dabei solltest du nicht stehen bleiben. Denn du kannst nicht nur die negativen Gefühle abschneiden. Wenn du das tust, trennst du dich automatisch auch von deinen positiven Gefühlen – und es geht dir ein wichtiges Stück Verbundenheit zu dir selbst, zu anderen Menschen und der Natur verloren. Beobachte dich deshalb in schwierigen Phasen einfach mal selbst und wiederhole regelmäßig folgende Schritte:

Schritt 1: Setze dich still hin und spüre, ob du ein wichtiges Gefühl hast.
Schritt 2: Akzeptiere das Gefühl, auch wenn es schwierig ist. Koste es aus und lass es wirken.
Schritt 3: Benenne das Gefühl. Nutze dazu gegebenenfalls das Emotionsmodell unten.
Schritt 4: Überlege dir, ob dich dieses Gefühl zu einer Handlung bringt oder nicht – und wenn ja, welche das ist. Prüfe, ob diese Reaktion die Verbindung zu dir selbst, zu anderen und zur Natur verbessert.

Der Psychologe Robert Plutchik stellte 1980 eine Emotionstheorie vor mit acht Basisemotionen und einem emotionstheoretischen Modell.

3. ZIEH MUTIG BILANZ

Wir haben bereits im Prolog dieses Buches darüber geschrieben, dass es drei wichtige Bereiche gibt, die du verändern kannst, wenn du die Welt ein Stückchen besser machen möchtest: Und das ist die Verbindung zu dir selbst (was ist dir wirklich wichtig?), die Verbindung zu anderen Menschen (was ist gerecht?) und die Verbindung zur Natur (was ist nachhaltig ökologisch?). Überlege dir, was du im Alltag tust, um die Beziehung zu dir selbst, zu anderen und zur Natur zu stärken. Notiere 3 bis 5 Dinge in den 3 Spalten. Das kann so etwas sein wie „Ich kompostiere Küchenabfälle“ oder „Ich helfe meinem Nachbarn mit dem Computer“. Schaue dir deine Stärken an und genieße, wie gut es tut, zu sehen, dass du selbst in dieser Welt so manches bewegen kannst. Das schenkt dir den Mut, dich auch mit den anderen Dingen zu beschäftigen ...

BEZIEHUNG ZU MIR	BEZIEHUNG ZU ANDEREN	BEZIEHUNG ZUR NATUR

Damit kommen wir zum schwierigeren Schritt: Was tust du tagtäglich, was die Verbindung zu dir selbst, zu den anderen Menschen und zur Natur schwächt – vielleicht sogar zerstört? Das kann so etwas sein wie „Wenn mich jemand kritisiert, reagiere ich wütend“ oder „Ich kaufe nie Fairtrade- oder Bioprodukte, die sind mir zu teuer“. Nimm dir dabei Zeit und benenne drei bis fünf deiner Schwächen pro Spalte, ohne dich dafür zu verurteilen. Gehe am Ende die Liste noch einmal durch und kringele die Dinge ein, die du wirklich gerne ändern möchtest, ohne dich zu überfordern oder unter Druck zu setzen.

BEZIEHUNG ZU MIR	BEZIEHUNG ZU ANDEREN	BEZIEHUNG ZUR NATUR

Wo stehe ich gerade? Welche Möglichkeiten und Spielräume gibt es derzeit in meinem Leben?

Wenn ich am Ende meines Lebens zurückblicke: Was möchte ich dann unbedingt getan haben?

Welche Werte sind mir wirklich wichtig? Etwa Einfachheit, Solidarität, Sicherheit, Gerechtigkeit ...

Was hilft mir, die Verbindung zu mir, den anderen und der Natur zu stärken?

4. NIMM DIR ZEIT

Wir leben in einer Welt voller Möglichkeiten, Anforderungen, Erwartungen und Ablenkungen. Ohne Unterlass kommt irgendetwas auf uns zu, das unsere Aufmerksamkeit fordert: Werbung, der Chef, ein Kunde, der Lebensgefährte, die Kinder, der Nachbar, die Eltern ... Und die ganze Zeit wollen wir immer mehr besitzen und erleben. So kommt es, dass wir irgendwann wie in einem Strudel gefangen sind. Das Leben wird ärmer – nur wir merken es kaum, weil wir nicht dazu kommen, darüber nachzudenken. Deshalb ist es wichtig, dass du dir einmal Zeit nimmst und in Ruhe und ohne Ablenkung die Fragen (und vielleicht noch weitere, die dir wichtig sind) beantwortest. Schreibe die Antworten in die Kästchen. Gehe sie anschließend noch einmal durch und unterstreiche das Wichtigste.

5. HINDERNISSEN AUF DER SPUR

Das eigene Leben zu verändern ist gar nicht so leicht. Das wissen alle, die schon mal zum neuen Jahr gute Vorsätze gefasst haben. Manche probieren es deswegen schon gar nicht mehr. Dafür steht zu viel auf dem Spiel! Doch wenn du dir die Widerstände anschaust, kannst du dir überlegen, wie du damit umgehen kannst. Welche der Blockaden unten links kennst du? Markiere, wie stark ein Widerstand für dich ist. Ist er gering: , mittel/unterschiedlich: oder groß: . Füge außerdem auf den gestrichelten Linien weitere Widerstände hinzu, die auf dich zutreffen, und bewerte sie.

Mir fehlt die Zeit.

Das kann ich mir nicht leisten.

Ich (alleine) kann nichts ändern.

Da muss ich auf zu viel verzichten.

Meine Familie macht nicht mit.

____

____

Nicht alle Widerstände sind real. Es kann sich auch um Ausreden handeln. Sie hindern dich daran, deine Träume zu erreichen – zum Beispiel deinen Kindern und Enkeln eine saubere und friedliche Erde zu hinterlassen. Prüfe also noch einmal, welche der Blockaden vielleicht doch Ausflüchte sind. Wir haben dir dazu ein paar Hinweise aufgeschrieben. Du kannst sie lesen, wenn du das Buch umdrehst. Hast du danach Ideen für Veränderungen? Dann notiere sie in den weißen Feldern rechts oben bei der Glühbirne.

Keine Zeit: Wie viel Stunden oder Minuten kannst du pro Woche investieren? Plane lieber weniger ein, denn Kontinuität ist wichtiger als der Zeitumfang. Überlege dann mit den Übungen auf den nächsten Seiten, was du tun kannst. Auch kleine Schritte zählen!

Kein Geld: Kannst du in manchen Bereichen weniger konsumieren (etwa Kleidung), um mehr Geld für andere Bereiche zu haben (etwa Lebensmittel)? Kannst du dich mit anderen zusammenschließen, etwa zu einer Food-Coop oder einer Solawi? Wenn nicht: Dass ein gesunder, öko-fairer Lebensstil bei uns auch eine Frage des Geldbeutels ist, gehört zu den Themen, die wir gesellschaftlich diskutieren müssen. Wir dürfen nicht so tun, als wäre das die Schuld Einzelner!

Ich kann nichts tun: Natürlich kannst du alleine nicht die Gesetze dieses Landes oder das globale Finanzsystem ändern. Aber du hast sehr viel mehr Macht, als du denkst. Und bei den notwendigen Veränderungen zählt jede und jeder!

Verzicht: Verzichte auf nichts, was du wirklich brauchst. Aber prüfe, ob es auch wirklich so ist. Vieles ist nämlich nur Gewohnheit. Sobald du dich umgewöhnt hast, fühlt es sich gar nicht wie Verzicht an. Manchmal sogar wie eine Bereicherung.

Familie: Wenn deine Familie oder dein Partner nicht mitmachen, dann versuche, die Bereiche zu finden, in denen du alleine entscheiden kannst. Etwa bei deinen Kleidern oder deinem Handy. Fang dort an, wo du alleine entscheiden kannst.

6. DEIN STÄRKEN-MANDALA

Wer etwas ändern möchte, sollte bei sich anfangen. Daher haben wir ja auch Laotses Spruch als Grundlage für dieses Buch gewählt. Doch nur auf seine Defizite zu starren, macht unsicher und vorsichtig. Keine gute Basis, um die ganze Welt zu verändern. Daher geht es nun um deine Stärken: Mach dir eine Liste mit all deinen positiven Eigenschaften! Wenn du Schwierigkeiten dabei hast, frag dich mal: Wann hast du in einer heiklen Situation gut reagiert? Welche Hobbys hast du? Welche Eigenschaften brauchst du dafür? Du kannst auch deine Freunde oder Familie fragen. Wähle aus deiner Liste die wichtigsten vier bis acht Eigenschaften aus. Unterteile den Kreis oben in entsprechend viele Kuchenstücke. Schreibe in jedes davon eine Eigenschaft und suche dir jeweils Symbole und Farben aus, die sie darstellen. Male und zeichne so viel du willst, bis ein tolles Mandala entstanden ist.

EINE FRAGE DES GLAUBENS

Jeder Mensch hat negative Glaubenssätze. Das sind Annahmen über sich selbst, die nicht wahr sind. Das kann so etwas sein wie „Das kann ich nicht“ oder „Dazu bin ich zu dumm“. Es hilft dir bei allen Veränderungen und auch beim Weltretten, wenn du dich mit deinen negativen Glaubenssätzen auseinandersetzt. Dazu unser Tipp in absoluter Kurzform:

1. Nimm dir Zeit und schreibe alle negativen Urteile über dich auf, die du schon seit deiner Kindheit kennst und die du übernommen hast.
2. Umkringele die Sätze, die dir bei deinen Veränderungen am meisten im Weg stehen.
3. Frage dich nun, wie dein Leben aussähe, wenn du das nicht von dir denken würdest. Was könntest du tun oder lassen? Drehe die Sätze ins Positive um. Etwa „Dafür bin ich klug genug“.

7. DEINE VORBILDER

Helden und Vorbilder inspirieren und geben uns die Zuversicht, dass selbst wagemutige Veränderungen möglich sind – in unserem Leben, aber auch in unserem Haus, unserer Straße, unserer Stadt, unserem Land oder in der ganzen Welt.

Wer sind deine drei wichtigsten Helden und Heldinnen? Sind es reale Menschen oder Figuren aus Romanen, Mythen oder Filmen? Male sie oben in die Figurenfelder. Notiere dir dazu, was du an ihnen bewunderst. Was macht sie für dich zum Vorbild? Und was bedeutet das für dich und dein Leben?

8. ZITATE ZUM NACHDENKEN

Welche der Zitate auf der rechten Seite findest du gut? Markiere sie. Ergänze sie links um Zitate und Sprüche, die dir Mut machen und dich zu Veränderungen motivieren.

_ _ _ _ _ _ _ _ _ _ _ _ _ _ _ _ _ _ _ _

_ _ _ _ _ _ _ _ _ _ _ _ _ _ _ _ _ _ _ _

_ _ _ _ _ _ _ _ _ _ _ _ _ _ _ _ _ _ _ _

_ _ _ _ _ _ _ _ _ _ _ _ _ _ _ _ _ _ _ _

_ _ _ _ _ _ _ _ _ _ _ _ _ _ _ _ _ _ _ _

_ _ _ _ _ _ _ _ _ _ _ _ _ _ _ _ _ _ _ _

_ _ _ _ _ _ _ _ _ _ _ _ _ _ _ _ _ _ _ _

_ _ _ _ _ _ _ _ _ _ _ _ _ _ _ _ _ _ _ _

_ _ _ _ _ _ _ _ _ _ _ _ _ _ _ _ _ _ _ _

_ _ _ _ _ _ _ _ _ _ _ _ _ _ _ _ _ _ _ _

»Wer das Böse ohne Widerspruch hinnimmt, arbeitet in Wirklichkeit mit ihm zusammen!« Martin Luther King

»Wenn jeder Einzelne darauf verzichtet, Besitz anzuhäufen, dann werden alle genug haben.« Franz von Assisi

»Es nützt nichts, nur ein guter Mensch zu sein, wenn man nichts tut!« Buddha

»Vergiss Sicherheit. Lebe, wo du fürchtest zu leben. Zerstöre deinen Ruf. Sei berüchtigt.« Rumi

»Friede beginnt mit einem Lächeln. Lächle fünfmal am Tag einem Menschen zu, dem du gar nicht zulächeln willst: Tue es um des Friedens willen.« Mutter Teresa

»Das zukünftige Wohlergehen des Menschen und wahrscheinlich sogar sein Überleben hängen davon ab, dass er lernt, in Harmonie mit den Kräften zu leben und nicht im Kampf.« Rachel Carson

9. SEI DEIN EIGENER HELD

Wir beide sind ja fest davon überzeugt, dass wir Menschen als Individuen, aber auch als Gemeinschaft viel mehr für eine bessere Welt tun können, als wir uns zutrauen. Doch es kostet Mut, Grenzen zu überschreiten – selbst wenn sie eingebildet und nicht real sind.

Uns hat dabei geholfen, uns selbst einmal als Superhelden in einer kleinen Geschichte zu beschreiben. So kann man sich nämlich mit ein bisschen Abstand betrachten. Probiere es doch mal aus: Nutze die Felder unten und entwickle deinen Heldenmythos. Was löst das bei dir aus? Und gibt dir das neuen Mut, die Veränderung zu sein, die du dir wünschst in dieser Welt?

HELD/HELDIN

Wenn du ein Superheld oder eine Superheldin wärst: Wer wärst du? Das kann ein Tier, ein Fabelwesen oder auch ein Mensch sein. Beschreibe dich in dem Feld rechts.

____

____

____

____

DIE SUPERKRÄFTE

Übertreibung hilft, klarer zu sehen. Gib deinem Alter Ego daher Superkräfte. Wenn du etwa gut zuhören kannst, dann hast du vielleicht die Superkraft durch Zuhören zu heilen.

____

____

____

____

DER KONFLIKT

Von welchem Problem handelt deine Geschichte? Was steht auf dem Spiel? Und wer oder was sind deine Gegner?

____

____

____

DIE UNTERSTÜTZER

Jeder Held und jede Heldin hat Unterstützer. Wer ist das bei dir? Wer gibt dir Rat? Wer steht dir tatkräftig zur Seite?

____

____

____

DEIN HAPPY END

Wie sieht die Welt aus, wenn sich der Konflikt in deinem Sinne lösen lässt? Zu welchem Ort hat sich die Welt dann gewandelt? Nutze dein Happy End, um andere Menschen zu begeistern und dich bei deiner Heldentat zu unterstützen!

____

____

____

____

____

10. BLICK IN DIE ZUKUNFT

Wie sieht die Welt aus, in der du gerne leben möchtest? Zeichne oder male in das Feld oben deine Vision von einer besseren Zukunft. Bevor du anfängst: Wie weit in der Zukunft soll dieses Bild liegen (5 Jahre, 10 Jahre oder sogar 20 Jahre)?

Tipp: Lege dir ein Tagebuch zu, in dem du alle Schritte und Erfolge deiner Veränderungen protokollierst. Das motiviert dich, dranzubleiben, selbst wenn du nur in winzigen Schritten vorankommst. Das hat die Harvard-Psychologin Teresa Amabile herausgefunden, die dazu 238 Tagebücher kreativer Menschen ausgewertet hat.

11. WAS IST DEIN HERZENSTHEMA?

Die Liste links zeigt mögliche Herzensthemen, rechts findest du die Handlungsfelder. Setze nun deine Prioritäten:

1. Markiere drei bis fünf der Herzensthemen in der Liste links, die du besonders unterstützen möchtest. Ergänze die Liste gegebenenfalls um eigene Themen auf den Linien unten.

2. Markiere danach drei bis fünf der Handlungsfelder in der rechten Liste, die du als Nächstes in deinem Alltag angehen möchtest. Ergänze auch hier bei Bedarf eigene Bereiche.

3. Überlege dir, was die Herzensthemen links in Bezug auf die Handlungsfelder rechts konkret bedeuten. Wenn du links etwa „Menschenrechte", „Tierschutz" und „Klimaschutz" markiert hast: Was bedeutet das dann zum Beispiel für deinen Umgang mit „Klamotten", „Gärtnern" und „Geld"?

- Klimaschutz
- Artenvielfalt
- Müllvermeidung
- Globale Gerechtigkeit
- Solidarität
- Gemeinschaft
- Tierschutz
- Demokratie
- Kreativität
- Lebenssinn
- Kooperation
- Naturschutz
- Dialog/Austausch
- Frieden
- Menschenrechte
- ______________
- ______________
- ______________

- Innere Haltung
- Gesundheit
- Kosmetik
- Essen
- Klamotten
- Einrichten
- Elektrogeräte
- Wasser
- Energie
- Müll
- Putzmittel
- Ökologisch bauen
- Alternativ wohnen
- Nachbarschaft
- Lokaler Konsum
- Gärtnern
- Tierschutz
- Mobilitätswende
- Arbeit mit Sinn
- Zeitwohlstand
- Bewusster Konsum
- Konsumalternativen
- Minimalismus
- Geld
- Schenken & spenden
- Politisch engagieren
- Kultur selbst machen
- Digitale Bürgerrechte
- Publizieren
- Reisen
- Global vernetzen
- ______________
- ______________
- ______________
- ______________

12. ZIELE SETZEN

Menschen, die sich ihre Ziele aufschreiben, haben bessere Chancen, sie auch zu erreichen. Das hat die Psychologin Gail Matthews mit ihrer Studie an der Dominican University in San Rafael, Kalifornien, gezeigt. Sie teilte Menschen aus aller Welt in unterschiedliche Gruppen auf: Einige formulierten ihre Ziele nur mündlich. Andere schrieben sie nieder. Und wieder andere protokollierten auch ihre Schritte zum Ziel und gaben diese an. In der ersten Gruppe erreichten etwa fünf von 10 Menschen ihre Ziele. In der zweiten Gruppe waren es mehr als sieben und in der letzten Gruppe neun von 10. Aus diesem Grund laden wir dich ein, nun deine Ziele aufzuschreiben und einen Vertrag mit dir selbst abzuschließen. Du kannst deine Erfolgschancen steigern, indem du deinem Partner, Freund oder Verwandten davon erzählst. Wichtig ist, dass du deine Ziele SMART formulierst! Das ist eine Abkürzung und bedeutet, dass dein Ziel **s**pezifisch, **m**essbar, **a**ttraktiv, **r**ealistisch und **t**erminiert sein soll. Anstatt also beispielsweise zu schreiben „Ich kaufe weniger Kleidung", schreibst du „Ich kaufe im nächsten Jahr nur noch 5 Kleidungsstücke und 1 Paar Schuhe". Oder anstatt „Ich esse weniger Fleisch" schreibst du „Ich esse im nächsten halben Jahr nur einmal pro Woche Wurst oder Fleisch". So kannst du genau sehen, wann du deine Ziele erreicht hast und was du dafür tun willst. Oder auch, was noch fehlt, um zu deinem Ziel zu gelangen.

SPEZIFISCH

Formuliere deine Ziele so genau und konkret wie möglich.

MESSBAR

Notiere dir messbare Fakten, die dein Ziel beschreiben.

ATTRAKTIV

Beschreibe dein Ziel so, dass es dich förmlich anzieht.

REALISTISCH

Setze dir wagemutige (attraktive), aber realistische Ziele.

TERMINIERT

Lege wenn möglich fest, was du bis wann gemacht haben willst.

DEINE ZIELE:

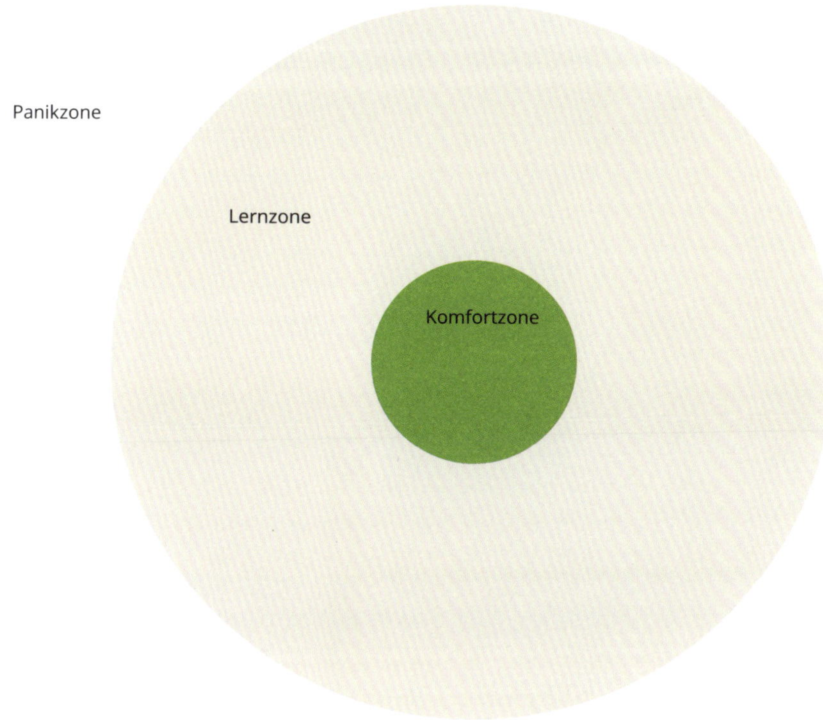

KOMFORTZONE

Welche der Ziele und Schritte liegen in deiner Komfortzone? Welche liegen in deiner Lernzone? Und welche in deiner Panikzone? Mache nur solche aus der Lern- und Komfortzone.

13. DER WEG DER KLEINEN SCHRITTE

Wir alle wissen: Es ist höchste Zeit, dass wir unseren Lebensstil verändern. Gleichzeitig ist es sehr schwierig, dein Leben von heute auf morgen komplett umzustellen. Du kommst meist viel schneller voran, wenn du in den kleinsten durchhaltbaren Schritten vorgehst: Zerlege dazu dein Ziel in so viele To-dos, dass du sie in deinem vielleicht stressigen Alltag auf jeden Fall durchhalten kannst. Nimm dir dazu ein Blatt Papier. Schreibe unten dein Ziel auf und frage dich: „Was muss ich tun, um es zu erreichen?“ Schreibe den Punkt oder die Punkte in die Zeile darüber. Dann stellst du dir die gleiche Frage für jeden dieser Punkte und notierst die Antworten in der Zeile darüber. Wiederhole das so lange, bis du Schritte gefunden hast, die du jetzt sofort erledigen kannst. Priorisiere sie und mach den ersten Schritt jetzt sofort. Schau dir morgen wieder alle kleinsten, durchhaltbaren Schritte an und wähle den nächsten aus. Wiederhole das so lange, bis alle Schritte der obersten Zeile erledigt sind. Hast du dadurch Schritte der zweiten und dritten Zeile von oben schon erreicht? Wiederhole dann die Übung mit den übrig gebliebenen und finde neue kleinste, durchhaltbare Schritte.

Fällt es dir schwer, dauerhaft dranzubleiben – vor allem, wenn du wenig Zeit und viel Stress hast? Wenn ja, dann probiere es doch mal mit einem Experiment, das Freude verbreitet …

Titel deines Experiments

Dauer:

von ____________ bis ____________

Variablen: Was macht dein Experiment für dich leichter oder schwerer? Welcher Schwierigkeitsgrad passt?

Motivation: Warum lohnt sich das Experiment für dich, andere und die Natur?

Ressourcen: Was brauchst du für dein Experiment? Wer kann dich unterstützen?

Versuchsaufbau: Was wirst du während deines Experiments tun?

Auswertung: Was lief gut, was nicht? Was willst du als neue Routine in dein Leben übernehmen?

14. SPIELERISCH EXPERIMENTIEREN

Wir beide haben festgestellt, dass Veränderungen viel mehr Freude machen, wenn du sie als ein spielerisches Experiment betrachtest. Das hat gleich mehrere Vorteile: Du kannst dir kurzfristige Ziele setzen. Sie zu erreichen, motiviert unheimlich. Und du kannst den Schwierigkeitsgrad deines Experiments so wählen, dass er zu deinen derzeitigen Lebensumständen gut passt. Ein Beispiel: Anstatt dir vorzunehmen, dass du ab morgen nur noch mit dem Fahrrad zur Arbeit fährst, kannst du dir als Experiment erst mal einen Zeitraum vornehmen – etwa drei Monate. Dann kannst du die Variablen so wählen, dass es dir leichter fällt. Zum Beispiel, indem du das Radfahr-Experiment im Sommer machst. Gestalte dir den Wandel so, dass du möglichst viele Erfolgserlebnisse hast. Dazu dürfen die Experimente nicht zu leicht sein. Am besten liegen sie an der Grenze dessen, was du für machbar hältst. Übrigens: Alle Aktionen in diesem Buch sind auch Experimente. Lass dich von ihnen inspirieren!

15. TABELLE DER GUTEN TATEN

Wenn du dokumentierst, was du so machst, um die Welt zu retten, dann motiviert dich das. Und das ist wichtig, denn wenn wir laufend die negativen Schlagzeilen in den Zeitungen und in den sozialen Medien sehen, dann lassen wir uns nur allzu leicht entmutigen. Also: Aktiviere die Belohnungszentren in deinem Gehirn, indem du genau aufschreibst, wann du was gemacht hast. Wir wünschen dir viel Erfolg!

Thema (Titel der Aktion)	Datum	Positive Wirkung auf dich / andere / Natur	Was ist dir gut gelungen?

Fünf Dinge, die dir helfen, die Welt zu retten ...

FAZIT

10 TIPPS ZUM WELTRETTEN

Es war ein knackig heißer Spätsommertag, als wir vor fast einem Jahr mit dem Zug von Hamburg nach Stuttgart reisten, um das Konzept für dieses Buch mit dem Verlag auszubrüten. Wir können uns noch gut erinnern, wie wir alle im Besprechungszimmer hoch oben über den Dächern der Schwabenstadt saßen und schwitzten. Wir grübelten, redeten uns heiß und haben am Ende zwei wichtige Dinge beschlossen. Erstens sollte es ein Buch zum Nachschlagen werden, in dem sich jeder zu unterschiedlichsten Themenbereichen gezielt informieren oder auch Aktionen machen und damit ganz praktisch etwas verändern kann. Zweitens wollten wir aber auch ein unterhaltsames Lesebuch machen. Ein Buch, das anhand von vielen spannenden Geschichten, Projekten und Menschen zeigt, dass die Welt zu verbessern nicht Verzicht und Trübsal bedeutet, sondern befreiend und schön ist – ja und natürlich auch, dass das überhaupt möglich ist, und es schon ganz viele Vorbilder gibt, die es beweisen und von denen wir uns anregen lassen können.

Gesagt, getan. Mit weit über 50 Menschen haben wir gesprochen, genau 49 Auszüge aus unseren Interviews sind letztlich in diesem Buch zusammengekommen. Noch nie haben wir in so kurzer Zeit, so gestaffelt und intensiv mit so vielen Menschen darüber gesprochen und nachgedacht, wie wir gemeinsam einen positiven Wandel bewerkstelligen könnten. Dabei haben wir viele neue Sichtweisen kennengelernt und mit Freude festgestellt, dass kein Gespräch wie das andere war. Doch eines war auffällig: Sie alle waren trotz mancher Kritik immer auch voller Tatkraft, Mut und Zuversicht. So waren sie für uns eine großartige Bereicherung, Inspiration und auch Freude. Dafür möchten wir uns an dieser Stelle ausdrücklich bei allen unseren Interviewpartnerinnen und -partnern bedanken, die du hier unten noch einmal versammelt siehst. Ohne sie wäre dieses Buch nicht das geworden, was es ist.

Aus jedem Interview haben wir also etwas Positives während unserer Recherche mitgenommen und es deiner Lesereise entlang des Spruchs von Laotse hinzugefügt. Je weiter wir mit dem Buch vorankamen, desto mehr kristallisierten sich für uns einige elementare Prinzipien heraus, die uns – und vielleicht ja auch dich – durch unsere 18 Themenbereiche hindurch begleiteten oder immer mal wieder an den unterschiedlichsten Stellen auftauchten. Diese haben wir zum Abschluss für dich in 10 Tipps zusammengefasst, in der Hoffnung, dass sie dich auf deinem Weg in eine bessere Welt unterstützen.

1 NIMM DIR ZEIT

Viele Menschen würden gerne etwas für eine bessere Welt tun, haben aber keine Zeit. Das heißt, dass wir uns Zeit verschaffen müssen und Freiräume. Dabei kann es dir helfen, wenn du über deine Mobilität nachdenkst: Es geht nicht darum, sich möglichst schnell fortzubewegen, sondern gelassen an die wirklich wichtigen Ziele zu gelangen. Das gilt

auch für deinen Alltag und die Frage, wie viel du arbeiten willst, wie viel Geld und Dinge du tatsächlich brauchst.

2 ERKENNE DEN WAHREN WERT

Wenn uns eines über die gesamte Recherche immer wieder begegnet ist, dann ist es die Besorgnis darüber, dass vieles in unserem Leben seinen Wert verloren hat. Das beginnt bei unserem Essen und unserer Kleidung, geht über unsere Möbel und anderen Dinge des täglichen Gebrauchs und reicht bis hin zu immateriellen Dingen wie Kultur, unsere eigenen Fähigkeiten, die wir verkümmern lassen, oder das Bereisen fremder Länder, das viel zu oft zum „Fast Travelling" verkommt. Doch dass vieles für uns so günstig zu haben ist, hat seinen Preis. Den bezahlen andere Menschen und Lebewesen, die Natur und letztlich wir selbst. Den wahren Wert der Dinge zu erkennen – und auch bereit zu sein, ihn zu respektieren und zu bezahlen –, bereichert auch dein Leben.

3 SCHLIESSE BÜNDNISSE

Gemeinsam geht alles einfacher. In den vielen Gesprächen hat sich noch einmal bestätigt, was wir aus eigener Erfahrung auch kennen: Wenn du dich mit Menschen umgibst, die deine Veränderung unterstützen, hilft dir das ungemein. Außerdem sind viele Konzepte einer zukunftsfähigeren Lebensweise überhaupt erst dann möglich, wenn wir uns zu Gemeinschaften zusammenschließen: Beim Wohnen, der Ernährung, in der Nachbarschaft, der Mobilität, dem Konsum, dem Geld oder auch beim Reisen bauen diese Alternativen auf Solidarität, Kooperation und Vertrauen – also auf Dinge, die uns Menschen letztlich glücklich machen, wie uns mehrere Gesprächspartnerinnen und -partner bestätigten. Über deine Ideen, Erkenntnisse und Taten im Freundeskreis oder Internet zu berichten, ist deswegen auch keine reine Eitelkeit, sondern wichtig, um Gutes zu verbreiten. Sei ein Vorbild. Außerdem kannst du viele der Aktionen in diesem Buch mit anderen zusammen machen.

4 HAB KEINE ANGST

Je mehr wir recherchierten und mit Menschen sprachen, desto klarer wurde uns, dass viele unserer problematischen Angewohnheiten auf Unsicherheit und Angst fußen. Von Kindesbeinen an sollen wir uns mit anderen messen, besser und erfolgreicher werden. Das alles ist ja auch nicht schlecht, solange wir uns davon nicht beherrschen lassen oder andere allein als Konkurrenten sehen. Sobald wir aber neue Wege meiden, aus Angst, wir könnten Fehler machen, Rückschläge erleben oder uns vielleicht blamieren, verbauen wir uns unsere Weiterentwicklung als Individuum und auch als Gesellschaft. Natürlich gehört ein bisschen Muffensausen zu jedem Neuanfang dazu. Das kennen wir beide auch und auch viele der Interviewpartnerinnen und -partner. Doch wenn du deine Angst überwindest, wirst du in vielen Fällen merken, dass deine Angst unbegründet war und du jedes Mal mehr Selbstvertrauen bekommst.

5 TEILE WAS DU KANNST

Es ist nicht genug für alle da. Dieser Glaubenssatz ist uns an allen Ecken und Enden unserer Recherchen begegnet. Es gibt scheinbar nicht genug Essen, nicht genug Geld, nicht genug Wohlstand, nicht ausreichend Platz für alle. Doch bei näherer Betrachtung ist uns hierbei eine selbsterfüllende Prophezeiung aufgefallen: Weil viele von uns dies denken, streben wir danach, möglichst viel zu bekommen und möglichst wenig zu geben. Wir beide nennen es das Minimax-Prinzip. Und weil die meisten so handeln, ist es schließlich auch so. Aus diesem Teufelskreis können wir nur aussteigen, wenn wir wagemutig sind, es einfach anders machen und Vertrauen vorschießen. Wenn uns das gelingt, kommen wir weg vom Besitzdenken und hin zu der Erkenntnis, dass wir Dinge tatsächlich nur benötigen, wenn wir sie gebrauchen. Andernfalls können sie anderen Menschen zur Verfügung stehen. Durch so ein Gemeingut-Konzept könnten wir unglaublich viel Energie und Materialien einsparen, die Umwelt schützen und zugleich einen fairen und freien Zugang zu wichtigen Gütern und Ressourcen schaffen. Das könnte unsere Art zu wohnen, unsere Mobilität, unseren Konsum, unsere Politik und Kultur ganz grundlegend zum Positiven verändern.

6 DENKE GROSS

Eine weitere wichtige Erkenntnis, die wir aus den vielen Gesprächen mitgenommen haben: Traue dich, groß zu denken. Das ist aus zweierlei Gründen sinnvoll: Erstens erscheinen bei großen Vorhaben die Hindernisse und Rückschläge auf dem Weg zum Ziel viel kleiner. Die Aussicht, einen lang gehegten Traum zu verwirklichen, setzt viel mehr Kraft und Motivation in dir frei, als ein Ziel, das dir im Grunde gar nicht so wichtig ist. Zweitens gewinnst du mit einer richtig guten Idee leichter Unterstützerinnen und Unterstützer, die dann meist auch mit dir durch dick und dünn gehen.

7 GEHE IN KLEINEN SCHRITTEN

Egal, welche Veränderungen du in deinem Leben angehen willst. Ob du deine Ernährung umstellen, anders mit dir und deinem Körper umgehen, dich politisch engagieren oder mehr in der Gemeinschaft leben und arbeiten willst, gehe jede neue Veränderung in kleinen Schritten an. Das hat einen recht simplen Grund: Du siehst dann sofort oder zumindest sehr schnell Erfolge und das motiviert dich, dranzubleiben und weiterzumachen. Außerdem kannst du kleine Schritte auch in eng getaktete Tagesabläufe einbauen. Das heißt, du kannst sofort anfangen und brauchst nichts mehr auf die lange Bank zu schieben.

8 FEIERE ERFOLGE

Wir haben bereits zu Beginn des Buches festgestellt, dass wir in puncto Weltrettung in einem Dilemma stecken: Je idealistischer wir an die Veränderung unserer Welt gehen, desto schwieriger wird sie. Zwar hat uns die Arbeit an diesem Buch einmal mehr gezeigt, dass Ideale und große Ziele eine wichtige Antriebsfeder für Veränderungen sind. Doch gleichzeitig kann es ziemlich frustrierend und lähmend sein, wenn du dich selbst immer an den ganz

großen Idealen misst. Daher setzen sich vor allem sehr idealistische Menschen oft selbst unter Druck. Sie sehen die Missstände, das Leid, die Bedrohung und sie wissen: Wir müssen uns ändern. Doch dann rutschen sie doch hin und wieder in alte Gewohnheiten zurück, machen hier eine Ausnahme und finden dort eine Ausrede. Klar, das ist nicht gut. Doch solange wir uns daran festbeißen und uns (und anderen) ständig etwas vorhalten, wird die Welt zu verändern zu einer dauernden Bestrafung. Schaff dir daher am besten ein Ritual, bei dem du dir deine Fortschritte regelmäßig vor Augen führst. Etwa, indem du wöchentlich oder monatlich eine kleine Liste mit deinen Erfolgen machst.

9 LASS DICH ÜBERRASCHEN

Als wir dieses Buch schrieben, warteten so manche Überraschungen auf uns. Manche waren traurig. Obwohl wir uns schon viele Jahre mit den Themen dieses Buches beschäftigen, hat uns etwa doch so manche Dimension der sozialen und ökologischen Missstände überrascht und sehr mitgenommen. Andere Überraschungen waren ermutigend, spannend und bereichernd. Wie schnell sich Ideen rund um den ganzen Erdball verbreiten können beispielsweise. Oder wie viele Projekte von so vielen Menschen aus aller Welt ehrenamtlich getragen werden. Natürlich haben uns die Interviews immer wieder neue, überraschende Perspektiven gezeigt. Deshalb ist unser Tipp: Mach dich regelrecht auf die Suche nach Überraschungen in deinem Leben. Oft vermeiden wir aus Bequemlichkeit oder gar Angst Andersdenkende. Doch dadurch beschneiden wir den Raum, in dem wir denken können – und die Vielfalt an Ideen und Lösungen, die es für eine lebenswerte Zukunft gibt.

10 HAB SPASS

Dieser letzte Punkt ist mit der wichtigste, auch wenn er vielleicht banal klingt. Doch nur, wenn du das, was du tust, auch gerne tust, bleibst du an der Sache dran. Unsere Recherchen und Gespräche – nicht nur die für dieses Buch, sondern auch die der letzten Jahre – haben uns unglaublich viele Möglichkeiten gezeigt, wie wir uns alle mit Freude und Genuss für eine bessere Welt einsetzen können. Das soll nicht heißen, dass dein Weg immer eine leichte Angelegenheit ist, bei dem die Bequemlichkeit den Ernst, das Sinnvolle und Notwendige beiseite drängt. Schwierige Erkenntnisse über dich und die Welt sind wahrscheinlich unvermeidbar. Auch wirst du vielleicht mal an einen Punkt kommen, wo du gegen etwas Stellung beziehen musst. Doch nur, wenn du dir dabei die Freude und Zuversicht bewahrst, wirst du etwas bewegen können.

Über ein Jahr haben wir uns nun mit diesem Buch beschäftigt. Wir hoffen sehr, dass du spürst, wie sehr es uns ans Herz gewachsen ist. Wir freuen uns, wenn es dich eine ganze Weile begleitet, dir Mut und Zuversicht schenkt. Wenn es das schafft, hat sich unsere Arbeit gelohnt. Und wenn du einen anderen Menschen dazu ermunterst, eine der Aktionen zu machen, oder auch zwei oder drei, und wenn Zitate aus dem Buch dir helfen, andere zu überzeugen, auch an eine bessere Welt zu glauben, dann haben wir alles richtig gemacht. Dann werden wir gemeinsam noch viel bewegen.

Danke für deine Zeit und Aufmerksamkeit!
Ilona Koglin und Marek Rohde

REGISTER

A

B

C

D

E

QUELLENANGABEN

Alle Angaben in diesem Buch sind sorgfältig geprüft. Die Quellen zu den Zahlen, Zitaten und Fakten in diesem Buch findest du in einer PDF-Datei, die du dir unter **kosmos.de/retten-wir-die-welt** herunterladen kannst. Viele Zahlen basieren auf Schätzungen, weshalb unterschiedliche Studien zu unterschiedlichen Zahlen kommen. Wir haben uns informiert und die Zahlen gewählt, die uns plausibel erschienen – wohl wissend, dass sie möglicherweise nicht exakt die Wirklichkeit wiedergeben. Zumal sich das Wissen laufend und in rascher Folge weiterentwickelt und vergrößert. So muss jede und jeder prüfen, ob die Angaben nicht durch neuere Erkenntnisse überholt sind. Alle Gebrauchsnamen, Handelsnamen und Warenbezeichnungen sind in diesem Buch ohne nähere Kennzeichnung in Bezug auf Marken, Gebrauchsmuster und Patentschutz wiedergegeben. Daraus kann nicht abgeleitet werden, dass diese Namen und Verfahren als frei im Sinne der Gesetzgebung gelten und von jedermann benutzt werden dürfen.

Kochen für den Klimaschutz. Ganz einfach und einfach nötig. Denn durch unsere Ernährungsgewohnheiten wird die Atmosphäre stärker erwärmt, als durch den Straßen- und Flugverkehr. Die besten Zutaten für den kulinarischen Klimaschutz sind: Bio-Lebensmittel aus der Region, weniger Fleisch- und Milchprodukte und saisonales Obst und Gemüse statt Importware und Fertigprodukte. Wie das genussvoll gelingt, zeigt das Buch mit 55 Rezepten und vielen vegetarischen und veganen Varianten. Dazu gibt es viele Info-Texte, die erklären, wie man mit unserer Ernährung das Klima beeinflussen kann, und Tipps zum nachhaltigen Einkaufen, Kochen und Genießen.

128 Seiten, ca. € (D) 16,99

Jeder Wald, jeder neu gepflanzte Baum ist ein wichtiger Beitrag zu einem besseren Leben auf unserem Planeten. Engagiert und mitreißend wirbt Conrad Amber dafür, sich für eine nachhaltige Zukunft einzusetzen. Am Beispiel von 30 ganz konkreten Ideen zeigt er, wie einfach es oft ist, im eigenen Umfeld etwas zu verändern. Denn mehr Grün ist fast überall vorstellbar und realisierbar: in der Stadt, auf dem Hausdach und an Straßen. Ein optimistisches und inspirierendes Lesebuch für alle, die anpacken und gleich morgen aktiv werden möchten.

272 Seiten, ca. € (D) 19,99

IMPRESSUM

Mit 1.156 Vektor-Icons, davon 1.154 von flaticon.org
Alle weiteren Icons sind urheber- und lizenzfrei.
Weitere Icons: Joky, Openclipart.org: Seite 104, 113
Mit 52 Fotos. Alle Fotos stammen, soweit nicht anders angegeben, von den Interviewpartnern, die Rechte liegen bei ihnen. Die Fotos auf den Seiten 6 und 7 stammen von den Autoren.

Umschlaggestaltung von WHOOPEE CONNECTIONS, Ilona Koglin, Hamburg, unter Verwendung von drei Icons von flaticon.org; außerdem mit zwei Fotos: Hintergrund von Hellen Sergeyeva/shutterstock, Lastenfahrrad von KOSMOS

Gedruckt auf umweltfreundlichem Papier, klimaneutral hergestellt.

FSC www.fsc.org MIX Papier aus verantwortungsvollen Quellen FSC® C005108

greenprint* klimapositiv gedruckt

Gedruckt nach der Richtlinie „Druckerzeugnisse" des Österreichischen Umweltzeichens. gugler*print, Melk, UWZ-Nr. 609, www.gugler.at

Höchster Standard für Ökoeffektivität.
Cradle to Cradle™ zertifizierte
Druckprodukte innovated by gugler*.
Bindung ausgenommen

ISBN 978-3-440-17054-0
Projektleitung: Stefanie Tommes, Daniela Bendel
Assistenz: Ronja Krug
Konzept und Innenlayout: Ilona Koglin, Marek Rohde
Satz: Evelin Hantel, Ilona Koglin
Produktion: Markus Schärtlein
Printed in Austria / Imprimé en Autriche

MACH MIT!

IM INTERNET GEHTS WEITER

Die Welt zu retten, ist ja keine kleine Aufgabe. Deshalb brauchen wir dich. In diesem Buch haben wir spannende Tipps und viele neue Ideen zusammengestellt, die dir helfen, deinen Lebensstil zu verändern – nachhaltig und mit Herz!

ONLINE-AKTIONEN

Alle Aktionen in diesem Buch findest du auch als interaktive Online-Kurse auf der Website der Initiative „Und jetzt retten wir die Welt“. Unser Traum: Wir wollen gemeinsam mit dir die Expedition in eine bessere Welt starten.

WWW.JETZTRETTENWIRDIEWELT.DE

So können wir gemeinsam ein Zeichen setzen und zeigen: Es gibt viele Menschen, die schon jetzt ganz viel bewegen!

HAST DU IDEEN ODER FRAGEN?

Auf der Website kannst du dich darüber hinaus mit uns und anderen Menschen austauschen.

- Berichte über deine Erfahrungen und Erkenntnisse
- Stelle selbst Aktionen online
- Teile deine Erfolge und inspiriere andere

WIR KÖNNEN DIE WELT RETTEN – GEMEINSAM!

VERÄNDERE

73 AKTIONEN

AUF EINEN BLICK: WOMIT FÄNGST DU AN?

DICH

HALTUNG

☐ Sinn entdecken: Was tun?	📣			18
☐ Der erste Schritt: aktiv werden	📣			18
☐ Freude verschenken	📣	♥		19
☐ Den Radius erweitern	📣	♥		19

KÖRPER

☐ Sei Körper-Positivist	📣	♥		26
☐ Kosmetik selbst machen	📣		🌍	26
☐ Den Körper in Bewegung setzen	📣			27
☐ Wasser marsch	📣			27

ESSEN

☐ Einkauf mit Köpfchen	📣		🌍	38
☐ Bewusst genießen: gut essen	📣	♥	🌍	38
☐ Lebensmittel retten	📣	♥	🌍	39
☐ Veggy oder vegan leben	📣		🌍	39

KLAMOTTEN

☐ Die Klamottenkur	📣	♥	🌍	48
☐ Kleider selber machen	📣	♥	🌍	48
☐ Kleidertauschparty organisieren	📣	♥	🌍	48
☐ Second Hand kaufen	📣		🌍	49
☐ Nachfragen und Stellung beziehen	📣		🌍	49

DEIN ZUHAUSE

EINRICHTEN

☐ Hast du genug?	📣		🌍	56
☐ Die Wohnraum-Diät	📣		🌍	56
☐ Der Möbel-Öko-Check	📣	♥	🌍	57
☐ Selbst konstruieren	📣	♥	🌍	57

HAUSHALTEN

☐ Weg mit Plastik	📣		🌍	66
☐ Saubere Sache: richtig waschen	📣		🌍	66
☐ Putzmittel mixen	📣		🌍	67
☐ Energie-Spar-Check	📣		🌍	67